2024

NCS 기반 1·2·3급

반려견
스타일리스트

핵심요약+적중문제

타임NCS연구소

2024
NCS 기반 1·2·3급

반려견
스타일리스트 핵심요약+적중문제

인쇄일 2024년 1월 5일 4판 1쇄 인쇄
발행일 2024년 1월 10일 4판 1쇄 발행
등 록 제17-269호
판 권 시스컴2024

발행처 시스컴 출판사
발행인 송인식
지은이 타임NCS연구소

ISBN 979-11-6941-219-3 13520
정 가 21,000원

주소 서울시 금천구 가산디지털1로 225, 514호(가산포휴) | **홈페이지** www.nadoogong.com
E-mail siscombooks@naver.com | **전화** 02)866-9311 | **Fax** 02)866-9312

본서는 반려견 스타일리스트 급수별 자격시험 순서로 편제하였습니다. 즉 3급, 2급, 1급 순으로 배열되었으며, 또한 핵심정리요약 및 관련 적중예상문제, 그리고 각 급수별 모의고사를 2회분 반영하여 충분하고도 실전에 활용될 수 있도록 구성하였습니다.

특히 문제를 통하여 충분히 내용을 숙지할 수 있도록 함은 물론 출제유형의 다양한 시도를 통하여 실제적으로 수험준비하는데 도움이 될 수 있도록 출제하였습니다.

점점 반려견에 대한 관심이 증가하는 추세인 요즘, 더더욱 필요한 반려견 스타일리스트의 필요성이 커지고 있음에 따라 '반려견 스타일리스트'라는 자격시험제도가 정착하고 충분한 신뢰성과 안정성을 도모하는데 커다란 계기가 될 것을 의심치 않습니다.

본서의 특징

> - 과목별 각 Chapter 전면에 핵심요약 정리
> - 각 Chapter별로 적중예상문제 출제
> - 3급, 2급, 1급 급수별 편제
> - 3급, 2급, 1급 급수별 모의고사 2회분 출제

반려견 스타일리스트에 도전하는 수험생 여러분께 조금이나마 도움이 되고 시간을 절약시켜 줄 수 있는 길잡이가 되었으면 하는 마음입니다.

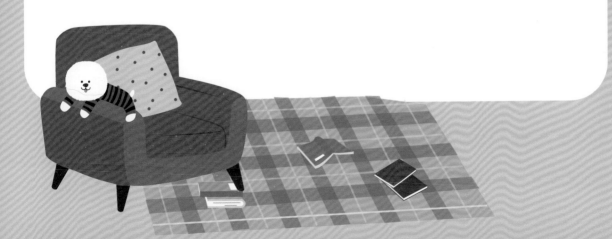

🐾 반려견 스타일리스트 시험 안내

● **도입목적**

한국애견협회는 애견미용 산업현장에서 필요로 하는 실무능력을 갖춘 인재를 양성하고 청년실업 및 고용문제 해소에 도움을 주기위해 실무 중심의 반려견 스타일리스트 자격제도를 도입하였습니다.

● **반려견 스타일리스트란?**

반려견 스타일리스트는 반려견에 대한 전문가적인 지식, 능숙한 미용능력 등을 검정하는 국가공인 자격시험입니다. NCS기반의 표준화된 자격기준으로 자격을 취득한 사람들이 산업현장에서 전문적인 역할을 수행할 수 있도록 하고 있습니다.

● **시험절차**

필기접수 → 필기검정 → 실기접수(필기합격자) → 실기검정 → 실기합격 → 자격증취득

※ **자격증 발급**

• 실기시험 합격자 발표일로부터 3주 이내에 응시원서에 기재된 주소지로 택배 송부 (별도의 자격증 발급신청은 없으며 택배 요금은 협회에서 부담)
• 자격증 유효기간은 5년이며 향후 협회에서 주관하는 보수교육 이수를 통하여 갱신등록가능

● 검정기준

등급	검정기준
1급 (공인)	반려견 장모관리, 쇼미용에 관한 이론 지식과 더불어 관련 교육프로그램에 포함되어 있는 고급 지식을 이용하여 반려견 미용에 활용할 수 있는 능력의 유무
2급 (공인)	반려견 염색, 응용미용에 관한 이론 지식과 더불어 관련 교육프로그램에 포함되어 있는 상급 지식을 이용하여 반려견 미용에 활용할 수 있는 능력의 유무
3급 (공인)	반려견 안전위생관리, 기자재관리, 고객상담, 목욕, 기본미용, 일반미용에 관한 이론 지식과 더불어 관련 교육프로그램에 포함되어 있는 중급 지식을 이용하여 반려견 미용에 활용할 수 있는 능력의 유무

● 검정방법 및 합격기준

검정방법	검정시행 형태	합격기준
필기시험	5지선다형 객관식 (OMR카드 이용)	100점 만점에 과목별 40점 이상 취득, 전 과목 평균 60점 이상 취득 필기시험 합격은 합격자 발표일로부터 만 1년간 유효함
실기시험	위그를 이용한 기술시현	100점 만점에 60점 이상 취득

🐾 반려견 스타일리스트 시험 안내

● 검정과목

등급	구분	시험과목(문항)	시험방법(시험기간) 실기: 위그사용
1급 (공인)	필기	1. 반려견일반미용3 (25) 2. 반려견고급미용 (25)	총 50문항(60분) 5지 선다형 객관식
	실기	반려견쇼미용	기술시현(120분) 1. 잉글리쉬새들클립 2. 컨티넨탈클립 3. 퍼피클립
2급 (공인)	필기	1. 반려견일반미용2 (25) 2. 반려견특수미용 (25)	총 50문항(60분) 5지 선다형 객관식
	실기	반려견응용미용	기술시현(120분) 1. 맨하탄클립 2. 볼레로맨하탄클립 3. 소리터리클립 4. 다이아몬드클립 5. 더치클립 6. 피츠버그더치클립
3급 (공인)	필기	1. 반려견미용관리 (20) 2. 반려견기초미용 (10) 3. 반려견일반미용1 (20)	총 50문항(60분) 5지 선다형 객관식
	실기	반려견일반미용	기술시현(120분) 1. 램클립

● 필기시험 출제영역

등급	시험과목	학습	학습내용
3급	반려견 미용관리	안전위생관리	안전교육 안전장비점검 미용숍위생관리 작업자 위생관리
		기자재 관리	미용도구관리 미용소모품관리 미용장비유지보수
		고객상담	고객응대 고객관리 차트작성 애완동물상태확인 스타일 상담 작업후 상담
	반려견 기초미용	목욕	빗질 샴푸 린스 드라이
		기본미용	미용도구활용 발톱관리 귀관리 기본클리핑 기초시저링
	반려견 일반미용1	일반미용	개체특성파악 클리핑 시저링 트리밍 용어

🐾 반려견 스타일리스트 시험 안내

2급	반려견 일반미용2	일반미용	견체용어
	반려견 특수미용	응용미용	응용스타일구상 도구응용사용 응용스타일완성
		염색	염색준비 염색작업 염색마무리
1급	반려견 일반미용3	일반미용	피부와 털 모색
	반려견 고급미용	쇼미용	품종표준미용 파악 테이블 매너 훈련 쇼미용 커트 쇼미용 스트리핑 쇼미용 메이크업
		장모관리	장모종 브러싱 장모종 목욕 장모종 드라잉 장모종 래핑 · 밴딩

※ 애완동물미용 NCS학습모듈에 수록된 내용과 애견미용에 대하여 일반적으로 통용되는 용어, 지식 등을 기반으로 출제

※ 「NCS학습모듈」 찾기 : www.ncs.go.kr → ncs 및 학습모듈검색 → 분야별 검색 → 24. 농림어업 → 02. 축산 → 01. 축산자원개발 → 06. 애완동물미용

● 응시자격

등급	세부내용	장애인
1급 (공인)	• 연령, 학력 : 해당 없음 • 기타 : 2급 자격 취득 후 1년 이상의 실무경력 또는 교육 훈련을 받은 자	단, 장애인복지법 시행령 제2조에서 규정한 장애인은 본 자격에 응시할 수 없음.
2급 (공인)	• 연령, 학력 : 해당 없음 • 기타 : 3급 자격 취득 후 6개월 이상의 실무경력 또는 교육 훈련을 받은 자	
3급 (공인)	• 연령, 학력, 기타 : 해당 없음	

※ '자격 취득 후'에서 자격 취득이란 해당 자격의 발급일자(합격자 발표일)를 말합니다.
※ 응시자격 조건의 충족시점 : 등급별 필기시험 응시원서 접수일 현재 해당 조건이 충족되어야 합니다.

● 등급별 필요 서류

구비서류 등급	사진 (반명함판)	서약서 및 책임각서	경력 (교육 · 훈련) 증명서
1급 (공인)	○	○	○
2급 (공인)	○	○	○
3급 (공인)	○	×	×

※ 등급별 필요 서류는 표와 같습니다. 필요한 구비서류는 접수 전 jpg나 jpeg파일로 미리 준비해 놓으시기 바랍니다. 촬영 시 플래시를 사용하면 반사광으로 판독이 어려울 수 있으니 촬영 후 확인바랍니다. 접수 시 첨부하신 반명함판 사진은 합격 시 발급하는 자격증에 사용되는 점 참고하시기 바랍니다.

🐾 반려견 스타일리스트 시험 안내

● 필기시험 유의사항

• 수성 사인펜 지참

컴퓨터용 검정색 수성 사인펜 지참바랍니다. 수정 테이프는 시험실에서 대여합니다.

• 시험지 반납

퇴실 시 시험지를 감독위원에 반납하지 않은 자, 시험지를 외부로 유출 또는 기도한 자는 채점 대상에서 제외되며 3년간 응시할 수 없습니다.

• 시험 완료자는 시험시간 1/2 경과 후 퇴실 가능

● 시험당일 공통 사항

• 신분증 지참

– 필기시험은 시험시작 시점까지, 실기시험은 수험자 확인 시작 시점까지 제시하지 못하면 응시할 수 없습니다.

– 신분증은 수험자 본인의 이름, 생년월일, 사진이 게재된 주민등록증, 운전면허증, 여권, 국가자격증, 국가공인민간자격증, 청소년증, 학생증 원본만 인정됩니다. 요건을 충족한 신분증이 없는 수험자는 주민센터에서 발급받은 「청소년증 발급신청 확인서」 또는 「주민등록증 발급신청 확인서」 원본을 지참바랍니다.

• 수험표 지참

수험표가 없으면 수험자 본인의 시험실 확인이 어렵고 필기시험 답안지에 수험번호 표기 시 잘못 기재할 염려가 있습니다.

• 입실시간 준수

시험시작 전 유의사항과 제반 요령에 대해 설명하고 수험자 확인, 준비물 사전 검사(실기시험)를 합니다.

- **감독위원 안내 경청 및 준수**

  감독위원은 규정에서 정한 내용과 절차에 따라 안내합니다. 감독위원의 안내 사항을 거부하거나 소란을 야기할 경우 향후 응시가 제한될 수 있습니다.

- **휴대폰은 OFF**

  시험실내에서 휴대폰 전원은 반드시 OFF 바랍니다.

- **스마트워치 반입금지**

  녹음, 촬영, 메시지 수발신 등의 기능이 있는 전자기기는 사용하거나 반입할 수 없습니다.

- **한시적 적용**

  코로나 사태가 종식될 때까지 반드시 입실시 발열체크, 손소독제 사용, 마스크 착용을 의무화합니다. 또한 페이스쉴드, 위생장갑착용을 허용합니다.

※ 본서에 수록된 시험 관련 사항은 추후 변경 가능성이 있으므로 반드시 응시 기간 내 홈페이지를 확인하시기 바랍니다.

반려견 스타일리스트 구성과 특징

▶ 이론정리

반려견 스타일리스트 필기시험을 준비하기 위해 알아야 하고 시험에 꼭 필요한 알짜배기 핵심이론을 Chapter별로 일목요연하게 정리하였고, 요약하여 수록하였습니다.

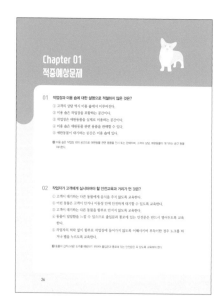

▶ 적중예상문제

각 Chapter에서 공부한 핵심이론을 보다 깊이 이해할 수 있도록 핵심이론과 관련된 다양한 문제들을 적중예상문제로 수록하였습니다.

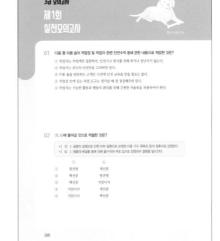

▶ 실전모의고사

시험 전 자신의 실력을 최종 점검할 수 있도록 시험에
출제될 만한 문제들로 급수별로 2회분씩 구성하였습니
다. 실전모의고사로 합격에 다가가세요!

▶ 정답 및 해설

실전모의고사에 대한 해설로 수험생 여러분이 명쾌하게
이해할 수 있도록 설명하였습니다. 몰랐던 내용은 보충
하며, 알았던 내용은 되짚어 수험생 여러분께 도움이 되
고자 하였습니다.

🐾 반려견 스타일리스트 목차

반려견 스타일리스트 목차

V
정답 및 해설

I 3급

PART 01 반려견 미용관리
Chapter 01
안전·위생관리

1 **미용 숍을 방문하는 고객에 대한 안전교육 실시**
- 고객이 대기하는 다른 동물을 함부로 만지거나 음식을 주지 않도록 할 것
- 이물질을 떨어뜨리지 않고 청결하게 유지할 수 있도록 이해시킬 것
- 출입문과 통로에 있는 안전문을 꼭 닫도록 할 것

2 **작업자의 일반 안전수칙**
- 작업장 내에 안전사고가 일어나지 않도록 할 것
- 작업장 및 미용 숍 내의 모든 시설 및 장비, 도구는 정기점검과 청결을 유지할 것
- 작업자는 안전복을 착용할 것
- 작업자는 음주 및 흡연을 금지할 것
- 작업자는 안전사고 방지를 위해 뛰거나 장난을 치지 않을 것

※ 작업장에서 발생할 수 있는 안전사고 : 화재, 누전, 누수, 호흡 및 심장박동 정지

3 **작업자의 전기 및 화재안전수칙**
- 작업자는 피복이 벗겨진 전선을 발견 시 즉시 전원을 차단할 것
- 작업자는 전기고장을 발견 시 바로 상위자 또는 전기기사에게 수리를 요청할 것
- 작업자는 비상구의 위치를 알아 둘 것
- 하수구에 유류를 함부로 버리지 않고, 소화기 비치장소를 알아 둘 것
- 소화기의 사용방법을 숙지하고 정기적으로 점검유지, 관리할 것
- 물기가 묻은 손으로 전기기구를 만지지 않을 것
- 작업자는 작업장과 미용 숍에서 흡연을 절대 하지 않을 것

4 **동물의 대기장소의 안전장비**

대기장소의 안전장비	울타리 / 이동장 / 케이지 / 안전문

미끄러짐과 낙상방지를 위한 안전장비	테이블 고정암, 바닥재
물림방지를 위한 안전장비	입마개, 엘리자베스 칼라 등

5 작업장과 대기장소의 청결상태 점검항목

- 바닥의 청결상태 유지 및 관리 여부
- 작업 테이블의 청결상태 유지 및 관리 여부
- 목욕조의 청결상태 유지 및 관리 여부
- 케이지의 청결상태 유지 및 관리 여부
- 울타리와 안전문의 청결상태 유지 및 관리 여부

6 작업자에게 발생할 수 있는 안전사고

(1) 동물에 의한 교상

① 교상 : 동물에 의해 물려서 생긴 상처를 말함

② 교상부위로 인해서 파상풍, 화농균, 광견병, 혐기성 세균, 림프절 부종 등의 세균 및 감염성 질환에 노출될 가능성이 높음

③ 교상으로 인한 상처가 발생한 경우 동물 예방접종 기록을 확인할 것

(2) 동물에 의한 전염성 질환

① 광견병, 백선증, 개선충에 의한 소양감(가려움증)

② 홍반, 탈모 등의 피부질환

③ 동물 배설물로 인한 회충, 지알디아, 캠필로박터, 살모넬라균, 대장균 등에 의한 소화기질환

(3) 미용도구에 의한 상처

① 작업 시 미용도구에 의한 상처

② 작업 시 반려견의 돌발행동에 의한 상처 등

(4) 화상

① 1도 화상 : 표피층의 손상 및 손상부위 발적이 일어나며, 수포는 생기지 않고 통증은 일반적으로 3일 정도 지속됨

② 2도 화상 : 진피층의 손상 및 손상부위에 수포가 발생하고 통증과 흉터가 남을 수 있음

③ 3도 화상 : 피부 전체층의 손상 및 피부변화가 일어나고 피부신경이 손상되면 통증이 없을 수도 있음

④ 4도 화상 : 피부 전체층과 근육, 인대 또는 뼈가 손상되고 피부가 검게 변함

7 곰팡이 감염으로 인한 피부질환의 종류

백선증(곰팡이성 피부질환)	곰팡이 감염으로 인한 피부질환
개선충(옴진드기)	피부질환으로 대부분 동물과 직접 접촉하여 감염됨
회충, 지알디아, 캠필로박터, 살모넬라균, 대장균	동물의 배설물 등에 의해 옮겨지며, 주로 입을 통해 감염, 주로 소화기 질병원인

8 반려견에게 발생할 수 있는 안전사고

낙상사고	미용도구에 의한 상처	화상 및 도주사고
이물질의 섭취	다른 동물의 교상	감전사고

9 소독 및 소독의 종류

(1) 소독과 멸균

① 소독 : 질병의 감염이나 전염을 예방하고 대부분의 유해한 미생물을 파괴하거나 비활성화시키는 것

② 멸균 : 아포를 포함한 모든 미생물을 사멸하는 것

③ 멸균방법 : 자외선 멸균법, 고압증기 멸균법

(2) 소독의 종류

① 화학적 소독 : 반려견에 유해하지 않은 화학제품 소독제를 사용하여 소독하는 것을 말함(계면활성제, 과산화물, 알코올, 차아염소산나트륨, 페놀류, 크레졸 등)

② **자비 소독** : 100℃의 끓는 물에서 10~30분 정도 끓여 소독하는 것으로 의류, 금속 제품, 유리 제품 등에 적당함(단, 미생물 전부를 사멸시키는 것은 불가능하여 아포와 일부 바이러스에는 효과가 없음)

③ **일광 소독** : 맑은 날 오전 10시~오후 2시 사이의 직사광선에 소독대상을 충분히 노출하여 소독하는 가장 간단한 소독법으로 수건 및 의류 소독에 적합함(단, 두께가 두꺼운 경우 소독이 깊은 부분까지는 미치지 못하며 계절, 기후, 환경 등에 영향을 받아 효과가 일정하지 않음)

④ **자외선 소독법** : 2,500~2,650Å의 자외선을 조사하여 멸균하는 방법으로 소독 대상의 변화가 거의 없고 균에 내성이 생기지 않는 방법임

⑤ **고압 증기 멸균법** : 포화된 고압 증기 형태의 습열을 이용하여 아포를 포함한 모든 미생물을 사멸시키는 것으로 고압 증기 멸균기(autoclave)를 사용하는데, 소독 대상을 물기 없이 닦고 기구의 뚜껑은 연 상태로 천 또는 알루미늄포일로 싼 후 15파운드의 수증기압과 121℃에서 15~20분간 소독함(단, 습열에 약한 대상에는 사용하면 안 되며 금속날 또한 무뎌질 수 있으므로 주의해야 함)

🔟 작업자의 위생관리 점검항목

손과 손톱	냄새 및 체취	헤어

작업복과 신발(주로 자비소독이나 일광소독)

1️⃣1️⃣ 인수공통전염병

(1) **의미** : 사람과 동물이 같은 병원체에 의해 서로 감염 및 전파할 수 있는 질병을 말함

(2) **종류** : 광견병, 백선증(곰팡이성 피부질환), 개선충(옴진드기), 회충, 지알디아, 캠필로박터, 살모넬라균, 대장균

1️⃣2️⃣ 피부소독제의 종류

알코올	70%의 농도
클로르헥시딘	–
과산화수소	2.5~3.5%의 농도
포비돈	1~10%의 농도

13 미용도구에 의한 안전사고 대처방법

- 상처부위를 생리 식염수 또는 클로르헥시딘 액, 포비돈으로 씻어준다.
- 상처가 심각하고 15분 이상 지혈해도 출혈이 멈추지 않으면 상처 부위를 멸균 거즈나 깨끗한 수건으로 완전히 덮고, 압박하면서 병원으로 이동하여 처치를 받는다.
- 상처부위에 반창고를 덮어 물이 들어가지 않게 한다.

14 화상에 의한 안전사고 대처방법

- 화상부위를 흐르는 차가운 물이나 생리 식염수로 30분 이상 통증이 호전될 때까지 적셔준다.
- 통증이 호전되면 깨끗한 거즈로 상처부위를 살짝 덮어 보호한다.
- 화상 후 2일째까지는 삼출물이 많이 나오므로 거즈를 두껍게 대 주는 것이 좋다.
- 습윤 드레싱 밴드를 이용하면 편리하고 안전하게 화상부위를 관리할 수 있다.
- 얼굴, 관절, 생식기 부위, 넓은 범위의 화상은 화상 전문병원으로 이동하여 치료를 받는다.

15 동물에 의한 안전사고 대처방법

- 물과 비누를 이용하여 수 분간 상처를 깨끗이 씻어 준다.
- 멸균 거즈나 깨끗한 수건으로 상처를 압박한다.
- 피가 계속 날 경우에는 15분 이상 압박하여 지혈한다.
- 항생제 연고를 바르고 반창고, 거즈, 붕대 등을 이용하여 상처 부위를 완전히 덮어 보호한다.
- 심하게 붓거나 농이 나오는 경우에는 병원으로 이동하여 처치를 받는다.

16 반려견의 안전사고 예방을 위한 안전 · 유의사항

- 반려견의 낙상 시에 당황하거나 급하게 동물을 끌어안는 등의 행동은 삼간다.
- 뾰족하고 날카로운 도구는 반려견이 가까이 가지 못하도록 보관한다.
- 온수기의 물을 처음 틀었을 때 갑자기 뜨거운 물이나 차가운 물이 나올 수 있으므로 온수기의 물을 바로 사용하지 않는다.
- 동물이 공격성을 보이는 경우, 억지로 잡으려 하지 말고 넓은 이불이나 옷으로 얼굴을 가려 준 뒤 물리지 않도록 잡는다.
- 동물이 미용 중에 잘라낸 털을 삼키지 못하도록 수시로 바닥을 청소한다.

17 안전장비의 점검요령

- 동물의 도주를 예방하기 위해 사용하는 안전문을 선택할 때에는 충분히 촘촘한 것을 선택한다.
- 동물마다 독립된 공간을 제공하기 힘든 경우라면, 연령과 성별, 크기가 비슷한 동물끼리 분리한다.
- 예민하고 공격적인 성향을 보이는 동물 특히 고양이는 이동장에서 대기하도록 하는 것이 좋다.
- 케이지는 여러 동물들이 대기하는 곳이므로 동물의 출입과 퇴실 때마다 각별히 위생에 신경 쓴다.
- 테이블 고정암은 미용 작업 중에만 사용하고 동물을 혼자 대기시키는 목적으로는 절대 사용해서는 안된다.

18 미용도구 소독 시 안전 · 유의사항

- 금속재질의 도구는 부식의 위험이 있으므로, 물에 오랫동안 담그지 않는다.
- 소독제는 도구의 재질을 고려하여 선택한다.
- 소독제를 이용하여 소독할 때, 제품의 설명서에 명시된 희석배율에 따라 희석하여 사용한다.
- 미용도구를 자외선 소독기에 넣기 전에 충분히 건조시킨다.
- 자외선 소독기를 사용할 때는 소독하고 싶은 부분이 램프 쪽을 향하도록 둔다.
- 자외선 소독기를 사용할 때는 미용도구를 포개어 사용하면 효과가 떨어지므로 최대한 펼쳐 놓는다.
- 미용도구가 더러워지면 즉시 세척하고 소독하여 오염물이 말라붙지 않도록 한다.
- 클리퍼 날은 하루에 1번 이상 위의 방법으로 세척하고 소독한다.

Chapter 01
적중예상문제

01 작업장과 미용 숍에 대한 설명으로 적절하지 않은 것은?

① 고객의 상담 역시 미용 숍에서 이루어진다.

② 미용 숍은 작업장을 포함하는 공간이다.

③ 작업장은 애완동물을 실제로 미용하는 공간이다.

④ 미용 숍은 애완동물 관련 용품을 판매할 수 있다.

⑤ 애완동물이 대기하는 공간은 미용 숍에 있다.

᮳ 미용 숍은 작업장 외의 공간으로 애완동물 관련 용품을 전시 또는 판매하며, 고객의 상담, 애완동물이 대기하는 공간 등을 의미한다.

02 작업자가 고객에게 실시하여야 할 안전교육과 거리가 먼 것은?

① 고객이 대기하는 다른 동물에게 음식을 주지 않도록 교육한다.

② 어린 동물은 고객이 안거나 이동장 안에 안전하게 대기할 수 있도록 교육한다.

③ 고객이 대기하는 다른 동물을 함부로 만지지 않도록 교육한다.

④ 동물이 답답함을 느낄 수 있으므로 출입문과 통로에 있는 안전문은 반드시 열어두도록 교육한다.

⑤ 작업자의 허락 없이 함부로 작업장에 들어가지 않도록 이해시키며 부득이한 경우 노크를 하거나 벨을 누르도록 교육한다.

᮳ 동물의 갑작스러운 도주를 예방하기 위하여 출입문과 통로에 있는 안전문은 꼭 닫도록 교육해야 한다.

03 미용 숍과 작업장에서의 안전 수칙에 대한 설명으로 적절하지 않은 것은?

① 작업자는 피복이 벗겨진 전선을 발견하는 경우 즉시 전원을 차단해야 한다.

② 작업자는 작업장 안에서 안전을 위해 정해진 복장을 착용하여야 한다.

③ 유류는 모아뒀다가 하수구에 한 번에 버려야 한다.

④ 동물의 돌발행동에 대처하기 위해 작업자는 반드시 동물과 작업에만 집중하여야 한다.

⑤ 비상 탈출구에는 장애물이 없도록 관리해야 한다.

해 하수구에는 절대로 유류를 함부로 버리면 안 된다.

04 안전 수칙과 안전교육에 대한 내용으로 적절하지 않은 것은?

① 작업자는 동물과 친근감을 형성하기 위해 대기 장소에서 뛰어다니며 놀아주어야 한다.

② 작업자는 미용 숍에 방문하는 고객에게 사전에 안전 교육을 하여야 한다.

③ 고객은 동물을 목줄이나 가슴줄 없이는 절대 바닥에 풀어 놓지 말아야 한다.

④ 동물과 작업자의 안전을 위해 애완동물에게 물림 방지 도구를 착용시킬 수 있음을 미리 이해시킨다.

⑤ 동물의 이물질 섭취를 방지하기 위하여 대기 장소를 청결하게 유지하여야 한다.

해 작업장 안과 미용 숍, 특히 동물이 대기하는 장소에서 장난을 치거나 뛰어다니면 안 된다.

답 01 ② 02 ④ 03 ③ 04 ①

05 다음 〈보기〉에서 설명하는 애완동물에게 발생할 수 있는 안전사고는?

> **보기**
>
> 보호자와 떨어진 동물은 낯선 환경에서 극도로 불안하고 예민한 상태이며, 이전에 미용을 받았던 경험으로 작업자나 작업장 자체에 공포감을 가지는 경우가 많으므로 작업장을 벗어나려 하기도 한다.

① 낙상   ② 화상

③ 교상   ④ 감전

⑤ 도주

해 보호자와 떨어진 동물은 낯선 환경에서 극도로 불안하고 예민한 상태이며, 이전에 미용을 받았던 경험으로 작업자나 작업장 자체에 공포감을 가지는 경우가 많으므로 작업장을 벗어나려는 도주사고가 종종 발생하기도 한다. 특히 건물 밖으로 도주할 경우 교통사고나 실종 등의 심각한 문제가 일어날 수 있으므로 각별히 주의하여야 한다.

06 다음 중 동물이 돌발 행동을 할 가능성이 높은 상태로 보이는 것은?

① 눈을 아래로 까는 행동

② 꼬리를 배 쪽으로 숨기는 행동

③ 귀가 느슨하게 쳐진 상태

④ 이빨을 숨기고 있는 상태

⑤ 누워서 배를 보이는 행동

해 동물이 옆으로 눈을 치켜뜨거나 몸을 구부리고 꼬리를 배 쪽으로 숨기거나, 이빨을 드러내며 으르렁대고 짓거나, 귀가 긴장된 상태로 펴져 있거나 또는 털이 곤두서 있는 등의 상태일 때에는 언제든지 돌발 행동을 나타낼 수 있으므로 주의해야 한다.

07 다음 〈보기〉는 화상에 대한 설명이다. 〈보기〉가 설명하는 화상의 정도는?

> **보기**
>
> 가. 피부의 진피층까지 손상이 발생한 사고
> 나. 손상부위에 종종 수포와 통증이 나타남
> 다. 흉터가 남을 수 있음

① 1도 화상   ② 2도 화상

③ 3도 화상   ④ 4도 화상

⑤ 5도 화상

해 화상은 피부의 손상정도에 따라 1도에서 4도로 구분되는데 〈보기〉의 설명은 2도 화상에 대한 내용이다.

08 동물에 의한 교상에 대한 내용으로 적합하지 않은 것은?

① 교상은 동물로부터 물려서 생긴 상처를 말한다.

② 교상 부위를 통해 화농균이나 혐기성 세균에 감염되어 염증이 생길 수 있다.

③ 교상 부위를 통해 파상풍이나 광견병 등의 감염성 질환에 노출될 가능성이 높다.

④ 고양이에게도 교상 또는 긁힌 상처로 만성적으로 림프절 부종이 나타날 수 있다.

⑤ 동물에 의한 교상으로 상처가 난 경우 우선적으로 해당 관할 보건소에 신고해야 한다.

해 동물에 의한 교상으로 상처가 생긴 경우 가장 먼저 해야 할 것은 동물의 예방접종(특히 광견병)기록의 확인이다. 만약 광견병으로 의심이 되는 동물에게 물렸다면 동물병원, 각 시도 축산 위생연구소 및 국립수의검역과학원에 신고해야 한다.

답   05 ⑤   06 ②   07 ②   08 ⑤

09 동물에 의한 가벼운 교상 상처에 대처하는 방법으로 적절하지 않은 것은?

① 상처부위를 생리 식염수나 클로르헥시딘 액을 흘려서 세척한다.

② 멸균 거즈나 깨끗한 수건으로 상처를 압박한다.

③ 피가 계속 날 경우에는 15분 이상 압박하여 지혈한다.

④ 항생제 연고를 바르고, 반창고나 거즈, 붕대 등을 이용하여 상처부위를 완전히 덮어 보호한다.

⑤ 심하게 붓거나 농이 나오는 경우에는 병원으로 이동하여 처치를 받는다.

해 ①의 내용은 미용도구에 의한 안전사고 대처방법이며, 동물에 의한 가벼운 교상상처를 입은 경우에는 물과 비누를 이용하여 수 분간 상처를 깨끗이 씻어준다.

10 미용도구에 의한 안전사고 대처방법으로 적절하지 않은 것은?

① 즉시 병원에 방문하여 의사에게 동물과 자주 접촉하는 작업과 환경을 설명하고 치료를 받는다.

② 상처부위를 생리식염수나 클로르헥시딘 액을 흘려서 세척하고, 클로르헥시딘 또는 포비돈으로 소독한다.

③ 상처부위를 반창고로 덮어 상처 부위에 물이 들어가지 않게 한다.

④ 출혈이 있는 경우에는 멸균 거즈나 깨끗한 수건으로 충분히 압박하여 지혈한다.

⑤ 상처가 심각하고 15분 이상 지혈해도 출혈이 멈추지 않으면 상처부위를 멸균거즈나 깨끗한 수건으로 완전히 덮고 압박하면서 병원으로 이동하여 처치를 받는다.

해 ①은 동물에 의한 전염성 질환에 대처하는 방법이다. 즉 전염성 질환이 의심되는 동물을 미용하거나 갑자기 작업자 몸에 발적이나 두드러기 등 이상이 나타나는지 몸 상태를 확인하고, 즉시 병원에 방문하여 의사에게 동물과 자주 접촉하는 직업과 환경을 설명하고 치료를 받는다.

11 동물의 낙상에 의한 안전사고에 대한 대처방법으로 적절하지 않은 것은?

① 동물의 낙상 시 작업자는 동물의 신체 중 어느 부분이 먼저 땅에 닿았는지 기억한다.

② 동물의 낙상 시 작업자는 가능하면 빨리 동물을 끌어안고 안정을 취하도록 한다.

③ 낙상 후 동물의 의식이 있는 경우, 동물의 신체에 상처가 있는지 확인한다.

④ 낙상 후 동물의 의식이 없는 경우, 호흡과 심장 박동을 확인한다.

⑤ 낙상 후 행동이상이나 상처부위가 관찰되지 않더라도 반드시 보호자에게 낙상사실을 알린다.

해 동물의 낙상 시 작업자는 당황해서 소리를 지르거나 급하게 동물을 끌어안는 등의 행동은 삼가야 한다.

12 동물의 미용도구의 상처에 의한 안전사고 예방방법으로 적절하지 않은 것은?

① 미용도구를 항상 세척관리하여 청결하도록 유지한다.

② 동물의 접근을 방지하기 위해 가위, 클리퍼, 발톱깎이, 빗 등 뾰족하고 날카로운 도구는 항상 별도의 보관함이나 전용 테이블에 보관한다.

③ 작업 중에는 필요한 도구만 손에 쥐고 사용한다.

④ 작업 중에 사용하지 않는 도구는 동물이 있는 작업대에 가능하면 올려놓지 않도록 한다.

⑤ 동료가 뾰족하고 날카로운 도구를 사용하여 작업하고 있을 때에는 안전거리를 유지하고 부딪히지 않도록 한다.

해 미용도구는 항상 소독관리하여 청결을 유지하여야 한다. 즉 소독과 세척은 다르다.

13 동물의 도주에 의한 안전사고 대책의 내용과 거리가 먼 것은?

① 동물이 도주하였을 경우 작업자는 침착하게 대처하려고 노력한다.

② 동물이 건물 안으로 도주한 경우 밖으로 나가는 모든 출입문을 즉시 닫는다.

③ 동물이 건물 밖으로 도주한 경우 교통사고가 나지 않도록 주변 운전자들에게 차를 멈추게 하거나 속도를 줄이도록 요청한다.

④ 동물이 공격성을 보이는 경우, 억지로 잡으려 하지 말고 넓은 이불이나 옷으로 얼굴을 가린 뒤, 물리지 않도록 주의하며 잡는다.

⑤ 동물이 건물 밖으로 도주하고 공격성을 보이는 경우, 주변 사람들에게 큰 소리를 지르면 오히려 부작용이 크므로 최대한 조용히 기다린다.

해 동물이 건물 밖으로 도주한 경우 주변 사람들에게 큰 소리를 내어 상황을 알려 도움을 청하여야 한다. 특히 동물이 건물 밖으로 도주하고 공격성을 보이는 경우, 주변 사람들에게 큰소리로 주의시키고 신속하게 119에 연락한다.

14 동물의 이물질 섭취에 의한 안전사고 대처방법에 관한 내용으로 거리가 먼 것은?

① 동물이 어떤 이물질을 섭취했는지 기억한다.

② 동물이 건물 안에서 도주한 경우, 밖으로 나가는 모든 출입문을 즉시 닫는다.

③ 보호자에게 이물질 섭취사실을 알리고 동물병원으로 이동한다.

④ 이물질을 섭취한 동물이 숨을 제대로 쉬지 못하고 심하게 기침을 하면 이물질로 기도가 막혔을 가능성이 높으므로 동물병원으로 즉시 이동한다.

⑤ 이물질을 섭취한 동물이 음식물을 먹고 토하는 경우, 이물질이 식도 등 소화기관에 있을 가능성이 높으므로 동물병원으로 이동한다.

해 ②는 동물의 도주에 의한 안전사고 대처방법의 내용이다.

15 동물 간 교상에 의한 안전사고 예방에 대한 설명으로 적절하지 않은 것은?

① 동물 상호 간에 싸움이 나지 않도록 대형견과 소형견을 함께 있도록 한다.

② 동물을 케이지 안에 넣고 잠근 후, 문을 세게 흔들어 열리지 않는지 확인한다.

③ 동물이 대기할 때 서로 독립되어 있을 수 있도록 케이지 안에 두는 것을 원칙으로 한다.

④ 동물을 인계받을 때 보호자에게 동물의 성격을 질문하여 미리 파악한다.

⑤ 예민하거나 겁에 질린 동물이 없는지 수시로 확인하고, 발견하면 즉시 다른 동물들과 분리시킨다.

해 동물을 부득이 울타리 안에서 대기하게 할 때, 체구가 비슷한 동물끼리 함께 있도록 한다. 즉 대형견과 소형견이 같은 울타리 안에 있지 않도록 한다.

16 동물의 심폐소생술 중 가슴압박 방법으로 적절하지 않은 것은?

① 심장박동을 확인한다.

② 동물의 왼쪽 부분이 땅에 닿고 오른쪽이 위를 향하도록 눕힌다.

③ 왼쪽 팔꿈치와 배 쪽 몸이 닿는 부분에 양손을 포개어 올린다.

④ 가슴을 2초에 3번꼴로 15회 압박한다.

⑤ 15회 가슴압박을 한 후, 2회 인공호흡과정을 반복한다.

해 가슴압박 시 동물의 오른쪽 부분이 땅에 닿고, 심장이 위치하는 왼쪽이 위를 향하도록 눕힌다.

17 누전에 대한 안전사고 예방 및 대처방법에 대한 설명으로 적절하지 않은 것은?

① 누전차단기는 반드시 설치하여야 한다.

② 물이 많은 환경 주변에서는 전기기기를 연결하여 사용하지 않는다.

③ 동물이 전선을 물어뜯지 못하도록 동물이 대기하는 곳에 전기기기가 없도록 한다.

④ 누전차단기가 내려간 경우 바로 차단기를 올린 후, 관련사무소에 연락하거나 한전에 신고한다.

⑤ 콘센트에서 전기기기들을 분리한다.

해 누전차단기가 내려간 경우에는 섣불리 누전차단기를 올리지 말고, 전기가 통하지 않는 장갑을 착용한다.

18 다음 〈보기〉가 설명하는 안전장비는?

> **보기**
>
> 미용작업을 하는 동안, 동물의 안전을 위해 움직임을 제한하도록 한 보정장치이다. 그러므로 미용작업 중에만 사용하고 동물을 혼자 대기시키는 목적으로 사용해서는 절대 안 된다.

① 안전문   ② 이동장

③ 케이지   ④ 테이블 고정암

⑤ 울타리

해 테이블 고정암은 테이블 위에 동물을 올려놓고 미용할 때 사용하거나 자세고정 및 낙상방지를 위해 사용한다.

19 물림 방지 도구들로 묶여진 것은?

① 케이지, 울타리

② 엘리자베스 칼라, 입마개

③ 테이블 고정암, 케이지

④ 케이지, 이동장

⑤ 엘리자베스 칼라, 케이지

해 물림 방지를 위한 도구에는 엘리자베스 칼라와 입마개 등이 있다.

20 소독에 대한 설명으로 적절하지 않은 것은?

① 소독은 질병의 감염이나 전염을 예방하기 위해 아포를 포함한 대부분의 유해한 미생물을 파괴하거나 불활성화 시키는 것을 말한다.

② 소독은 비병원성 미생물을 파괴하지 않으므로 모든 미생물을 사멸시키는 것은 아니다.

③ 소독은 일반적인 오염물질들을 제거하기 위해 사용된다.

④ 소독방법에는 화학제품을 이용한 화학적 소독, 끓는 물을 이용한 자비소독, 빛을 이용한 일광소독, 자외선을 이용한 자외선 소독, 증기를 이용한 증기소독 등이 있다.

⑤ 화학적 소독은 특정 화학 제품을 사용하여 소독하는 것을 말한다.

해 소독은 질병의 감염이나 전염을 예방하기 위해 아포를 제외한 대부분의 유해한 미생물을 파괴하거나 불활성화 시키는 것을 말한다. 반면에 멸균은 아포를 포함한 모든 미생물을 사멸시키는 것을 의미한다. 그러므로 소독은 일반적인 오염물질을 제거하기 위해 사용되고, 멸균은 식품보존이나 의약품 및 수술도구에 주로 사용된다.

답 17 ④　18 ④　19 ②　20 ①

21 자비소독에 대한 설명으로 틀린 것은?

① 자비소독이란 100℃의 끓는 물에 소독대상을 넣어 소독하는 것을 말한다.

② 자비소독은 끓는 물에 소독하는 것으로 모든 아포와 바이러스제거에도 효과가 좋다.

③ 자비소독방법은 100℃에서 10~30분 정도 충분히 끓이는 것이다.

④ 자비소독은 의류, 금속제품, 유리제품 등에 적당하고, 금속제품은 탄산나트륨 1~2%를 추가하면 녹스는 것을 방지할 수 있다.

⑤ 유리제품은 찬물에 넣은 다음 끓기 시작하면 10~20분간 두고, 유리제품을 제외하고는 끓기 시작하면서 넣으면 된다.

해 자비소독은 물이 100℃ 이상으로는 올라가지 않으므로 미생물 전부를 사멸시키는 것은 불가능하여 아포와 일부 바이러스에는 효과가 없다.

22 일광소독에 대한 설명으로 적절하지 않은 것은?

① 일광소독은 직사광선에 노출함으로써 소독하는 것을 말한다.

② 두께가 두꺼운 경우라도 소독이 깊은 부분까지 미친다는 점이 장점이다.

③ 계절, 기후, 환경에 영향을 받기 때문에 효과가 일정하지 않다는 점이 단점이다.

④ 소독방법은 소독대상을 맑은 날 오전 10시~오후 2시 사이에 직사광선에 충분히 노출시키는 것이다.

⑤ 작업장에서 사용하는 수건 및 의류의 소독에 적합하다.

해 일광소독은 가장 간단한 소독방법이나, 두께가 두꺼운 경우에는 소독이 깊은 부분까지 미치지 않는 단점이 있다.

23 ㉠, ㉡에 들어갈 것으로 적절한 것은?

> • (㉠) : 질병의 감염이나 전염을 예방하고 대부분의 유해한 미생물을 파괴하거나 비활성화 시키는 것
> • (㉡) : 아포를 포함한 모든 미생물을 사멸하는 것

	㉠	㉡
①	소독	세척
②	멸균	소독
③	소독	멸균
④	멸균	세척
⑤	세척	소독

해 세척은 단순히 이물질 등의 오염을 제거하는 기초적인 단계이다. 소독은 세균의 아포를 제외한 미생물을 모두 제거하는 것이고, 멸균은 아포를 포함한 모든 미생물을 완전히 없애는 것이다.

24 고압증기멸균법에 대한 설명으로 적절하지 않은 것은?

① 고압증기멸균법은 포화된 고압증기 형태의 습열을 이용하여 아포를 포함한 모든 미생물을 사멸시키는 것을 말한다.
② 소독방법은 고압증기멸균기를 사용한다.
③ 소독대상을 물기가 없이 닦고, 증기가 침투하기 쉽게 기구의 뚜껑은 열어 놓고 천 또는 알루미늄포일로 싼 후, 보통 15파운드의 수증기압과 121℃에서 15~20분간 소독한다.
④ 습열에 약한 대상을 주로 소독대상으로 한다.
⑤ 금속날은 무뎌질 수 있다.

해 고압증기 멸균법은 주로 습열에 약한 대상에는 사용하지 않는다.

답 21 ② 22 ② 23 ③ 24 ④

25 화학적 소독제 중 하나인 계면활성제에 대한 설명으로 적절하지 않은 것은?

① 계면활성제는 분자 안에 친수성기와 소수성기를 모두 가지고 있어, 물과 기름 모두에 잘 녹는 특징이 있다.

② 계면활성제의 종류 중 살균, 소독용으로 사용되는 것은 양이온 계면활성제이다.

③ 양이온 계면활성제는 대부분의 세균, 진균, 바이러스를 불활성화 시킨다.

④ 양이온 계면활성제는 녹농균, 결핵균, 아포에도 효과가 크다.

⑤ 양이온 계면활성제는 손, 피부점막, 식기, 금속기구와 식품 등을 소독할 때 사용한다.

> 계면활성제의 종류에는 비누나 샴푸, 세제 등과 같은 음이온 계면활성제, 4급 암모늄(역성비누)과 같은 살균, 소독용으로 사용되는 양이온 계면활성제 등이 있다. 양이온 계면활성제는 대부분의 세균, 진균, 바이러스를 불활성화시키지만, 녹농균·결핵균·아포에는 효과가 없다.

26 다음 〈보기〉는 화학적 소독제의 한 종류에 대한 설명이다. 무엇에 대한 내용인가?

> **보기**
>
> 가. 산화력으로 살균소독한다.
> 나. 산소와 물로 분해되어 잔류물을 남기지 않는다.
> 다. 자극성과 부식성을 나타내는 단점이 있다.
> 라. 주로 2.5~3.5%의 농도로 사용한다.

① 계면활성제   ② 과산화물
③ 알코올   ④ 차아염소산나트륨
⑤ 페놀류(석탄산)

> 과산화물계 소독제는 과산화수소, 과산화초산 등을 포함하며, 산화력으로 살균소독을 하고, 산소와 물로 분해되어 잔류물이 남지 않는다. 자극성과 부식성을 나타내는 단점이 있으며, 주로 2.5~3.5%의 농도로 사용한다.

27 화학적 소독제 중 하나인 차아염소산나트륨에 대한 설명으로 적절하지 않은 것은?

① 락스의 구성성분으로 기구소독, 바닥청소, 세탁, 식기세척 등 다양한 용도로 쓰인다.

② 개에서 전염성이 높은 파보, 디스템퍼, 인플루엔자, 코로나바이러스 등과 살모넬라균 등을 불활성화 시킬 수 있으나, 살균력과 소독력이 떨어진다는 단점이 있다.

③ 제품에 명시된 농도로 희석하여 용도에 맞게 사용한다.

④ 사용 시에 독성을 띠는 염소가스가 발생하기 때문에 환기에 특히 신경을 써야 한다.

⑤ 점막, 눈, 피부에 자극성을 나타내며, 금속에 부식을 일으킬 수 있기 때문에 기구소독에 사용할 때에는 유의해야 한다.

해 차아염소산나트륨은 개에서 전염성이 높은 파보, 디스템퍼, 인플루엔자, 코로나바이러스 등과 살모넬라균 등을 불활성화 시킬 수 있고, 넓은 범위의 살균력을 가지며, 소독력 또한 좋다.

28 화학적 소독제 중 하나인 알코올에 대한 설명으로 틀린 것은?

① 알코올은 주로 에탄올을 사용하며, 알코올은 물과 70%로 희석하였을 때 넓은 범위의 소독력을 가진다.

② 세균, 결핵균, 바이러스, 진균 및 아포를 포함하여 불활성화 시킨다.

③ 알코올은 손이나 피부 및 미용기구 소독에 가장 적합하다.

④ 가격이 비싸고 고무나 플라스틱에 손상을 일으킬 수 있으며, 상처가 난 피부에 사용하면 매우 자극적이다.

⑤ 인화성이 있어 화재의 위험이 있으므로 보관 시 주의해야 하며, 사용방법은 분무기에 넣어 분무 또는 솜 등에 적셔서 사용하거나 기구를 10분간 담가 소독한다.

해 알코올은 세균, 결핵균, 바이러스, 진균을 불활성화 시키지만, 아포에는 효과가 없다.

답 25 ④ 26 ② 27 ② 28 ②

29 다음 〈보기〉는 화학적 소독제에 대한 설명이다. 무엇에 대한 내용인가?

> **보기**
>
> 가. 거의 모든 세균을 불활성화시키고, 살충효과도 있으나 바이러스와 아포에는 효과가 없다.
> 나. 가격이 저렴하여 넓은 공간을 소독할 때 적합하며, 고온일수록 소독효과가 크고 안정성이 강하여 오래 두어도 화학변화가 없다.
> 다. 보통 농도는 3~5%의 농도로 사용한다.

① 염산　　　　　　　　　　② 과산화물
③ 알코올　　　　　　　　　④ 아세트산
⑤ 페놀류(석탄산)

해 페놀류(석탄산)는 거의 모든 세균을 불활성화 시키고 살충효과도 있지만 바이러스나 아포에는 효과가 없다. 가격이 저렴하여 넓은 공간을 소독할 때 적합하며, 고온일수록 소독효과가 크고 안정성이 강하여 오래 두어도 화학변화가 없다.

30 화학적 소독제 중 하나인 크레졸에 대한 설명으로 적절하지 않은 것은?

① 크레졸의 독성은 페놀류와 같은 정도이지만, 소독효과는 3~4배 더 좋다.
② 크레졸은 녹농균, 결핵균을 포함한 대부분의 세균을 불활성화 시키지만, 아포나 바이러스에는 효과가 없다.
③ 크레졸은 물에 잘 녹지 않으므로 비누로 유화해서 보통 비눗물과 50%로 혼합한 크레졸 비누액으로 많이 사용한다.
④ 기구나 배설물 소독에는 보통 10~15%의 농도로 사용한다.
⑤ 냄새가 강한 편이고 금속을 부식시키며 원액은 피부에 손상을 일으키므로 주의해서 사용해야 한다.

해 크레졸은 기구나 배설물 소독에 보통 3~5%의 농도로 사용한다.

31 청소도구 중 미용 테이블에 떨어진 털을 제거하고, 가구나 기구 위에 떨어진 먼지를 청소하는 데 적합한 것은?

① 걸레
② 빗자루
③ 먼지떨이
④ 핸디청소기
⑤ 진공청소기

해 핸디 청소기는 미용 테이블에 떨어진 털을 제거하고, 가구나 기구 위에 떨어진 먼지를 청소하는데 사용한다.

32 다음 인수공통 전염병 중 동물의 배설물 등에 의해 옮겨지는 질병이 아닌 것은?

① 개선충
② 지알디아
③ 캠필로박터
④ 살모넬라균
⑤ 대장균

해 동물의 배설물 등에 의해 옮겨지며, 주로 입으로 감염되어 사람과 동물에게 장염과 같은 소화기 질병을 일으키는 질병은 회충, 지알디아, 캠필로박터, 살모넬라균, 대장균 등이며, 개선충은 동물과의 직접 접촉으로 감염되는 질병이다.

33 피부소독제인 클로르헥시딘에 대한 설명으로 적절하지 않은 것은?

① 클로르헥시딘은 일상적인 손 소독과 상처 소독에 모두 사용이 가능한 광범위한 소독제이다.

② 클로르헥시딘을 사용하면 세균이 급격히 감소하는 효과를 나타내어, 알코올보다 소독효과가 훨씬 빠르게 나타난다.

③ 클로르헥시딘은 0.5%의 농도가 되도록 물, 생리 식염수에 희석하여 사용한다.

④ 클로르헥시딘이 4% 이상의 농도에서는 피부에 자극이 될 수 있다.

⑤ 클로르헥시딘이 동물에서는 귀와 눈에 독성을 나타내므로, 이 부위에는 사용하면 안 된다.

해 클로르헥시딘을 사용하면 세균이 급격히 감소하는 효과를 나타내지만, 알코올보다는 소독효과가 천천히 나타나는 편이다.

34 다음 〈보기〉는 손 소독제에 대한 설명이다. 무엇에 대한 내용인가?

> **보기**
>
> 도포 시 거품이 나는 것이 특징이며 산화력이 강하고 산소가 발생하므로 호기성 세균 번식을 억제하는 효과가 있다.

① 알코올   ② 포비돈

③ 크레졸   ④ 과산화수소

⑤ 클로르헥시딘

해 과산화수소는 도포 시 거품이 나는 것이 특징이며, 산화력이 강하고 산소가 발생하므로 호기성 세균 번식을 억제하는 효과가 있으며, 농도에 따라 피부에 매우 자극적일 수 있기 때문에 2.5~3.5%의 농도를 소독용으로 사용한다.

35 소독제 중 광범위한 살균력을 가지며, 주로 상처소독용, 수술 전 소독용으로 사용하는 것은?

① 크레졸
② 메탄올
③ 포비돈
④ 트라이아졸
⑤ 클로르헥시딘

해 포비돈은 세균, 곰팡이, 원충, 일부 바이러스 등 넓은 범위의 살균력을 가지며, 주로 상처소독용, 수술 전 소독용으로 사용한다. 알코올과 함께 사용하면 효과가 상승하며 1~10%의 농도로 사용한다.

36 작업자의 작업복 및 신발을 위생적으로 소독하고 관리하는 내용으로 적절하지 않은 것은?

① 작업복과 신발에 동물의 분비물 등의 오염물질이 묻었는지 수시로 점검하고, 오염물질이 있으면 즉시 소독하여 관리한다.
② 작업복과 신발이 열에 약한 재질이거나 소독설비가 없는 경우는 즉시 교체한다.
③ 작업복은 오염된 후 또는 매일 일과 완료 후 작업복끼리 따로 분류하여 세탁물 보관함에 넣는다.
④ 작업복은 먼지나 이물질이 충분히 세탁되도록 작업복 안쪽에 있는 세탁방법과 세탁세제를 사용하고 충분히 헹구어 준다.
⑤ 세탁이 완료된 작업복은 통풍이 잘 되는 곳에서 건조시키며, 먼지가 쌓이지 않는 공간에 작업복을 보관한다.

해 작업복과 신발이 열에 약한 재질이거나 소독설비가 없는 경우 화학적 소독제를 사용하여 소독하여야 한다. 화학적 소독제를 오염부위에 바로 적용하면 소독제의 살균효과가 떨어지므로 작업복과 신발에서 오염된 곳을 발견하면, 오염물질을 세제로 깨끗이 제거한 후 일반적으로 쉽게 구할 수 있는 차아염소산나트륨, 알코올 등의 화학적 소독제를 적정 배율로 희석하여 오염부위에 분무하거나 솜, 거즈 등에 묻혀 닦아 소독한다.

답 33 ② 34 ④ 35 ③ 36 ②

37 다음 〈보기〉는 손 소독제에 대한 설명이다. (   )안에 들어갈 말로 적절한 것은?

> **보기**
>
> 손 소독제는 제품에 따라 알코올, 과산화수소, 크레졸 등이 포함되어 있다. 크레졸 등과 같은 (   )계열의 성분은 동물에서 드물지만 독성이 보고되어 있으므로, 이 성분이 들어 있는 제품의 사용은 추천하지 않는다.

① 락스
② 페놀
③ 알코올
④ 과산화물
⑤ 차아염소산나트륨

해 크레졸 등과 같은 페놀계열의 성분은 동물에서 드물지만 독성이 보고되어 있으므로, 이 성분이 들어 있는 제품의 사용은 추천하지 않는다.

38 작업자의 위생관리 점검항목과 거리가 먼 것은?

① 손과 손톱
② 냄새 및 체취
③ 헤어
④ 작업복과 신발
⑤ 대기장소와 소독제

해 작업자 위생관리 점검항목으로는 손과 손톱, 냄새 및 체취, 헤어, 작업복과 신발 등이다.

39 다음 〈보기〉는 화학적 소독제이다. 무엇에 대한 설명인가?

> **보기**
>
> 가. 금속을 부식시키고 냄새가 지독하며 원액을 그대로 사용할 경우 피부가 손상될 수 있으므로 주의하여야 한다.
> 나. 독성은 페놀류와 같은 정도이지만 기구나 배설물 소독에는 보통 3~5%의 농도로 사용한다.

① 계면활성제   ② 과산화물
③ 석탄산   ④ 알코올
⑤ 크레졸

해 크레졸의 독성은 페놀류와 같은 정도이지만, 소독효과는 3~4배 더 좋다. 녹농균, 결핵균을 포함한 대부분의 세균을 불활성화 시키지만, 아포나 바이러스에는 효과가 없다. 물에 잘 녹지 않으므로, 비누로 유화해서 보통 비눗물과 50%로 혼합한 비누액으로 많이 사용한다.

40 다음 화학적 소독제와 그 농도비율의 연결이 옳지 않은 것은?

① 과산화물 : 2.5~3.5%의 농도
② 알코올 : 70%로 희석
③ 페놀류(석탄산) : 보통 3~5%
④ 크레졸 : 기구나 배설물 소독의 경우 보통 3~5%
⑤ 포비돈 : 30%의 농도

해 포비돈은 세균, 곰팡이, 원충, 일부 바이러스 등 넓은 범위의 살균력을 가지며, 주로 상처 소독용, 수술 전 소독용으로 사용한다. 알코올과 함께 사용하면 효과가 상승하며, 1~10%의 농도로 사용한다.

답 37 ②   38 ⑤   39 ⑤   40 ⑤

Chapter 02
기자재 관리

1 가위의 종류

(1) 블런트 가위(Blunt Scissors)

① 털을 커트하는 데 사용하는 가위로 크기와 길이는 사용목적에 따라 선택한다.

② 민가위 또는 커팅가위라고도 한다.

(2) 시닝가위(Thinning Scissors)

① 숱을 치는 데 사용하는 가위로 가윗날의 발수와 홈에 따라 절삭률이 달라진다.

② 크기와 길이는 사용목적에 따라 알맞은 것을 선택하며, 숱가위라고도 부른다.

(3) 커브가위(Curve Scissors)

① 가윗날의 모양이 휘어져 곡선부분을 커트할 때 사용한다.

② 크기와 길이는 사용목적에 따라 알맞은 것을 선택하여 사용한다.

(4) 텐텐가위(Tenten Scissors)

① 시닝가위와 비슷하며, 가윗날의 발수와 홈에 따라 절삭률이 달라지는데 시닝가위보다 절삭률이 좋다.

② 크기와 길이는 사용목적에 따라 알맞은 것을 선택하며, 요술가위라고도 한다.

(5) 스트록 가위(Stroke Scissors)

① 다른 가위에 비해서 가윗날의 배 부분이 둥근 것으로 잘랐을 때 털을 밀어내는 힘이 강하기 때문에 양감과 질감 정리를 해준다.

② 손목의 스윙으로 자르는 데 적당하다.

2 가위의 관리 및 보관 등

(1) **적응 사용** : 새로운 가위에 적응하는 데 약 3주에서 2개월 정도의 시간이 필요하므로, 이 기간 동안에는 가볍고 부드럽게 사용하는 것이 바람직하다.

(2) 유지 및 관리

① 가위의 품질요소 중 가장 중요한 것은 가윗날의 예리함이다.

② 가위를 오랫동안 좋은 상태로 유지하기 위해서는 철저한 소독, 관리, 보관이 필요하다.

③ 엉킨 털이나 굵고 억센털은 가능하면 조금씩 잡고 커트하는 것이 가위수명을 유지하는 데 바람직하다.

④ 가위를 사용하기 전 · 후에 윤활제를 뿌려서 관리한다.

⑤ 가위를 닦을 때에는 전용 가죽이나 천을 사용한다.

⑥ 가위 날을 닦을 때에는 손잡이 쪽에서 날 끝쪽으로 밀어 닦아준다. 만약 날을 왕복해서 닦으면 가윗날이 손상될 수 있다.

⑦ 가위가 손상되면 전문가에게 의뢰하여 가능하면 빨리 조치하여야 한다.

(3) 보관 방법

① 가위를 보관할 때는 가윗날을 닫힌 상태로 보관한다.

② 가위는 미용이 끝날 때마다 가볍게 닦아주며, 작업 종료 후에는 윤활제를 충분히 바른 후 보관한다.

3 클리퍼/클리퍼 날/클리퍼 콤

(1) 클리퍼

① 반려견의 털을 일정한 길이로 클리핑하는 데 사용하는 기구이다.

② **전문가용 클리퍼** : 몸, 얼굴, 발 등 전반적인 클리핑을 하는 데 사용되며, 본체에 여러 가지 길이의 날을 부착하여 사용할 수 있으며, 크기와 길이는 제품에 따라 다양하다.

③ **소형 클리퍼** : 크기가 작고 가벼우며, 주로 발바닥, 발등, 꼬리, 항문, 배 등의 부분미용에 사용되며 클리퍼의 종류에 따라 날의 길이를 조절할 수 있으며, 날의 폭이 좁아서 섬세한 표현을 할 수 있으며, 날의 길이가 제한적이나 최근에는 다양한 크기와 길이의 제품들이 있다.

(2) 클리퍼 날

① 클리퍼에 부착하여 잘리는 털의 길이를 조절하는 것으로, 클리퍼의 아랫날 두께에 따라 클리핑 길이가 결정되며 윗날은 털을 자르는 역할을 한다.

② 날에 표기된 mm는 동물의 털을 역방향 클리핑 시에 남아 있는 털의 길이이다. 클리퍼의 날은 mm수에 따라 날 사이의 간격이 좁거나 넓다.

③ 클리퍼의 날의 mm수가 작을수록 날의 간격이 좁고, mm수가 클수록 날의 간격이 넓다.

④ 클리퍼의 날의 mm수가 클수록 피부에 상처를 입힐 수 있는 위험성이 높다.

⑤ 클리퍼 날에는 번호가 적혀 있는데 제조사마다 약간의 편차가 있으며, 견종, 미용방법, 사용부위에 따라 적당한 길이를 선택하여 사용한다.

(3) 클리퍼 콤

① 클리퍼 날에 장착하는 덧빗으로 보통 1mm길이의 클리퍼 날에 끼워 사용한다.

② 덧끼우는 날에 따라 길이를 조절하여 클리핑을 할 수 있다.

③ 크기와 길이는 사용목적에 따라 알맞은 것을 선택하여 사용한다.

4 클리퍼와 클리퍼 날의 보관방법

(1) 관리 등

① 신제품의 클리퍼는 바로 사용하지 않고 사용 전에 관리작업을 하는 것이 좋다.

② 신제품 사용 전에 기름을 충분히 바른 후 2~3분 정도 충분히 공회전을 한 후 윤활제를 뿌려주면 생산과정에서 날에 묻은 이물질을 제거할 수 있다.

③ 클리퍼 날의 부식방지를 위해 물기를 반드시 건조시켜야 한다.

④ 사용 전·후 뿌린 윤활제를 반드시 마른 수건이나 휴지로 닦아낸 후 사용한다.

⑤ 클리퍼의 날은 연마가 가능하므로 숙련된 전문가에게 의뢰하여 연마한다.

(2) 유지 및 보관

① 클리퍼의 날과 클리퍼의 모터는 클리퍼의 성능과 밀접한 관련이 있다.

② 클리퍼의 날은 항상 청결을 유지하며, 사용하지 않을 때는 윤활제를 뿌린 후 보관한다.

③ 클리퍼 날은 깨끗하게 청소한 후 윤활제를 뿌려 건조한 곳에 보관한다.

5 빗(브러시)의 종류

(1) 슬리커 브러시(Slicker Brush)

① 엉킨 털을 풀거나 드라이를 위한 빗질 등에 사용한다.

② 금속 또는 플라스틱 재질의 판에 고무 쿠션을 붙이고 그 위에 구부러진 핀이 촘촘하게 박혀 있다.

③ 크기와 길이는 사용목적에 따라 알맞은 것을 선택하여 사용한다.

(2) 핀 브러시(Pin Brush)

① 장모종의 엉킨 털 및 오염물을 제거하는 데 사용한다.

② 플라스틱 또는 나무판 위에 고무 쿠션이 붙어 있고 둥근 침 모양의 핀이 박혀 있다.

③ 크기와 길이는 사용목적에 따라 알맞은 것을 선택하여 사용한다.

(3) 브리슬 브러시(Bristle Brush)

① 말, 멧돼지, 돼지 등 여러 동물의 털로 만든 빗이다.

② 오일이나 파우더 등을 바르거나 피부를 자극하는 마사지 용도로 사용한다.

③ 크기와 길이는 사용목적에 따라 알맞은 것을 선택하여 사용한다.

(4) 콤(Comb)

① 엉킨 털 및 죽은 털의 제거, 가르마, 코밍 등의 다양한 용도로 사용되는 빗이다.

② 긴 금속 막대 위에 끝이 굵은 둥근 빗살이 꽂혀 있으며, 가볍고 탄력이 있어 털의 손상을 줄여주는 장점이 있다.

③ 크기, 굵기, 길이, 중량 등이 다양하므로 견종과 미용의 용도 등 사용목적에 따라 알맞은 것을 선택하여 사용한다.

(5) 오발빗(5-Toothed Comb)

① 애완동물의 볼륨을 표현하기 위해 털을 부풀릴 때 사용하며, 포크 콤이라고도 부른다.

② 크기와 길이는 사용목적에 따라 알맞은 것을 선택하여 사용한다.

(6) 꼬리빗(Pointed Comb)

① 동물의 털을 가르거나 래핑을 할 때 사용된다.

② 크기와 길이는 사용목적에 따라 알맞은 것을 선택하여 사용한다.

6 빗의 관리방법

(1) 슬리커 브러시

① 콤이나 손을 이용하여 슬리커 브러시에 붙은 털을 제거한다.

② 패드부분과 빗 전체 부분을 비눗물로 세척한 후 깨끗한 물로 씻어낸다.

③ 패드부분에 물이 들어가지 않도록 뒤집어 닦아주고, 브러시의 물기를 털어내며 뜨겁지 않은 바람으로 말려준다.

(2) 핀 브러시

① 엄지와 집게손가락을 이용하여 털을 제거한다.

② 핀 브러시와 패드부분에 낀 이물질을 모두 제거한다.

③ 남은 이물질을 비눗물로 씻어내고 깨끗한 물로 헹군다.

④ 핀 브러시의 패드 부분에 물이 들어가지 않도록 브러시를 뒤집어 잡고 닦는다.

⑤ 브러시를 흔들어 물기를 털어내고 뜨겁지 않은 바람으로 말려준다.

(3) 브리슬 브러시

① 털을 손으로 털어내고, 파우더가 묻었으면 털어내고, 오일이 묻었으면 마른 수건으로 닦아 낸다.

② 브러시에 남은 오일과 파우더는 전용 세정제를 사용하여 충분히 닦아낸 후 건조시켜 보관 한다.

7 스트리핑 나이프의 종류

(1) 코스 나이프(Coarse Knife)

① 나이프 종류 중에서 날이 가장 두껍고 거칠다.

② 언더코트를 제거하는 데 사용한다.

(2) 미디엄 나이프(Medium Knife)

① 코스 나이프와 파인 나이프의 중간 두께의 날이다.

② 꼬리, 머리, 목 부분의 털을 제거하는 데 사용한다.

(3) 파인 나이프(Fine Knife)

① 나이프 중에서 날이 가장 얇고 촘촘하다.

② 귀, 눈, 볼, 목 아래의 털을 제거하는 데 사용한다.

8 코트킹/겸자/발톱깎이/발톱갈이/밴딩 가위/도그 위그 견체모형

코트킹(Coat King)	죽은 털이나 필요 없는 언더코트를 제거해 주는 도구이며, 모질의 특징에 따라 날의 촘촘함 정도의 크기를 선택하여 사용한다.
겸자(Mosquito Forceps)	귓속의 털을 뽑거나 다듬는데 사용하며, 직선 · 곡선 · 무구 등의 다양한 종류가 있으며, 사용목적에 따라 알맞은 것을 선택하여 사용한다.
발톱깎이(Nail Clipper)	발톱을 깎는데 사용하며, 집게형 · 니퍼형 · 기요틴형 등의 다양한 종류가 있으며, 크기와 길이는 사용목적에 따라 알맞은 것을 선택하여 사용한다.
발톱갈이(Nail File)	발톱을 다듬는데 사용하며, 전동식과 수동식이 있다.
밴딩 가위(Banding Scissors)	래핑 또는 밴딩 작업 시 고무 밴드를 자를 때 사용하는 가위이다.
도그 위그 견체모형	외피를 씌워 미용작업을 할 때 사용한다.

9 물림방지도구

엘리자베스 칼라	반려견의 상처보호, 입질방지에 사용하는 것으로, 본래는 수술 후 수술부위를 핥지 못하도록 동물의 목에 착용시켜 얼굴을 감싸는 용도로 만들어졌다. 플라스틱 또는 천 등의 제품이 있으며, 사용목적에 알맞은 것을 선택하여 사용한다.
입마개	반려견이 무는 것을 방지하는데 사용하며, 천 또는 플라스틱 등이 있으며, 단두종용, 장두종용 등으로 품종에 따라 다양한 종류가 있다.

10 미용소모품

(1) 기자재

① **소독제** : 작업자의 손이나 작업복, 미용도구, 기자재, 작업장 등의 소독에 사용한다.

② **윤활제** : 미용도구나 기자재 등의 관리에 사용된다.

③ **냉각제** : 미용도구를 장시간 사용할 때 열이 발생하는 경우 도구의 냉각에 사용한다.

(2) 고객상담 시 사용되는 소모품

① 고객과 다양한 상담 등이 이루어지는 공간에 비치하는 소모품으로써 아로마향, 방향제, 차, 커피나 음료수 등이 대표적이다.

② 고객에게 좋은 인상을 주거나 편안한 상담을 위해서 다양한 제품을 활용한다.

(3) 목욕용품

① 샴푸, 린스, 모발 영양제 : 반려견의 모질, 모색, 코트의 상태 등을 파악하여 알맞은 제품을 선택한다.

② 구강 관리용품 : 치약, 칫솔 등

(4) 미용용품

① 지혈제 : 발톱 관리 중 출혈이 생겼을 때 지혈하는 데 사용한다.

② 이어파우더 : 귓속의 털을 뽑을 때 털이 잘 잡히도록 하기 위해 사용한다.

③ 이어클리너 : 귀 세정제로 귀의 이물질을 제거하거나 소독하는 데 사용한다.

(5) 염색용품

① 염모제 : 반려견의 털을 염색하는 데 사용한다.

② 컬러믹스 : 염색약과 섞어서 사용하여 밝은색을 표현한다.

③ 이염 방지제 : 반려견을 염색할 때 염색을 원하지 않는 부위에 바르면 원치 않는 염색을 방지할 수 있다.

④ 컬러페이스트, 컬러초크, 블로우펜, 페인트펜 : 반려견의 털에 일시적으로 염색효과를 낼 때 사용한다.

⑤ 알루미늄 포일 : 염색할 때 염색약이 잘 스며들게 한다.

⑥ 이염 방지 테이프 : 다른 부위에 염색이 되는 것을 방지하기 위하여 염색 부위를 감싸주는 데 사용한다.

⑦ 일회용 장갑 : 작업자의 손에 염색약이 묻지 않도록 하는 데 사용한다.

(6) 장모관리용품

① 브러싱 스프레이 : 브러싱할 때 생기는 마찰로 인한 모발의 손상을 줄여 쉽게 브러싱을 하는 데 사용한다.

② 워터리스 샴푸 : 물 없이 오염을 제거하는 데 사용하며 액상과 파우더 형태가 있다.

③ 정전기 방지 컨디셔너 : 정전기로 코트가 날리는 현상을 줄여주어 모질 손상을 방지하는 데 사용한다.

④ 엉킴 제거 제품 : 엉킨 털을 쉽게 풀 수 있도록 하는 데 사용한다.

⑤ 래핑지 : 장모종 개의 털을 보호하기 위해 사용하는 것으로 종이 또는 비닐재질 등 소재가 다양하다.

⑥ 고무 밴드 : 동물의 털을 묶거나 래핑지를 고정시키는 등의 용도로 사용된다.

(7) **소독용품**

① 헤어스프레이 : 반려견의 털을 세우거나 풍성해 보이도록 할 때 사용한다.

② 초크 : 흰 털의 반려견을 하얗게 보이도록 할 때 사용한다.

(8) **위그**

① 위그란 실제 견을 대신하여 미용연습 시에 사용하는 인공 털을 말한다.

② 전체 위그는 펫 클립용과 쇼 클립용 그리고 래핑 연습용 등이 있다.

11 소모품의 구매요구량 파악 및 구매절차

(1) **소모품 구매요구량 파악방법**

① 일별, 주별, 월별 소모량의 평균 사용량을 체크한다.

② 소모품 보유량과 예상 사용량을 비교한다.

③ 구매할 소모품의 수량을 결정한다.

(2) **소모품의 구매절차**

① 구매처 관리대장과 거래처 관리카드를 확인하여 구매업체를 선정한다.

② 전화, 메일, 팩스, 인터넷 등의 방법으로 주문한다.

③ 직접방문 구입, 택배발송 납품 받음, 주문 후 담당자가 직접 방문, 담당자가 주기적으로 방문 납품 등

12 미용장비

(1) **미용테이블**

① 접이식 미용테이블 : 이동식 미용 테이블로 사용하며, 견고하고 튼튼하지는 않지만 가볍고 휴대하기 간편하다는 장점이 있다.

② 수동식 미용테이블 : 접었다 펼 수 있게 제작된 것으로 작업자가 키와 작업스타일에 맞추어 높낮이를 조절할 수 있어 편리하며, 가격이 저렴하고 접어서 이동이 가능하다.

③ 유압식 미용테이블 : 버튼을 발로 눌러 높낮이를 조절할 수 있으며, 비교적 가격이 저렴하다.

④ 전동식 미용테이블 : 전력을 이용하여 높낮이를 조절하는 미용테이블로서 자동방식으로 높낮이 조절이 매우 편리한 장점이 있는 반면에 부피가 크고 무거우며 가격이 비싸다는 단점이 있다.

(2) 테이블 고정암과 바구니

① 테이블 고정암 : 테이블 위에 동물을 올려놓고 미용할 때 사용하거나 자세고정 및 낙상방지를 위해 사용한다.

② 테이블 바구니 : 테이블 아래에 도구를 올려놓는 용도로 사용된다.

(3) 드라이어

① 개인용 드라이어 : 보통 가정에서 사용하는 드라이어로 바람의 세기조절이 어렵고, 세기가 비교적 약하여 미용작업에는 많이 사용되지 않는다.

② 스탠드 드라이어 : 바람의 세기조절이나 각도조절이 쉬워 주로 전문 미용 숍에서 미용에 많이 사용한다.

③ 룸 드라이어 : 박스형태의 룸 안에 동물을 넣고 작동시키면 바람이 나오는 장치로, 작업자가 직접 말리지 않아도 되는 자동 드라이 시스템이다.

④ 블로어 드라이어 : 강한 바람으로 털을 말리는 드라이어로 호스나 스틱형 관을 끼워 사용하며 바닥이나 테이블 위, 스탠드 위에 올려 각도를 조절하며 사용한다.

(4) 샤워장비

① 목욕조(수도꼭지 및 샤워기) : 반려견의 목욕 시에 사용하는 것으로 주로 샴핑, 컨디셔닝, 헹굼 등에 사용한다.

② 스파기기 : 반려견의 목욕시 사용하는 것으로 노폐물과 냄새를 제거하는 효과가 좋다.

③ 온수기 : 온수를 공급하는 장치로 전기온수기와 가스온수기를 주로 사용한다.

(5) 소독기기

① 자외선을 이용하여 살균하는 미용도구 소독기계이다.

② 가열살균이나 약제소독에 비해 소독시간이 짧다는 장점이 있으며, 소독과 건조기능을 함께 갖춘 제품이 편리하다.

01 다음 〈보기〉가 설명하는 가위는?

> **보기**
>
> 가. 요술가위라고도 한다.
> 나. 시닝 가위보다 절삭률이 더 좋다.
> 다. 제품에 따라 잘리는 양이 다르다.

① 텐텐가위(Tenten Scissors)　　　　② 블런트 가위(Blunt Scissors)

③ 커브 가위(Curve Scissors)　　　　④ 스트록 가위(Stroke Scissors)

⑤ 시닝 가위(Thinning Scissors)

해 텐텐가위는 시닝가위와 비슷하며, 가윗날의 발수와 홈에 따라 절삭률이 달라지는데 시닝가위보다 절삭률이 좋다. 초벌 및 숱을 치는 데 사용하며 요술가위라고도 한다.

02 ㉠, ㉡에 들어갈 가장 적절한 것은?

> • (㉠) : 양감과 질감을 정리해주고 손목의 스윙으로 자르는 데 적당한 가위
> • (㉡) : 숱을 치는 데 사용하는 숱가위

	㉠	㉡
①	스트록 가위	블런트 가위
②	스트록 가위	시닝 가위
③	시닝 가위	커브 가위
④	시닝 가위	스트록 가위
⑤	커브 가위	블런트 가위

해 스트록 가위는 다른 가위에 비해서 가윗날의 배 부분이 둥근 것으로 잘랐을 때 털을 밀어내는 힘이 강하기 때문에 양감과 질감 정리를 해주고 손목의 스윙으로 자르는 데 적당한 가위이나. 시닝 가위는 숱을 치는 데 사용하는 숱가위로, 가윗날의 발수와 홈에 따라 절삭률이 달라진다.

답 01 ①　　02 ②

03 클리퍼에 대한 설명으로 적절하지 않은 것은?

① 클리퍼란 반려견의 털을 일정한 길이로 클리핑하는 데 사용하는 기구이다.

② 전문가용 클리퍼는 몸, 얼굴, 발 등 전반적인 클리핑을 하는 데 사용한다.

③ 소형 클리퍼는 크기가 작고 가벼우며 발바닥, 발등, 꼬리, 항문, 배 등의 부분 미용에 주로 사용한다.

④ 전문가용 클리퍼는 종류에 따라 날의 길이를 조절할 수 있으며, 본체에 여러 가지 길이의 날을 부착하여 사용할 수 있다.

⑤ 전문가용 클리퍼는 크기와 길이가 제품에 따라 다양하며, 소형 클리퍼는 날의 길이가 제한적이다.

해 전문가용 클리퍼는 본체에 여러 가지 길이의 날을 부착하여 사용할 수 있으며, 소형 클리퍼는 클리퍼의 종류에 따라 날의 길이를 조절할 수 있으며 날의 폭이 좁아서 섬세한 표현을 할 수 있다.

04 클리퍼 날에 대한 설명으로 적절하지 않은 것은?

① 클리퍼에 부착하여 잘리는 털의 길이를 조절한다.

② 클리퍼의 윗날 두께에 따라 클리핑 길이가 결정되며 아랫날은 털을 자르는 역할을 한다.

③ 날에 표기된 mm는 동물의 털을 역방향 클리핑 시에 남아있는 털의 길이이다.

④ 클리퍼 날에는 번호가 적혀 있는데 제조사마다 약간씩의 편차가 있다.

⑤ 견종, 미용방법, 사용부위에 따라 적당한 길이를 선택하여 사용한다.

해 클리퍼의 아랫날 두께에 따라 클리핑 길이가 결정되며 윗날은 털을 자르는 역할을 한다.

05 다음 〈보기〉는 클리퍼 날에 대한 내용이다. 틀린 것을 모두 고른 것은?

> **보기**
>
> 가. 클리퍼의 윗날 두께에 따라 클리핑 길이가 결정되며, 아랫날은 털을 자르는 역할을 한다.
> 나. 날에 표기된 mm는 동물의 털을 역방향 클리핑 시에 잘라지는 길이이다.
> 다. 클리퍼 날에는 번호가 적혀 있는데 표준화에 의해 제조사별로 차이가 없다.
> 라. 클리퍼 날은 클리퍼에 부착하여 잘리는 털의 길이를 조절하며, 견종, 미용방법, 사용부위에 따라 적당한 길이를 선택하여 사용한다.

① 가, 나, 다   ② 가, 나, 라
③ 가, 다, 라   ④ 나, 다, 라
⑤ 가, 나, 다, 라

해 '가'의 경우 클리퍼의 아랫날 두께에 따라 클리핑 길이가 결정되며, 윗날은 털을 자르는 역할을 한다. '나'의 경우 날에 표기된 mm는 동물의 털을 역방향 클리핑 시에 남아 있는 털의 길이이다. '다'의 경우 클리퍼 날에는 번호가 적혀져 있는데 제조사마다 약간씩의 편차가 있다.

06 엉킨 털 및 죽은 털의 제거, 가르마, 코밍 등의 다양한 용도로 사용되며 긴 금속 막대 위에 끝이 굵은 둥근 빗살이 꽂혀 있는 빗은?

① 핀 브러시   ② 콤
③ 꼬리빗   ④ 오발빗
⑤ 포크콤

해 콤(Comb)에 대한 설명이다. 콤은 가볍고 탄력이 있어 털의 손상을 줄여주는 장점이 있고, 크기, 굵기, 길이, 중량 등이 다양하므로 견종과 미용의 용도 등 사용목적에 따라 알맞은 것을 선택하여 사용할 수 있다.

답 03 ⑤ 04 ② 05 ① 06 ②

07 다음 〈보기〉는 미용도구 중 빗에 대한 설명이다. 무엇에 대한 내용인가?

> **보기**
>
> 가. 동물의 털로 만든 빗으로 오일이나 파우더 등을 바르거나 피부를 자극하는 마사지 용도로 사용한다.
> 나. 말, 멧돼지, 돼지 등 여러 동물의 털이 이용된다.
> 다. 크기와 길이는 사용목적에 따라 알맞은 것을 선택하여 사용한다.

① 핀 브러시(Pin Brush)　　　　　　② 꼬리빗(Pointed Comb)

③ 오발빗(5-Toothed Comb)　　　　④ 브리슬 브러시(Bristle Brush)

⑤ 슬리커 브러시(Slicker Brush)

해 브리슬 브러시(Bristle Brush)는 동물의 털로 만든 빗으로 오일이나 파우더 등을 바르거나 피부를 자극하는 마사지 용도로 사용하며, 말, 멧돼지, 돼지 등 여러 동물의 털이 이용되며, 크기와 길이는 사용목적에 따라 알맞은 것을 선택하여 사용한다.

08 ㉠, ㉡에 들어갈 가장 적절한 것은?

> • (　㉠　) : 동물의 털을 가르거나 래핑을 할 때 사용하는 빗
> • (　㉡　) : 털의 볼륨을 표현하기 위해 부풀릴 때 사용하는 빗

	㉠	㉡
①	핀 브러시(Pin Brush)	슬리커 브러시(Slicker Brush)
②	꼬리빗(Pointed Comb)	오발빗(5-Toothed Comb)
③	꼬리빗(Pointed Comb)	슬리커 브러시(Slicker Brush)
④	오발빗(5-Toothed Comb)	꼬리빗(Pointed Comb)
⑤	오발빗(5-Toothed Comb)	핀 브러시(Pin Brush)

해 꼬리빗(Pointed Comb)은 동물의 털을 가르거나 래핑을 할 때 사용하며, 크기와 길이는 사용목적에 따라 알맞은 것을 선택하여 사용한다. 오발빗(5-Toothed Comb)은 포크 콤(Fork Comb)이라고도 부르며, 털의 볼륨을 표현하기 위해 부풀릴 때 사용하며, 크기와 길이는 사용목적에 따라 알맞은 것을 선택하여 사용한다.

09 다음 〈보기〉가 설명하는 미용기구는?

> **보기**
>
> 가. 나이프의 날이 가장 얇고 촘촘하다.
> 나. 귀, 눈, 볼, 목 아래의 털을 제거하는 데 사용한다.

① 코스 나이프(Coarse Knife)　　　② 미디엄 나이프(Medium Knife)
③ 파인 나이프(Fine Knife)　　　　④ 코트킹(Coat King)
⑤ 밴딩 가위(Banding Scissors)

해 파인 나이프(Fine Knife)는 세 종류의 나이프 중에서 날이 가장 얇고 촘촘하며, 귀, 눈, 볼, 목 아래의 털을 제거하는 데 사용한다.

10 다음 미용기구 중 죽은 털이나 필요 없는 언더코트를 제거해 주는 도구는?

① 코트킹(Coat King)　　　　　　② 발톱갈이(Nail File)
③ 도그 위그 견체모형　　　　　　④ 코스 나이프(Coarse Knife)
⑤ 미디엄 나이프(Medium Knife)

해 코트킹(Coat King)은 죽은 털이나 필요 없는 언더코트를 제거해 주는 도구이며, 모질의 특징에 따라 날의 촘촘함 정도와 크기를 선택하여 사용한다.

11 다음 미용도구 중 귓속의 털을 뽑거나 다듬는 데 사용하는 도구는?

① 코스 나이프(Coarse Knife)　　　② 겸자(Mosquito Forceps)
③ 파인 나이프(Fine Knife)　　　　④ 발톱깎이(Nail Clipper)
⑤ 밴딩 가위(Banding Scissors)

해 겸자(Mosquito Forceps)란 귓속의 털을 뽑거나 다듬는 데 사용하는 도구로, 직선, 곡선, 무구 등의 다양한 종류가 있으며, 사용목적에 따라 알맞은 것을 선택하여 사용한다.

답 07 ④　　08 ②　　09 ③　　10 ①　　11 ②

12 물림방지 도구로 본래 수술 후 수술 부위를 핥지 못하도록 동물의 목에 착용시켜 얼굴을 감싸는 용도로 만들어졌는데, 반려견의 상처보호, 입질방지에 사용되는 도구는?

① 입마개 ② 엘리자베스 칼라
③ 도그 위그 ④ 겸자
⑤ 코트킹

해 엘리자베스 칼라는 플라스틱 또는 천 등의 제품이 있으며 사용목적에 따라 알맞은 것을 선택하여 사용한다.

13 가위의 관리방법으로 적절하지 않은 것은?

① 새로운 가위에 적응하는 데에는 약 3주에서 2개월 정도가 필요하므로, 이 기간 동안에는 기존의 가위보다 좀 더 가볍고 부드럽게 사용하는 것이 좋다.

② 가위 볼트의 조절은 적당해야 한다. 너무 느슨하거나 꽉 조인 상태에서 사용하면 손잡이를 밀면서 커트하게 되어 가윗날 두 개 중 한 쪽 날만 마모가 되어 이는 '가위의 수명을 단축시키는 원인이 된다.

③ 가윗날의 예리함은 가위의 품질에서 가장 중요한 요소이므로 철저한 소독 · 관리 · 보관이 매우 중요하며, 엉킨 털 또는 굵고 억센 털을 마구 자르면 가윗날이 마모되거나 가위의 수명이 단축되므로 가능하면 조금씩 잡고 가볍게 커트하는 것이 바람직하다.

④ 가위를 사용하기 전 · 후에 윤활제를 뿌려서 관리하며, 가위를 닦을 때에는 전용가죽이나 천을 사용하며, 날의 바닥면을 왕복해서 닦아 충분히 이물질 제거 및 날의 예리함을 유지하여야 한다.

⑤ 가위를 보관할 때 가윗날은 항상 닫힌 상태로 보관하여야 하며, 사용 후에는 항상 날을 닦아서 보관하여 미세한 손상을 방지하고 미용이 끝날 때마다 가볍게 닦아준다.

해 애완동물 미용에 사용하는 가위는 털 이외의 다른 재료를 자르거나 날을 위 · 아래로 왕복해서 닦으면 가윗날이 단축되고 손상될 수 있으므로 이물질 제거를 위해서는 날의 손잡이 쪽에서 날의 끝 쪽 방향으로 밀면서 닦아 주는 것이 좋다. 이물질 제거 후에는 전용 오일 등으로 관리하면 가위 날을 더욱 예리하게 관리할 수 있다.

14 클리퍼와 클리퍼 날의 관리방법으로 적절하지 않은 것은?

① 클리퍼의 날과 클리퍼의 모터는 클리퍼의 성능과 밀접한 관련이 있으므로 클리퍼의 날은 항상 청결을 유지하고 사용하지 않을 때에는 윤활제를 뿌린 후 보관한다.

② 신제품의 클리퍼는 적정한 사용조건에 적응할 수 있도록 전 처리 작업 없이 바로 사용하여 충분히 적응성을 가지도록 해야 한다.

③ 클리퍼의 날은 연마가 가능하며, 관리에 따라 반영구적으로 사용할 수 있으며, 클리퍼 날의 연마는 숙련된 전문가에게 의뢰하는 것이 바람직하다.

④ 클리퍼의 날은 깨끗하게 청소한 후 윤활제를 뿌려 건조한 곳에 보관한다.

⑤ 클리퍼 날은 습기에 약하며 날에 묻은 수분은 부식의 원인이 되므로, 미용 작업 중 또는 소독할 때 물기가 묻은 경우에는 반드시 건조시켜 사용하고 보관한다.

해 처음 개봉한 클리퍼를 전처리 작업 없이 바로 클리핑에 사용할 경우 수명이 단축되므로, 애완동물의 털을 바로 클리핑하지 말고 사용 전 작업을 실시한 후 사용하면 클리퍼를 오랫동안 좋은 상태로 사용할 수 있다. 먼저 클리퍼 날에 기름을 도포하고 3분 정도 공회전을 한 후에 클리퍼 전용 윤활제를 사용하여 클리퍼 날 생산과정에서 날에 남을 수 있는 이물질을 제거한 후 사용하는 것이 좋다.

15 다음 중 핀 브러시(Pin Brush)의 관리방법으로 적절하지 않은 것은?

① 엄지와 집게손가락을 이용하여 털을 제거하고 핀 브러시와 패드 부분에 낀 이물질을 모두 제거한다.

② 남은 이물질은 비눗물로 씻어내고 깨끗한 물로 헹구어 제거한다.

③ 핀 브러시의 패드 부분에 있는 작은 구멍에 물이 들어가지 않도록 브러시를 뒤집어 잡고 닦는다.

④ 브러시를 흔들어서 물기를 털어내고 뜨겁지 않은 바람으로 말려준다. 너무 뜨거운 바람은 패드 부분에 손상을 주므로 주의한다.

⑤ 직사광선, 오일, 제습기나 공기청정기로 확실하게 건조시킨다.

해 동물 털에서 사용한 오일이나 직사광선, 제습기와 공기청정기 등은 패드 손상의 원인이 되므로 최대한 사용을 삼가야 한다.

답 12 ②　　13 ④　　14 ②　　15 ⑤

16 귓속의 털을 뽑을 때 털이 잘 잡히도록 하기 위해 사용하는 미용용품은?

① 이어 파우더   ② 이어 클리너

③ 이어 샴푸   ④ 이어 린스

⑤ 이어 래핑

해 이어 파우더는 귓속의 털을 뽑을 때 털이 잘 잡히도록 하기 위해 사용하는 것이며, 이어 클리너는 귀 세정제로 귀의 이물질을 제거하거나 소독하는데 사용한다.

17 동물의 발톱관리 중 출혈이 생겼을 때 사용하는 미용용품은?

① 소독제   ② 윤활제

③ 냉각제   ④ 지혈제

⑤ 방향제

해 지혈제란 발톱 관리 중 출혈이 생겼을 때 지혈하는 데 사용하며, 분말제품뿐만 아니라 지혈과 소독이 동시에 가능한 젤이나 스프레이 형태의 제품 등 다양한 제품이 시판되고 있다.

18 염색용품의 종류 중 반려견의 털에 일시적으로 염색효과를 낼 때 사용하는 것이 아닌 것은?

① 블로우펜   ② 컬러초크

③ 컬러믹스   ④ 컬러젤

⑤ 컬러페이스트

해 반려견의 털에 일시적으로 염색효과를 낼 때 사용되는 것으로는 컬러페이스트, 컬러초크, 컬러젤, 블로우펜, 페인트펜 등이 있으며, 목욕을 하면 지워지며 털에 스텐실 효과를 활용하거나 색연필로 그리듯 모양을 그리는 등의 작업에 활용한다.

19 염색용품에 대한 설명으로 틀린 것은?

① 염모제는 반려견의 털을 염색하는 데 사용하며, 다양한 색으로 구성되어 하나의 색을 사용하기도 하고, 두 개 이상의 색을 섞어 새로운 색을 만들어 사용할 수 있다.

② 이염 방지제는 반려견을 염색할 때 염색하고자 하는 부위에 발라 원하는 부위에 염색이 가능하도록 하는 용품이다.

③ 컬러믹스는 염색약과 섞어서 사용하여 밝은색을 표현하며, 물감의 원색에 하얀색을 섞는 원리와 같은 방법으로 사용한다.

④ 알루미늄 포일은 염색할 때 염색약이 잘 스며들게 한다.

⑤ 컬러페이스트는 반려견의 털에 일시적으로 염색효과를 낼 때 사용한다.

해 이염 방지제는 반려견을 염색할 때 염색을 원하지 않는 부위에 바르면 원치 않는 염색을 방지할 수 있다. 또한 이염 방지 테이프는 다른 부위에 염색이 되는 것을 방지하기 위하여 염색 부위를 감싸주는 데 사용한다.

20 장모(긴털)관리용품의 종류 및 그 내용이 틀린 것은?

① 래핑지는 장모로부터 발생되는 정전기를 방지하기 위해 사용한다.

② 브러싱 스프레이는 브러싱할 때 생기는 마찰로 인한 모발의 손상을 줄여 쉽게 브러싱을 하는 데 사용한다.

③ 워터리스 샴푸는 물 없이 오염을 제거하는 데 사용하는 것으로 액상과 파우더 형태가 있으며 용도와 상황에 따라 적절한 제품을 선택하여 사용한다.

④ 고무 밴드는 동물의 털을 묶거나 래핑지를 고정시키는 등의 용도로 사용한다.

⑤ 엉킴제거제품은 엉킨털을 쉽게 풀 수 있도록 하는 데 사용한다.

해 래핑지는 장모종 개의 털을 보호하기 위해 사용하며 종이 또는 비닐 재질 등 소재가 다양하다. 털의 성질에 따라 두께나 소재를 선택하여 사용하고 저가 제품의 경우에는 백모견종의 털에 색이 묻는 경우가 있으므로 주의한다.

21 ㉠, ㉡에 들어갈 가장 적절한 것은?

> - (㉠) : 반려견의 털을 세우거나 풍성해 보이도록 할 때 사용되는 쇼독 용품
> - (㉡) : 흰털의 반려견을 하얗게 보이도록 할 때 사용하는 쇼독 용품

	㉠	㉡
①	초크	헤어스프레이
②	위그	초크
③	헤어스프레이	위그
④	헤어스프레이	초크
⑤	헤어스프레이	컬러 믹스

해 헤어스프레이는 반려견의 털을 세우거나 풍성해 보이도록 할 때 사용한다. 초크는 흰 털의 반려견을 하얗게 보이도록 할 때 사용한다.

22 다음 〈보기〉는 미용테이블의 설명이다. 적절한 종류는?

> **보기**
>
> 가. 전력을 이용하여 높낮이를 조절하는 미용 테이블이다.
> 나. 자동방식으로 높낮이 조절이 매우 편리하다는 장점이 있다.
> 다. 부피가 크고 무거우며 가격이 비싸다는 단점이 있다.

① 접이식 미용 테이블　　　　　② 수동식 미용 테이블

③ 유압식 미용 테이블　　　　　④ 전동식 미용 테이블

⑤ 이동식 미용 테이블

해 전동식 미용 테이블은 전력을 이용하여 높낮이를 조절하는 미용 테이블로 자동방식으로 높낮이 조절이 매우 편리하다는 장점이 있는 반면에 부피가 크고 무거우며 가격이 비싸다는 단점이 있다.

23 수동식 미용 테이블의 내용으로 설명이 틀린 것은?

① 접었다 펼 수 있게 제작된 미용테이블이다.

② 버튼을 발로 눌러 높낮이를 조절할 수 있다.

③ 작업자의 키와 작업 스타일에 맞추어 높낮이를 조절할 수 있어 편리하다.

④ 가격이 저렴하고 접어서 이동이 가능하다.

⑤ 미용 시작 전에 반려견의 크기나 상황에 맞추어 높낮이를 수동으로 조절해야 하는 불편함이 있다.

해 ②는 유압식 미용테이블의 대한 설명이다.

24 테이블 고정암의 용도로 맞는 것은?

① 동물의 자세고정 및 낙상방지

② 테이블 아래에 도구를 올려놓는 용도

③ 미용테이블의 높낮이 조정

④ 드라이기의 바람세기 조절

⑤ 테이블의 각도 조절

해 테이블 고정암은 테이블 위에 동물을 올려놓고 미용할 때 사용하며, 자세고정 및 낙상방지를 위해 사용한다.

25 박스형태의 룸 안에 동물을 넣고 작동시키면 바람이 나오는 장치로 자동드라이 시스템인 것은?

① 개인용 드라이어   ② 스탠드 드라이어

③ 블로어 드라이어   ④ 룸 드라이어

⑤ 유압식 드라이어

해 룸 드라이어는 박스형태의 룸 안에 동물을 넣고 작동시키면 바람이 나오는 장치로서 작업자가 직접 말리지 않아도 되는 자동 드라이 시스템이다.

답 21 ④   22 ④   23 ②   24 ①   25 ④

26 반려견 목욕시 사용하는 도구로 노폐물과 냄새를 제거하는 효과가 탁월한 것은?

① 스파기기   ② 블로어 드라이어

③ 룸 드라이어   ④ 온수기

⑤ 소독기기

해 스파기기는 반려견의 목욕 시에 사용하는 것으로 각질제거, 피부보습 및 가려움 완화 및 노폐물과 냄새를 제거하는 효과가 탁월하다.

27 다음은 미용도구의 성능점검 및 보관하기를 위한 안전·유의사항이다. 틀린 것은?

① 미용도구를 점검할 때 가위 등 날카로운 도구에 작업자가 베이지 않도록 주의한다.

② 클리퍼 날을 피부에 댈 때에는 힘을 주지 않으며, 바깥날에 마찰 손상이 발생할 수 있으므로 주의한다.

③ 가위로 털 이외의 것을 자르거나 헛가위질이 잦으면 가윗날에 마찰 손상이 발생할 수 있으므로 주의한다.

④ 분사식 윤활제는 화재의 위험이 있으므로 밀폐된 공간에 보관하여 화기에 주의한다.

⑤ 미용도구의 윤활제가 작업장 바닥이나 작업대에 뿌려지면 미끄러울 수 있으므로 주의한다.

해 분사식 윤활제는 환기시설을 작동시키거나 통풍이 잘 되는 곳에서 사용하며 화기에 주의한다.

Chapter 03
고객상담

1 고객응대를 위한 용모 및 복장

- 유니폼은 항상 깨끗한 상태를 유지하고 과도한 액세서리를 하지 않으며 불쾌한 냄새가 나지 않도록 한다.
- 단정하고 깔끔한 이미지를 유지하고 짙은 화장은 삼간다.
- 작업복 착용을 원칙으로 하고, 작업 시간 외의 시간에는 단정한 근무복을 착용하여 전문가로서의 인상을 줄 수 있도록 한다.
- 짧은 바지나 치마를 입거나 맨발에 슬리퍼를 신는 것은 삼간다.
- 손톱은 짧게 유지하여 청결하고 단정한 이미지를 준다.

2 고객응대 인사예절과 화법

- 항상 웃는 모습을 유지하여 밝은 분위기를 만들어야 한다.
- 부드러운 말투와 친절한 안내는 큰 효과가 있다.
- 고객의 눈을 보면서 밝은 미소로 인사하고 맞이하여 신뢰감을 높이다.
- 목소리는 최대한 밝고 생기 있는 목소리로 응대하여 신뢰감을 높이고 고객의 기분을 좋게 하도록 한다.
- 고객에게 긍정적인 화법으로 응대하되, 강한 어조와 과장된 단어, 지나친 표현방법은 오히려 역효과를 가져올 수 있다.

3 불만고객 응대요령

- 불만고객에 대해서는 신속하게 대응하여 불만이 확산되는 것을 막아야 한다.
- 고객의 불편함에 대해 끝까지 진지하게 경청하고 구체적인 원인을 파악한다.
- 진심어린 말투로 고객의 입장에서 충분히 공감하고 있다는 것을 이야기한다.
- 부드러운 표현으로 해결방법을 제시하고 최선의 방법을 성의껏 설명한다.
- 고객의 마음에 공감을 다시 표현하고 정중하게 잘못에 대해 인정하거나 불만요소 표현에 감사를 표한다.

• 불만고객의 응대순서 : 문제경청 → 동감 및 이해 → 해결방법 제시 → 재동감 및 이해

4 미용 숍 상담실의 대기환경 조건

(1) 위생과 냄새관리 : 배변, 배뇨 즉시처리 시스템, 털 등이 날리지 않도록 함

(2) 상담환경 조성 : 대기시간 관리, 음악, 반려견의 긍정적 기억형성을 위한 대기공간에서 조건 만들기

(3) 고양이가 좋아하는 식물 : 캣닙(개박하), 캣그라스, 개다래나무(마타타비), 캣민트, 곽향, 개밀, 레몬그라스 등

(4) 개와 고양이에게 위험한 식물 : 아스파라거스 고사리, 옥수수 식물, 디펜바키아, 백합, 시클라멘, 몬스테라, 알로에, 아이비

5 개체 특성 파악을 위한 고객상담

(1) 일반내용

① 피모상태, 질병유무, 예전에 미용이 끝난 후의 행동유형을 파악하여 접근한다.
② 문제가 있는 부위는 그림표로 체크하거나 필요시 사진 촬영을 실시한다.
③ 작업 전 · 후 고객에게 안내하여 오해의 소지를 없앤다.

(2) 직접적으로 파악하기 : 육안으로 파악하기, 만져보고 파악하기

(3) 간접적으로 파악하기 : 기록확인, 지속적인 고객과의 소통

6 개와 친밀감 형성하기

• 개는 얼굴을 정면으로 마주 보며 접근하는 것을 위험의 신호로 받아들이므로 고객에게 먼저 개를 만져도 되는지 물어 본다.
• 개가 고객과의 분리를 불안해 할 수 있으므로 고객이 개의 얼굴을 볼 수 있도록 안아서 몸 뒤쪽으로 전달해 달라고 안내하고 등 쪽으로 받는다.
• 개를 만질 때 머리부터 만지지 않도록 한다.
• 몸을 낮추고 개의 눈높이보다 낮은 상태로 접근하며, 손을 펴 작업자의 냄새를 맡을 수 있도록 하고 관찰하며 부드럽게 만진다.
• 어린 개 또는 활동량이 많거나 낯선 환경을 두려워하지 않는 개라면 공이나 장난감을 던지고

가져오는 놀이를 통해 친해지도록 한다.

- 낯선 환경을 두려워하는 개의 경우 놀이를 하려는 시도를 받아들이지 못하고 오히려 불안감을 더욱 크게 하는 상황을 야기할 수 있다.

7 고양이 이해하기

- 고양이는 환경변화에 예민하기 때문에 얼굴표정이나 몸의 자세를 확인하고 다가간다.
- 고양이를 안을 때에는 손을 펼쳐서 앞다리 뒤의 가슴과 배 부분을 안아서 들어올린 후 바로 엉덩이와 뒷다리를 받친다.
- 경계심이 강한 고양이는 안지 않으며 케이지로 옮길 때에도 발이나 아랫배는 만지지 않는다.
- 고양이가 작업자의 옆에 다가왔을 때 조심스럽고 부드럽게 얼굴을 만져주며, 가벼운 접촉부터 지속적으로 시도하는 것이 바람직하다.
- 고양이의 스트레스를 줄이기 위하여 페로몬 성분의 제품을 이동장이나 대기공간에 사용하여 불안감을 줄여주는 것도 좋다.

8 고객관리차트 작성내용

(1) **고객정보 기록** : 고객정보는 개인정보보호법에 의해 관리하고 외부로 유출되지 않도록 할 것

(2) **애완동물 정보 기록** : 미용스타일과 시간, 스타일링 제품선정, 애완동물의 이름, 품종, 나이, 중성화 수술여부, 과거병력 등의 정보를 수집하여 작성하고 스타일북 제작을 위한 사진 촬영 여부 동의를 받을 것

(3) **미용스타일 기록** : 작업 전 · 후 스타일을 기록하여 다음 방문 시 고객과 원활한 상담이 될 수 있도록 할 것

(4) **기록정리와 갱신** : 고객의 개인정보, 애완동물의 정보 변동 확인 정리할 것

(5) **미용관리 차트 작성** : 서식을 참조하여 고객정보와 애완동물 정보를 수기로 작성하여 보관할 것

(6) **전자차트 사용** : 고객과 애완동물 정보를 컴퓨터 프로그램을 사용하여 작성하고 보관할 것

9 전화응대요령

(1) **응대요령**

① 전화응대는 애완동물 숍의 첫인상이 될 수 있으므로 고객응대 서비스에서 매우 중요하다.

② 고객은 음성으로 의사소통을 하므로 평가의 요소가 단순하여 빠른 시간 안에 작업자에 대한 평가를 내리는 경향이 있다.

③ 정확한 표현을 사용하여 고객에게 불만요소가 생기지 않도록 한다.

④ 친절, 정확, 예의의 기본원칙을 지킨다.

(2) 전화받을 때의 요령

① 메모지와 필기도구를 준비할 것

② 전화벨이 3번 이상 울리기 전에 받을 것

③ 밝은 목소리로 받을 것

④ 인사 후 소속과 성명을 밝힐 것

⑤ 고객의 말을 경청할 것

⑥ 고객에게 정보를 제공할 것

⑦ 고객의 상황을 배려할 것

⑧ 고객보다 전화를 먼저 끊지 않을 것

10 반려견의 상태확인

(1) 기초 신체검사

① 건강상태 확인 : 눈, 귀, 구강, 전신상태, 걸음걸이

② 체온측정 : 개와 고양이의 정상체온은 사람보다 조금 높은 37.5℃~39.5℃ 이다.

③ 체중측정

(2) 피모상태 확인 : 털 엉킴, 피부종양, 궤양, 홍반, 부스럼과 딱지, 수포, 색소침착, 가려움 등이 있는지 확인

(3) 미용동의서 작성 및 확인요소

① 접종 및 건강검진의 유무

② 과거 또는 현재의 병력

③ 미용 후 스트레스로 인한 2차적인 증상

④ 미용작업 중 불가피한 상황

⑤ 경계심이 강하고 예민한 동물의 쇼크 및 경련 등의 증상

⑥ 사납거나 무는 동물의 경우 물림방지 도구의 사용

11 스타일 상담

(1) 스크랩북

① **활용** : 샘플사진 또는 스타일북을 활용하여 고객이 원하는 미용스타일을 파악하고, 샴푸, 보습제 등의 제품들을 표로 안내하여 고객이 선택하는데 도움을 준다.

② **스타일북 작성** : 인터넷 검색 사진 자료 수집하는 방법, 미용 작업 후 촬영하여 수집하는 방법, 스마트 기기를 활용하여 사진 등의 자료를 수집하는 방법 등

③ **제품안내표** : POP광고 활용, 제품사진 스크랩준비 등

(2) 요금표

① 미용방법에 따른 요금표와 품종에 따른 요금표 비치

② **비용책정** : 미용가격은 체중, 품종, 크기, 털 길이, 미용기법, 엉킴 정도, 지역과 미용 숍의 전문성 등에 따라 다르므로 미용 소요시간을 기준으로 책정한다.

③ **요금표 게시방법** : 가격표 부착, 스크랩북 활용 안내

(3) 요금안내

① 미용 작업 전 요금상담을 하는 것이 중요하다.

② 책정된 요금을 고객에게 안내하고 이해하기 쉽게 안내하여 동의를 구해야 서비스에 만족할 수 있다.

③ 비용이 추가될 수 있는 상황에 대해서는 고객의 불만이 발생하지 않도록 사전에 안내한다.

12 작업 후 상담

(1) **고객만족도 확인** : 작업 후 확인, 전화확인, 설문조사

(2) 반려견 상태표 작성

① 작업 중 발견한 반려견의 건강상태를 간단하게 작성함

② 고객에게 알기 쉽게 설명하고 필요시 수의사의 진료를 안내

(3) 사고발생 시 대처와 고객안내

① 미용작업 시 작업자가 주의하더라도 발생하는 불가피한 사고에 대비하여 응급처치 요령을 반드시 숙지하고, 위급한 상황에서는 반드시 수의사에게 진료를 받도록 한다.

② **사고발생 가능원인** : 낙상, 미용도구에 의한 상처, 화상, 도주

③ **반려견이 서로 공격할 경우** : 반려견의 뒷다리 들기, 반려견과 다른 동물의 사이 막기, 천 패드나 큰 수건 등을 이용하여 눈 덮기(시야 가리기)

Chapter 03
적중예상문제

01 고객응대를 위한 용모 및 복장에 대한 내용으로 적절하지 않은 것은?

① 앞이 막힌 굽 낮은 신발을 신는다.

② 손톱은 짧게 유지하고 과도한 부착물은 하지 않는다.

③ 단정한 용모와 복장을 유지한다.

④ 작업 외의 시간에는 짧은 바지나 맨발에 슬리퍼 등 편한 복장으로 있어도 무방하다.

⑤ 작업복 위로 치렁치렁한 귀걸이나 목걸이, 팔찌 등의 액세서리는 착용하지 않아야 하며 짙은 화장도 삼간다.

해 고객응대 시 복장은 작업복 착용을 원칙으로 하고, 작업 외 시간에는 단정한 근무복을 착용하여 전문가로서의 인상을 줄 수 있도록 한다. 짧은 바지나 치마를 입거나 맨발에 슬리퍼를 신는 것은 삼가야 하며, 손톱을 짧게 유지하여 청결하고 단정한 이미지를 주어야 한다.

02 고객에 대한 인사예절로 적절하지 않은 것은?

① 고객의 눈을 보면서 밝은 미소로 인사하고 맞이하여 신뢰감을 준다.

② 호칭은 '선생님' '사장님' '사모님' 등의 가능하면 극존칭을 사용하는 것이 좋다.

③ 최대한 밝고 생기 있는 목소리로 응대하여 신뢰감을 높이고 고객의 기분을 좋게 하도록 한다.

④ 첫 인상은 매우 중요한 요소이므로 항상 웃는 모습을 유지하여 밝은 분위기를 만든다.

⑤ 첫 방문 고객에게는 밝은 표정과 미소로 인사하며, 재방문 고객에게는 친근함을 표시하며 맞이한다.

해 고객에 대한 호칭은 '고객님', '○○ 보호자님' 등 상황과 상대에 알맞은 호칭을 사용한다.

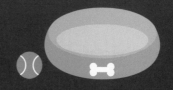

03 다음 〈보기〉의 불만고객 응대 순서를 차례대로 연결한 것은?

> **보기**
>
> 가. 동감 및 이해 　　　　　　　　　나. 문제 경청
> 다. 해결방법 제시 　　　　　　　　　라. 재동감 및 이해

① 가 – 나 – 다 – 라　　　　　　　② 가 – 다 – 나 – 라
③ 나 – 가 – 다 – 라　　　　　　　④ 나 – 다 – 가 – 라
⑤ 다 – 가 – 나 – 라

해 불만고객의 응대순서는 문제 경청 → 동감 및 이해 → 해결방법 제시 → 재동감 및 이해 순으로 진행한다.

04 미용 숍 상담실의 대기환경에 대한 내용으로 적절하지 않은 것은?

① 배변, 배뇨는 즉시 처리할 수 있도록 배변봉투와 위생용품은 화장실에 비치한다.
② 배변, 배뇨 처리 시 사용한 쓰레기통은 수시로 비운다.
③ 판매용품, 물건 정리상태, 냄새 등을 깔끔한 상태로 유지 및 관리한다.
④ 대기공간까지 청소기를 사용하여 털이 날리지 않도록 수시로 관리한다.
⑤ 아로마향 등을 활용하여 편안하고 아늑한 느낌을 조성한다.

해 배변, 배뇨는 즉시 처리할 수 있도록 배변봉투와 위생용품은 잘 보이는 곳에 비치한다.

답 　01 ④　　02 ②　　03 ③　　04 ①

05 다음 중 애완동물 숍 상담실의 상담환경 조성에 관한 내용으로 적절하지 않은 것은?

① 상담이나 미용 대기 중에 지루하지 않도록 미용 스타일북, 반려견 관련 정보지 등을 비치한다.

② 작업자와 충분한 상담을 통해서 고객의 불만요소를 줄이고 작은 공간이라도 마련하여 고객과 상담할 수 있는 여건을 마련한다.

③ 미용 숍 내부의 기계소리 또는 낯선 환경으로 인한 불안감 해소를 위해 외부의 소음을 차단하고 잔잔한 음악을 틀어 안정감을 준다.

④ 미용 숍에 긍정적인 기억을 가질 수 있도록 대기공간에서 간식 및 놀이를 통해 좋은 느낌을 받게 한다.

⑤ 환경조성을 위해 사용하는 식물은 쉽게 구할 수 있는 것으로 선택하여 비치한다.

해 환경조성을 위해 식물로 공간을 꾸미기 전에 위험한 식물이 포함되어 있지 않은지 확인하여야 하며, 주변에서 손쉽게 구할 수 있는 식물 중에는 동물에게 독성을 나타내는 식물이 다수 포함되어 있으므로 동물에 대한 독성을 반드시 확인하고 선택하는 것이 바람직하다.

06 다음 〈보기〉 중 고양이가 좋아하는 식물인 것은?

보기	
가. 디펜바키아	나. 레몬그라스
다. 캣그라스	라. 마타타비

① 가, 나, 다   ② 가, 나, 라

③ 가, 다, 라   ④ 나, 다, 라

⑤ 가, 나, 다, 라

해 고양이가 좋아하는 식물은 캣닙(개박하), 캣그라스, 개다래나무(마타타비), 캣민트, 곽향, 개밀, 레몬그라스 등이 있으며 이 식물들은 즐거운 흥분을 유도하기도 하므로 사용할 때 주의가 필요하다.

07 다음 〈보기〉 중 개와 고양이에게 위험한 식물인 것을 모두 고른 것은?

> **보기**
>
> 가. 디펜바키아 나. 시클라멘
> 다. 아이비 라. 레몬그라스

① 가, 나, 다 ② 가, 나, 라
③ 가, 다, 라 ④ 나, 다, 라
⑤ 가, 나, 다, 라

剛 개와 고양이에게 위험한 식물은 아스파라거스 고사리, 옥수수 식물, 디펜바키아, 백합, 시클라멘, 몬스테라, 알로에, 아이비 등이 있다.

08 개체특성 파악을 위한 고객상담으로 적절하지 않은 것은?

① 피모상태, 질병유무, 예전에 미용이 끝난 후의 행동유형을 파악하여 접근한다.
② 직접적으로 파악하는 방법으로는 눈으로 관찰하기, 만져보기 등의 방법이 있다.
③ 문제가 있는 부위는 그림표로 체크하거나 필요 시 사진 촬영을 실시한다.
④ 작업 전 · 후 고객에게 안내하여 오해의 소지를 없앤다.
⑤ 반려견의 전신 건강상태, 질병유무, 과거 병력, 미용 전 · 후의 행동 등을 고객으로부터 듣는 것은 직접적으로 파악하는 방법으로 대표적이다.

剛 작업 시 발생할 수 있는 상황을 설명하고, 반려견의 전신 건강상태, 질병유무, 과거 병력, 미용 전 · 후의 행동 등을 고객으로부터 듣고 기록하며, 반려견의 상태를 수시로 확인하고 기록하는 일은 고객과 소통하면서 지속적으로 갱신하는 방법은 간접적으로 파악하기의 대표적인 사례이다.

09 개와 친밀감 형성하기에 대한 내용으로 적절하지 않은 것은?

① 개는 처음 만난 상대가 몸을 자신에게 향하고 눈을 계속해서 쳐다보면 관심을 표하는 것으로 느껴 친밀감 형성에 매우 도움을 준다.

② 개에게 접근하기 전에 고객에게 먼저 '만져도 되겠습니까?'라고 묻게 되면, 무는 성향의 개인 경우 고객이 알려줄 것이다.

③ 낯선 공간에서 고객과의 분리불안으로 작업자에게 다가오지 않는 경우가 있으므로, 고객이 개를 안고 개의 얼굴을 보면서 몸 뒤쪽으로 전달해 달라고 안내하고 상담자는 등쪽으로 받는다.

④ 갑자기 머리부터 만지지 않으며, 몸을 낮추고 손을 가볍게 펴서 개의 눈높이보다 낮은 상태로 접근하여 작업자의 냄새를 개가 먼저 맡을 수 있도록 하고 개의 모습을 관찰하며 부드럽게 어루만진다.

⑤ 어린 개 또는 활동량이 많거나 낯선 환경을 두려워하지 않는 개라면 놀이를 이용하여 개의 본능을 자극하여 친해지는 것도 방법이다.

해 개는 처음 만난 상대가 몸을 자신에게 향하고 눈을 계속해서 쳐다보면 도발적으로 느낀다.

10 고양이 이해하기에 관한 설명으로 적당하지 않은 것은?

① 고양이를 들 때에는 손을 펼쳐서 앞다리 뒤의 가슴과 배 부분을 안아서 들어올린 후 바로 엉덩이와 뒷다리를 받친다.

② 경계심이 강한 고양이의 경우에는 안지 않으나, 불가피한 경우에는 발이나 아랫배를 잡고 재빠르게 케이지로 옮긴다.

③ 고양이가 작업자의 옆에 다가왔을 때 조심스럽고 부드럽게 얼굴을 만져주고, 이 때 가벼운 접촉부터 지속적으로 시도한다.

④ 콧등 위나 입 주의를 문질러 주거나 목 부위 아래를 쓰다듬어주고, 고양이가 졸거나 쉴 때에는 손만 살짝 닿은 채로 기다려준다.

⑤ 고양이의 스트레스를 줄이기 위하여 페로몬 성분의 제품을 이동장이나 대기공간에 사용하여 불안감을 줄여주는 것도 좋다.

해 경계심이 강한 고양이의 경우에는 안지 않는다. 불가피한 경우라면 작업자와 고양이 모두 다치지 않도록 목덜미를 잡고 빠르게 케이지로 옮긴다. 이 때 발이나 아랫배는 만지지 않는다.

11 **고객관리차트의 작성요령에 대한 설명으로 적당하지 않은 것은?**

① 고객정보 기록 : 고객정보는 개인정보보호법에 의해 관리되어야 하며, 서비스 제공에 필요한 부분뿐만 아니라 가능하면 광범위한 정보 수집과 제공이 바람직하므로 최대한의 많은 정보를 수집, 관리한다.

② 반려견 정보기록 : 반려견 정보기록은 미용스타일, 미용시간, 미용제품을 선정하는 데 있어서 중요한 작업으로 반려견의 이름, 품종, 나이, 중성화 수술여부, 과거병력 등을 간단히 기록해 놓을 필요가 있다.

③ 미용스타일 기록 : 작업 전·후에 반드시 스타일을 기록하여 다음 작업 시에 고객과 원활한 소통이 이루어질 수 있도록 한다.

④ 기록의 정리와 갱신 : 작업 전 반드시 확인하고 다른 부분이 발견되면 고객에게 확인하고 다시 작성한다.

⑤ 미용관리 차트 작성 : 고객정보와 반려견 정보를 수기로 작성하여 보관하고, 고객관리 차트는 활용서식을 참조한다.

> 해 고객정보는 개인정보보호법에 의해 관리되어야 하며, 서비스 제공에 필요한 부분만 수집해야 하고, 고객정보는 미용 숍 안에서만 사용되어야 하며, 외부로 유출되지 않도록 관리하여야 한다.

12 **반려견의 기초적인 신체검사 내용으로 적절하지 않은 것은?**

① 반려견의 기초 신체검사에는 기본적으로 체중과 체온 측정이 있다.

② 기초 신체검사는 반려견의 안전, 미용금액 책정, 작업 전·후에 발생할지 모르는 고객과의 불필요한 마찰을 피하기 위한 필수 요소이다.

③ 개와 고양이의 정상체온은 사람보다 조금 높은 37.5~39.5℃ 정도이다.

④ 대형견은 소형견보다 체온이 다소 높은 38.5~39.5℃이다.

⑤ 반려견의 체온이 높을 때에는 얼음 팩을 허벅지 쪽이나 겨드랑이, 목 뒤 등 열이 많은 곳에 올려주어 열을 식힌다.

> 해 대형견은 소형견보다 체온이 다소 낮은 37.5~38.5℃이다.

13 반려견의 건강상태의 체크항목과 거리가 먼 것은?

① 눈과 귀   ② 구강
③ 전신상태   ④ 걸음걸이
⑤ 피모상태

> 해 건강상태의 확인은 작업 중 사고를 예방하고 작업 후 고객과의 불필요한 마찰을 피하는 데 중요한 요소로 눈, 귀, 구강, 전신상태, 걸음걸이 등을 체크한다. 피모상태 확인은 건강상태 목적이기보다는 미용상의 작업을 위한 확인사항으로 털 엉킴, 피부종양, 궤양, 홍반, 부스럼과 딱지, 수포, 색소침착, 가려움 등의 확인이다.

14 미용동의서 작성시 확인요소와 거리가 먼 것은?

① 접종 및 건강검진의 유무
② 현재의 병증과 미래의 유병가능성
③ 미용 후 스트레스로 인한 2차적인 증상
④ 미용작업 중 불가피한 상황
⑤ 경계심이 강하고 예민한 동물의 쇼크 및 경련 등의 증상

> 해 ②의 경우 과거 또는 현재의 병력이다.

15 사고발생 시 대처와 고객안내에 관한 설명으로 적절하지 않은 것은?

① 미용작업 시 작업자가 주의하더라도 발생하는 불가피한 사고에 대비하여 응급처치 요령을 반드시 숙지한다.
② 위급한 상황 시에는 반드시 수의사에게 진료를 받도록 한다.
③ 고객에게는 상세한 경위와 반려견의 상태를 설명하고 수의사에게 진료를 받도록 안내한다.
④ 고객에게 최대한 사실에 근거한 사항을 전달하되, 방어적 태도를 취하는 것이 좋다.
⑤ 사고가 발생할 수 있는 상황으로는 낙상, 미용도구에 의한 상처, 화상, 도주 등이다.

> 해 고객에게 최대한 사실에 근거한 사항을 전달하고, 작업자가 방어적인 태도를 취하거나 반려견의 잘못된 행동 때문이라는 핑계를 대는 느낌이 들지 않도록 안내하여야 한다.

답 13 ⑤   14 ②   15 ④

Chapter 01
목욕

1 브러싱(빗질)

(1) 브러싱(빗질)의 이유

① 목욕 전에 브러싱을 꼼꼼하게 해야 겉털뿐만 아니라 속털까지 털의 엉킴을 방지할 수 있다.

② 브러싱을 하여 입 주변의 오물, 생식기 주변의 분비물, 엉킨 털 등을 제거해야 보다 수월한 브러싱, 샴핑, 드라잉이 가능하다.

(2) 브러싱의 순서

① 브러싱을 하기 전에 개체의 특징을 파악한 후 작업에 들어간다.

② 브러싱(빗질)으로 털의 상태, 피부의 질병 등의 관리상태를 점검한다.

③ 브러싱을 할 때 피부손상과 털의 끊김에 주의하여 브러싱한다.

(3) 브러싱 방법

① 콤의 경우 털의 결과 수직이 되게 빗질한다.

② 슬리커 브러시의 경우 피부에 닿지 않도록 부드럽게 움직이며 빗질한다.

③ 노령이나 질병이 있는 동물은 호흡이나 행동 등의 상태에 각별히 유의한다.

(4) 브러싱시의 유의사항

① 브러시 사용 시 면과 각도, 강도를 조절하여 피부손상을 막는다.

② 브러싱 시 눈, 생식기, 항문 주변의 분비물을 제거한다.

③ 털의 손상이 우려될 때에는 부드러운 브러시를 사용한다.

④ 작업대의 높이는 작업자와 애완동물이 편안함을 느낄 수 있는 안전한 높이에서 실시한다.

⑤ 브러싱을 습관화시켜 손질하는 동안 서게 하거나 앉히거나 옆으로 누울 수 있게 작업하며, 용도에 알맞은 브러시로 빗질 순서와 방향을 정해놓고 꼼꼼하게 브러싱한다.

⑥ 얼굴, 눈 주변, 귀와 관절, 뼈가 돌출된 부위와 피부가 약한 부위를 주의한다.

⑦ 목, 겨드랑이, 서혜부, 항문, 꼬리, 생식기 주변 등 마찰로 인한 엉킴이 생기는 부분은 확인 후 찰과상에 유의한다.

⑧ 브러싱 후 빗으로 털의 흐름을 따라 털의 상태를 마지막으로 점검한다.

(5) 브러싱의 효과

① 피부에 적당한 자극을 줌으로써 혈액순환이 촉진되어 신진대사의 원활과 더불어 털의 상태를 건강하게 유지할 수 있다.

② 외부기생충의 체크와 이물질 및 피부의 상태점검을 할 수 있다.

③ 털갈이 시기의 브러싱은 필수이다.

④ 브러싱을 통해 애완동물과의 친숙함을 형성한다.

⑤ 브러싱 후 콤(빗)을 이용하여 브러싱 상태를 최종 점검한다.

2 피부의 구조와 특징

주모(Primary Hair)	뻣뻣하고 굵으며 긴 털
표피(Epidermis)	피부의 외층 부분
진피(Dermis)	입모근, 혈관, 임파관, 신경 등이 분포되어 있다.
피하지방(Subcutaneous Fat)	피부밑과 근육 사이에 분포하는 지방
입모근(Arrector Pili Muscle)	외부자극을 느꼈을 때 털을 세우는 근육
피지선(Sebaceous Gland)	물리, 화학적 장벽을 형성하고 피지를 생성하며 모낭주위에 분포
땀샘(Sweat Gland)	털이 나 있는 모든 피부에 분포한다. 페로몬, 항균 성분을 포함하며, 에크린 한선은 발 볼록 살에서만 확인할 수 있다.
부모(Secondary Hair)	보온 기능과 피부보호의 역할을 하며, 짧은 털로 주모가 바로 설 수 있게 도와준다.
모낭	털을 보호하고 단단히 지지하며 모근을 싸고 있는 주머니 형태의 구조물
항문낭	개체마다 특색 있는 체취를 담은 주머니로 냄새가 나는 끈적한 타르형태의 항문낭액을 포함하여 항문 양쪽에 위치한다. 점검과 관리를 통해 항문낭의 질병을 예방할 수 있다.
항문선	항문선이 붓거나 막힌 경우에 치료하지 않고 방치하게 되면 배변이 고통스러워지며 염증이 유발될 수 있다.

3 털의 특징

보호털(Guard Hair)	털은 길고 두꺼우며, 몸의 외형을 이루고, 체온을 유지해 주며 방수기능이 있다.
솜털(Wool Hair)	보호털에 비해 짧고 부드러우며, 단열재 역할을 한다.
촉각털(Tactile Hair)	안면부에 집중되어 있으며 보호털보다 두꺼우며 외부자극에 의한 감각을 수용하는 털이다.

4 털의 주기

- 털의 주기란 털의 성장주기로 각기 다른 성장주기를 가지게 된다.
- 털은 광주기, 주위온도, 영양 호르몬, 전신건강상태, 유전자 등에 의해 제어된다.
- 모자이크 타입은 각기 다른 털의 주기를 갖는 타입을 말하며, 싱크로니스틱 타입은 전체 털의 주기가 일치하는 타입을 말한다.
- 모자이크 타입은 요크셔 테리어와 몰티즈 등이며, 진돗개는 싱크로니스틱 타입으로 본다.
- 일반적으로 봄, 가을에 털갈이가 진행된다.

5 털의 모량과 길이에 따른 구분과 특징

(1) 장모종

① 털이 미세하여 단위 면적당 털의 무게가 적은 장모종에는 코커스패니얼, 포메라니안 등이 있다.

② 부모의 무게가 전체 무게의 70%, 털 수의 80%를 차지하며, 다른 부모의 형태와 비교하여 털이 비교적 거칠며 털이 적게 빠지는 경향을 가진 장모종에는 푸들, 베들링턴 테리어, 케리블루 테리어 등이 있다.

(2) 단모종

① 거친 단모 : 피모는 주모가 강하게 성장하고, 부모는 무게가 적고 그 수도 적으며 약하게 성장하는 거친단모를 가진 종으로는 로트와일러가 있으며 많은 테리어 종 등이 이러한 형태를 보인다.

② 미세한 단모 : 미세한 단모를 가진 종으로는 닥스훈트, 미니어처 핀셔 등이 있다.

(3) 털 없는 종

① 일부 머리와 다리, 꼬리 등에 털이 나 있으며, 털이 없어 피부 보호막을 형성하기 위한 피부

분비물이 많으므로 주기적인 점검과 관리가 필요하다.

② 샴푸 후 보습과 영양공급으로 피부보호를 위한 관리가 필요하다.

③ 대표적인 견종 : 멕시칸 헤어리스, 차이니스 헤어리스 등

6 털의 모질에 따른 구분과 특징

(1) 컬리 코트

① 털이 곱슬거리는 형태이다.

② 자주 빗질을 해주는 것이 중요하며, 목욕과 털 손질 후 필요에 따라 털을 잘라주어야 한다.

③ 대표적인 견종 : 푸들, 에어데일 테리어, 베들링턴 테리어, 케리블루 테리어 등

(2) 실키 코트

① 길고 부드러운 털의 형태를 가진다.

② 피부관리에 주의하며 빗질을 하여야 한다.

③ 대표적인 견종 : 요크셔 테리어, 몰티즈, 실키 테리어 등

(3) 스무드 코트

① 부드럽고 짧은 털을 가지고 있다.

② 루버브러시 등으로 빗질을 하여 죽은 털 제거 및 피부자극으로 건강하고 윤기 있게 관리한다.

③ 대표적인 견종 : 치와와, 퍼그, 보스톤 테리어, 불독 등

(4) 와이어 코트

① 거칠고 두꺼운 형태의 털을 뽑아줌으로써 아름다움을 관리한다.

② 대표적인 견종 : 노리치 테리어, 와이어헤어드 닥스훈트, 와이어헤어드 폭스 테리어 등

7 샴핑(Shampooing)의 목적과 기능

(1) 샴핑의 목적

① 정기적으로 샴핑을 하면 건강한 피부와 털을 점검하고 관리, 오염된 피부와 털을 청결히 할 수 있다.

② 털의 발육과 피부의 건강을 위함이다.

③ 과도한 피지의 제거와 세정은 정상적인 피부 보호막의 기능을 악화시킬 수 있으므로 주의하여야 한다.

(2) 샴핑의 기능

① 외부먼지, 때와 피지를 제거하고 모질을 부드럽고 빛나게 하여 빗질을 하기 쉽도록 하는 것
이며, 잔류물을 남기지 않아야 한다.

② 눈에 자극이 없어야 하며, 오물이 잘 제거되어야 한다.

③ 대부분의 샴푸에는 계면활성제, 향수 등의 첨가제, 영양성분과 보습물질이 함유되어 있다.

④ 개의 피부는 pH 7~7.4의 중성에 가깝고 사람 피부(pH 4.5~5.5)와는 다르므로 사람용 샴푸
는 개의 피부에 자극적일 수 있다.

⑤ 샴푸의 기능에 대한 정보를 습득하여 개체 특징에 알맞은 제품을 사용한다.

⑥ 세척력이 강한 샴푸는 알칼리성이 강하므로 건강한 털을 관리하기 위해 샴푸를 신중히 선택
하며, pH가 중성에 가까운 샴푸를 사용한다.

⑦ 천연성분을 함유한 자극이 적은 제품을 선택할 수 있으며, 털의 모질과 모색에 따라 샴푸의
종류를 선택할 수 있다.

⑧ 털의 상태에 따라 영양강화, 민감, 보습 등 샴푸의 종류를 선택할 수 있으며, 외부 기생충의
퇴치와 예방, 드라이 샴푸 등 알맞은 샴푸의 종류를 선택할 수 있다.

8 샴푸의 선택

(1) 털의 모질과 모색에 따른 구분

① 모색 강화용 샴푸는 화이트닝, 블랙 코트용, 컬러 코트용 샴푸가 있다.

② 모질에 따라 와이어 코트의 털을 눕게 하거나 뜨는 털을 가라앉도록 도와주는 기능의 샴푸도
있다.

(2) 털의 상태에 따른 분류 : 영양강화, 민감보습, 외부 기생충의 퇴치와 예방, 드라이 샴푸 등 알맞
은 종류의 샴푸를 선택할 수 있다.

9 샴핑 시의 안전 · 유의사항

• 샴핑작업을 하기 전에 애완동물의 건강상태와 특이사항을 파악한다.

• 건강상태를 샴핑작업 중에도 수시로 확인하며 개체별 특성을 숙지한다.

• 샴핑 도구와 장비는 애완동물의 질병감염 예방을 위해 위생과 소독을 철저히 한다.

• 샴핑작업장은 탈출할 수 있는 위험에 노출되지 않도록 장치를 사용하며, 청결하고 통풍이 잘
되어야 하며, 도구와 장비의 사용방법을 숙지한다.

- 샴푸와 린스를 사용하는 목욕은 물을 사용한 목욕이 가능한 동물에만 적용한다.
- 동물 전용 샴푸와 린스를 사용하고, 샴푸와 린스는 제품 사용 설명서를 충분히 숙지한 후 제품의 사용방법에 유의하여 사용한다.
- 노령이나 질병이 있는 개체의 경우 호흡이나 행동 등의 상태에 유의한다.
- 욕조의 바닥은 미끄럽지 않아야 하며, 화상을 방지하기 위해 온수기의 물 온도는 일정하게 유지하고, 충분한 물 공급이 가능해야 한다.

🔟 샴핑 시의 주의사항

- 안전장치를 하며, 욕조 안에 미끄럼 방지용 매트를 깔아준다.
- 개는 정상적인 체온이 37.5~39.5℃로 목욕물의 온도는 사람의 체온으로 느껴보아 약간 따뜻한 40℃ 정도가 적당하다.
- 목욕을 거부하는 일이 없도록 물을 조심스럽게 틀어 수압을 조절한다.
- 물이 호흡기나 귀에 들어가지 않도록 주의하며 전신을 적셔주며, 물이 귓속에 들어간 경우에는 몸을 털 수 있도록 해준다.
- 눈과 귓속에 샴푸가 들어가지 않도록 주의한다.
- 눈 주변이 눈곱 등의 분비물로 지저분할 때는 온수에 불려 안면 빗을 사용하여 조심스럽게 제거한다.
- 장모의 경우에는 털의 손상에 주의하며 마사지하고, 단모의 경우에는 루버 브러시를 이용하여 샴푸 마사지를 해 주면 죽은 털의 관리가 쉽다.
- 머리쪽을 씻길 때에는 물줄기의 자극으로 놀랄 수 있으므로 눈과 호흡기에 물줄기가 바로 닿지 않도록 물살의 방향에 주의한다.
- 샴푸액이 깨끗하게 헹구어지지 않으면 피부질환을 일으킬 수 있으므로 헹굼 순서를 정하여 헹군다.
- 분비물로 인한 기름기, 냄새가 있는 부위와 산책 등으로 오염된 부위는 세정을 한 번 더 실시한다.

1️⃣1️⃣ 린싱의 목적과 종류와 기능

(1) 린싱의 목적

① 린싱의 목적은 샴핑으로 알칼리화된 상태를 중화시는 것이다.
② 린싱은 샴핑의 과도한 세정으로 생긴 피부와 털의 손상을 적절히 회복시켜 줄 수 있다.

③ 린싱을 할 때 일반적으로 농축형태로 된 것을 용기에 적당한 농도로 희석하여 사용한다.

④ 과도하게 사용하면 드라잉 후에 털의 끈적거림이 발생하고 지나치게 헹구면 린싱효과가 떨어지므로 적절하게 사용한다.

⑵ **린스의 종류와 역할**

① 린스는 기본적으로 정전기 방지제, 보습제, 오일, 수분 등의 성분으로 구성되어 있으며 털의 상태에 따라 다양한 선택을 할 수 있다.

② **린스제품의 종류** : 천연제품, 기능이 더해진 제품, 엉킴을 풀기 위한 크림형태와 고농축 제품, 오일과 영양이 강화된 형태의 오일린스 제품, 영양과 보습제품 등의 다양한 형태가 있다.

③ **린스의 역할** : 털의 윤기와 광택, 정전기 방지, 엉킴방지, 빗질에 의한 손상방지, 드라이로 인한 열의 손상을 막기 위한 전처리제 역할을 한다.

12 린싱 시의 안전 · 유의사항

• 린싱작업을 하기 전 애완동물의 건강상태와 특이사항을 파악한다.

• 건강상태를 린싱 작업중에도 수시로 확인하며 개체별 특성을 숙지한다.

• 린싱 도구와 장비는 애완동물의 질병 감염 예방을 위해 위생과 소독을 철저히 한다.

• 린싱 작업장은 탈출할 수 있는 위험에 노출되지 않도록 장치를 사용한다. 또한 린싱작업장은 청결하고 통풍이 잘되어야 하며, 도구와 장비의 사용방법을 숙지한다.

• 샴푸와 린스를 사용하는 목욕은 물을 사용한 목욕이 가능한 동물에만 적용한다.

• 동물 전용 샴푸와 린스를 사용하고, 샴푸와 린스는 제품 사용설명서를 충분히 숙지한 후 제품의 사용방법에 유의하여 사용한다.

• 노령이거나 질병이 있는 개체의 경우 호흡이나 행동 등의 상태변화에 유의한다.

• 욕조의 바닥은 미끄럽지 않아야 하며, 화상을 방지하기 위해 온수기의 물 온도는 일정하게 유지하고 충분한 물 공급이 가능해야 한다.

13 항문낭의 관리

• 항문낭이란 개체마다 항문의 양쪽에 가지고 있는 체취가 나는 해부학적 구조물이며 항문낭액은 냄새가 나는 끈적한 타르형태의 액체이다.

• 항문선이 붓거나 막히면 배변이 고통스러워지며, 염증이 유발될 수 있으므로 동물병원에서 진료를 받도록 한다.

• 항문낭의 불편함을 완화시키는 공통적인 행동은 핥기, 엉덩이 끌기, 앉을 때 갑자기 놀라는

행동 등이다.

- 항문낭액은 동물을 목욕시키기 전에 배출시키고, 항문의 4시와 8시 방향의 안쪽에 꽉 찬 동그란 형태의 돌출부위를 꼬리를 들어 올린 상태에서 엄지와 집게손가락으로 짜주며, 배출된 항문낭액은 온수로 세척한다.

14 어린 동물의 목욕

- 처음 손질은 놀라거나 아프게 하지 않도록 하여 목욕을 싫어하게 되지 않도록 한다.
- 빗으로 놀아주거나 발을 만져주어 사람의 손길에 길들인 후 손질을 시작한다.
- 손질하는 것을 좋아하지 않으므로 관리하기 쉽게 길들이는 것이 중요하다.
- 발바닥, 생식기, 항문 주변 등의 오염이 잦은 부분의 털은 짧게 깎아 필요 이상으로 자주 목욕하지 않도록 한다.
- 온수로 짧은 시간 안에 자극이 최소가 되도록 하고 호흡기에는 물이 들어가지 않도록 주의한다.
- 드라이기의 소음과 브러싱 때문에 스트레스를 받지 않도록 주의한다.

15 드라이의 작업 목적과 주의사항

- 드라이어 작업 목적은 드라이어의 풍향, 풍량, 온도조절, 브러싱 등을 활용하여 털을 말리는 것이다.
- 드라이어의 풍향, 풍량, 온도의 조절과 브러시를 사용하는 타이밍이 중요하다.
- 타이밍을 적절히 맞추지 못하면 털이 곱슬거리는 상태로 건조되므로 바람으로 말리는 동안 반복적으로 신속하게 빗질을 해야 한다.
- 피부에서 털 끝쪽으로 풍향을 설정하여 드라이를 한다.
- 드라잉 시 가장 중요한 점은 털을 커트하기 위해 털의 상태를 최상으로 마무리하는 것으로 드라잉 바람과 브러싱이 동시에 이루어져야 한다.
- 품종과 털의 특징에 따라 드라이하는 방법이 달라질 수 있다.

16 드라잉 순서

(1) 타월로 수분 제거

① 타월링에서 중요한 것은 털에 적당한 수분을 남겨 드라이할 수 있도록 하는 것이다.
② 펫 타월은 정기적으로 세탁과 소독을 해 주어 위생적으로 관리한다.

(2) 드라이어로 털을 건조

① 순서를 정하여 실시한다.

② 엉킨 곳이 남아 있는지 콤(Comb)으로 점검하여 풀어준다.

③ 곱슬거리는 상태로 건조되었다면 컨디셔너 스프레이로 수분을 주어 드라이한다.

④ 스프레이 컨디셔너 관리 제품을 도포하여 마무리한다.

(3) 드라잉이 끝난 후 고객에게 애완동물의 특이사항 전달

① 고객에게 애완동물의 특징을 전달한다.

② 목욕과 드라잉 중에 관찰한 피부와 털의 상태를 점검하고 고객상담을 할 때 전달한다.

③ 목욕과 드라잉 과정에서 털과 피부의 질병과 관리상태를 점검할 수 있으며, 이에 따라 고객에게 애완동물의 상태에 대한 상담이 가능하다.

(4) 드라잉 마무리

① 드라잉이 끝난 후 덜 마른 부위를 점검한다.

② 마지막으로 엉킴이 있는지 콤(Comb)으로 확인한다.

17 드라이 작업 시 안전 · 유의사항

- 드라이 작업하기 전 애완동물의 건강상태와 특이사항을 파악한다.
- 건강상태를 작업 중에도 수시로 확인하며, 개체별 특성을 숙지한다.
- 도구와 장비는 애완동물의 질병 감염 예방을 위해 위생과 소독을 철저히 한다.
- 작업장은 탈출할 수 있는 위험에 노출되지 않도록 장치를 사용한다.
- 청결하고 통풍이 잘되어야 하며 도구와 장비의 사용방법을 숙지한다.
- 노령이거나 질병을 가진 개체인 경우 호흡이나 행동 등의 상태변화에 유의한다.

18 드라잉 방법

(1) 타월링

① 목욕 후 털에 남아 있는 수분제거를 위해 실시한다.

② 수분을 잘 제거하면 드라이 작업을 빨리 마칠 수 있다.

③ 적당한 수분제거로 털의 습도를 조절할 수 있어야 한다.

④ 와이어 코트의 경우에는 타월링의 수분 제거만으로 드라잉을 대체할 수 있다.

(2) 새킹

① 새킹이란 털을 최고의 상태로 유지하면서 드라잉을 하기 위해 타월로 몸을 감싸는 작업을 말한다.

② 드라잉 바람이 건조할 부위에만 가도록 유도하는 것이 중요하며, 바람이 브러싱하는 곳 이외의 털을 건조시키지 않도록 주의한다.

③ 곱슬거리는 상태로 건조되었다면 컨디셔너 스프레이로 수분을 주어 드라이한다.

(3) 플러프 드라이

① 장모에 비해 비교적 짧은 이중모를 가진 애완동물은 핀 브러시를 사용하여 모근에서부터 털을 세워가며 모량을 풍성하게 하는 드라잉을 한다.

② 대표적인 플러프 드라이 대상종류로는 페키니즈, 포메라니안, 러프콜리 등이다.

(4) 켄넬 드라이

① 켄넬 박스 안에 목욕을 마친 반려견을 넣고 안으로 바람을 쏘이게 하여 털의 수분이 날아가도록 하는 방법으로 케이지 드라이라고도 한다.

② 켄넬 드라이 후 어느 정도 수분이 제거되면 드라이어 바람으로 귀, 얼굴, 가슴 등을 포함하여 전체적으로 한 번 더 꼼꼼하게 말려준다.

③ 드라잉 바람의 열로 인한 화상 및 체온상승으로 인한 호흡곤란 등이 발생하지 않도록 하고 반려견을 방치해서는 안 된다.

(5) 룸 드라이

① 다양한 사이즈와 기능을 갖춘 박스형식의 드라이어를 말한다.

② 목욕과 타월링을 마친 반려견에게 타이머, 바람의 세기, 음이온, 자외선 소독 등의 기능을 활용하여 털의 수분이 날아가도록 하는 방법이다.

Chapter 01
적중예상문제

01 브러싱의 효과에 대한 설명으로 적절하지 않은 것은?

① 브러싱은 털갈이 시기 관리의 기본이 된다.

② 브러싱을 통하여 반려견과 작업자 사이에 친숙함이 형성된다.

③ 털의 관리상태, 건강상태, 기생충과 이물질 등을 관리할 수 있다.

④ 오염된 피부와 털의 청결유지, 털의 발육과 피부의 건강을 위함이다.

⑤ 피부에 적당한 자극은 신진대사와 혈액순환을 촉진시켜 건강한 털을 유지하도록 할 수 있다.

해 ④는 샴핑의 목적이다. 즉 정기적인 샴핑으로 건강한 피부와 털을 점검하고 관리한다.

02 브러싱의 과정에 대한 내용으로 적절하지 않은 것은?

① 장모견에게 엉킴이 있는 경우 컨디셔너를 도포하여 털의 손상을 최소화하며 빗질한다.

② 빗질로 털과 피부의 질병과 관리 상태를 점검한다.

③ 목욕 전에는 빗질을 하면 안 되며 목욕 후에 드라잉과 함께 빗질을 해준다.

④ 브러싱을 마치면 콤으로 털의 흐름을 따라 마지막으로 점검한다.

⑤ 브러싱 중 찰과상이 생길 수 있으므로 주의하여 빗질한다.

해 빗질을 꼼꼼히 하지 않으면 겉털은 잘 빗겨진 듯 보이지만 속털은 엉켜있을 수 있다. 털에 붙어 있는 이물질이나 분비물 등이 목욕물에 엉킨 털과 뭉쳐 젖게 되면 브러싱과 드라이가 더욱 어려워지기 때문에 반드시 목욕 전에도 브러싱을 해주 어야 한다.

03 ㉠, ㉡에 들어갈 것으로 적절한 것은?

> • (㉠) : 보온기능과 피부보호의 역할을 하며, 짧은 털로 주모가 바로 설 수 있게 도와줌
> • (㉡) : 외부의 자극을 느꼈을 때 털을 세우는 근육

	㉠	㉡
①	부모	입모근
②	부모	피하지방
③	모낭	입모근
④	진피	피지선
⑤	모낭	피하지방

해 부모(Secondary Hair)는 짧은 털로 주모가 바로 설 수 있게 도와주며, 보온기능과 피부보호의 역할을 한다. 입모근(Arrector Pili Muscle)은 불수의근으로 추위, 공포를 느꼈을 때 털을 세울 수 있는 근육이다.

04 다음 피부와 털에 대한 내용이다. 연결이 옳지 못한 것은?

① 피하지방이란 피부 밑과 근육 사이에 분포하는 지방이다.

② 아포크린선은 볼록살에서만 보인다.

③ 피지선은 털이난 피부 부위에 분포하며 물리적, 화학적 장벽을 형성한다.

④ 진피는 입모근, 혈관, 임파관, 신경등이 분포한다.

⑤ 모낭은 모근을 싸고 있는 주머니 형태의 구조물로 털을 보호하고 단단히 지지한다.

해 땀샘은 아포크린선과 에크린 한선이 있는데, 아포크린선은 꼬인 낭 형태 또는 관 형태로 털이 나 있는 모든 피부에 분포하며 비경에는 분포하지 않고 페로몬, 항균성분이 있으며, 에크린 한선은 볼록살에서만 보인다.

05 털의 기능에 대한 설명으로 적절하지 않은 것은?

① 털은 보호털, 솜털, 촉각털 등으로 분류할 수 있다.

② 보호털은 몸의 외형을 이루는 털로 길고 두꺼우며, 방수기능으로 체온이 유지된다.

③ 솜털은 보호털에 비해 짧고 부드러우며 단열재의 역할을 한다.

④ 촉각털은 외부자극으로부터 들어오는 감각정보를 수용하는 털이다.

⑤ 촉각털은 보호털보다 두껍고 주로 목 주변에 집중되어 있다.

> 해 촉각털은 외부자극으로 들어오는 감각정보를 수용하는 털로, 보호털보다 두껍고 크며, 안면부에 집중되어 있다.

06 털의 주기에 대한 설명으로 적절하지 않은 것은?

① 털의 주기란 털의 성장주기를 말한다.

② 모자이크 타입은 각기 다른 털의 주기를 갖는 타입이다.

③ 싱크로니스틱 타입은 전체 털의 주기가 일치하는 타입을 말한다.

④ 요크셔 테리어와 몰티즈는 싱크로니스틱 타입으로 본다.

⑤ 털은 광주기, 주위온도, 영양, 호르몬, 전신 건강상태, 유전자 등에 의해 제어된다.

> 해 요크셔 테리어와 몰티즈는 모자이크 타입의 털 주기를 갖고 있어 일정한 길이를 유지하며 털갈이가 진행되고, 진돗개는 싱크로니스틱 타입으로 본다.

답 03 ① 　 04 ② 　 05 ⑤ 　 06 ④

07 다음 〈보기〉의 장모견 중 부모의 무게가 전체 무게의 70%, 털 수의 80%를 차지하며, 다른 부모의 형태와 비교하여 털이 비교적 거칠며 털이 적게 빠지는 경향이 있는 견종을 모두 고른다면?

> **보기**
>
> 가. 코커스패니얼　　　　　　　　　　　나. 푸들
> 다. 베들링턴 테리어　　　　　　　　　　라. 케리블루 테리어

① 가, 나, 다　　　　　　　　　　　② 가, 나, 라
③ 가, 다, 라　　　　　　　　　　　④ 나, 다, 라
⑤ 가, 나, 다, 라

해 푸들, 베들링턴 테리어, 케리블루 테리어 등은 부모의 무게가 전체 무게의 70%, 털 수의 80%를 차지하며, 다른 부모의 형태와 비교하여 털이 비교적 거칠며 털이 적게 빠지는 경향이 있는 견종이다. 참고적으로 코커스패니얼, 포메라니안 등은 털이 미세하여 단위 면적당 털의 무게가 적은 장모견종에 속한다.

08 다음 중 단모견종에 속하지 않는 것은?

① 로트와일러　　　　　　　　　　　② 닥스훈트
③ 복서　　　　　　　　　　　　　　④ 멕시칸 헤어리스
⑤ 미니어처 핀셔

해 멕시칸 헤어리스는 털 없는 종에 속한다.

09 모질에 따른 털의 형태 중 곱슬거리는 형태인 것은?

① 실키 코트　　　　　　　　　　　② 컬리 코트
③ 와이어 코트　　　　　　　　　　④ 스무드 코트
⑤ 와일드 코트

해 컬리 코트는 털이 곱슬거리는 형태로 자주 빗질을 해 주는 것이 중요하며, 목욕과 털 손질 후 필요에 따라 털을 잘라주어야 한다. 대표적인 견종으로는 푸들, 에어데일 테리어, 베들링턴 테리어, 케리블루 테리어 등이 있다.

10 부드럽고 짧은 털을 가진 스무드 코트의 대표적인 견종이 아닌 것은?

① 치와와   ② 퍼그

③ 몰티즈   ④ 보스톤 테리어

⑤ 불독

해 스무드 코트는 부드럽고 짧은 털을 가지고 있으며, 루버 브러시 등으로 빗질하여 죽은 털 제거 및 피부자극으로 건강하고 윤기 있게 관리하여야 하며, 대표적은 견종으로는 치와와, 퍼그, 보스톤 테리어, 불독 등이 있다. 몰티즈는 실키 코트에 속한다.

11 다음 〈보기〉 중 거칠고 두꺼운 형태의 털인 와이어 코트인 견종은?

> **보기**
>
> 가. 노리치 테리어   나. 와이어헤어드 닥스훈트
>
> 다. 와이어헤어드 폭스 테리어   라. 에어데일 테리어
>
> 마. 베들링턴 테리어

① 가, 나, 다   ② 가, 나, 라

③ 가, 나, 마   ④ 나, 다, 라

⑤ 나, 라, 마

해 와이어 코트는 거칠고 두꺼운 형태의 털을 뽑아줌으로써 털의 아름다움을 관리하여야 하며, 대표적인 견종으로는 노리치 테리어, 와이어헤어드 닥스훈트, 와이어헤어드 폭스 테리어 등이 있다.

답   07 ④   08 ④   09 ②   10 ③   11 ①

12 다음 중 어린동물의 목욕방법으로 적당하지 않은 것은?

① 처음 손질은 놀라거나 아프게 하지 않도록 하여 목욕을 싫어하게 되지 않도록 한다.

② 빗으로 놀아주거나 발을 만져주어 사람의 손길에 길들인 후 손질을 시작한다.

③ 손질하는 것을 즐거워하므로, 관리하기 쉽게 길들이지 않아도 된다.

④ 발바닥, 생식기, 항문 주변 등의 오염이 잦은 부분의 털은 짧게 깎아 필요 이상으로 자주 목욕하지 않도록 한다.

⑤ 온수로 짧은 시간 안에 자극이 최소가 되도록 하고 호흡기에 물이 들어가지 않도록 주의한다.

해 손질하는 것을 좋아하지 않으므로 관리하기 쉽게 길들이는 것이 중요하며, 드라이기의 소음과 브러싱 때문에 스트레스를 받지 않도록 주의한다.

13 샴푸의 종류와 기능 중 적절하지 않은 것은?

① 샴푸의 기능에 대한 정보를 습득하여 개체 특징에 알맞은 제품을 사용한다.

② 천연성분을 함유한 자극이 적은 제품을 선택할 수 있으며, 모질과 모색에 따라 샴푸의 종류를 선택할 수 있다.

③ 털의 상태에 따라 영양강화, 민감, 보습 등 샴푸의 종류를 선택할 수 있다.

④ 외부 기생충의 퇴치와 예방, 드라이 샴푸 등 알맞은 샴푸의 종류를 선택할 수 있다.

⑤ 세척력이 강한 샴푸는 산성이 강하다.

해 세척력이 강한 샴푸는 알칼리성이 강하므로 건강한 털을 관리하기 위해 샴푸를 신중히 선택하여 pH가 중성에 가까운 샴푸를 사용한다.

14 샴핑에 대한 내용으로 적절하지 않은 것은?

① 정기적인 샴핑으로 건강한 피부와 털을 점검하고 관리한다.

② 오염된 피부와 털의 청결유지, 털의 발육과 피부의 건강을 위해 관리한다.

③ 과도한 피지의 제거와 세정은 정상적인 피부 보호막의 기능을 약화시킬 수 있으므로 주의한다.

④ 개의 피부는 사람의 피부보다 pH가 낮아 산성이 크다.

⑤ 대부분의 샴푸에는 계면활성제, 향수 기능의 다양한 첨가제, 영양성분과 보습물질이 함유되어 있다.

해 개의 피부는 pH 7~7.4로 중성에 가까우며, 사람피부는 pH 4.5~5.5로 산성 쪽에 가깝다.

15 샴핑 시의 안전·유의사항으로 적절하지 않은 것은?

① 샴핑작업 전 애완동물의 건강상태와 특이사항을 파악한다.

② 노령이거나 질병이 있는 동물의 경우에는 무엇보다 모색에 유의하여 목욕시켜야 한다.

③ 도구와 장비는 애완동물의 질병 감염 예방을 위해 위생과 소독을 철저히 한다.

④ 욕조의 바닥은 미끄럽지 않아야 하며, 화상을 방지하기 위해 온수기의 물 온도는 일정하게 유지하고, 충분한 물 공급이 가능해야 한다.

⑤ 샴푸와 린스를 사용하는 목욕은 물을 사용하는 목욕이 가능한 동물에만 적용한다.

해 노령이거나 질병이 있는 동물의 경우에는 호흡이나 행동 등의 상태를 유의하여 목욕시켜야 한다.

16 다음 중 린스의 목적과 사용 시의 주의사항으로 바르지 않은 것은?

① 농축 형태로 된 것을 사용하여 효과를 높인다.

② 샴핑으로 알칼리화된 상태를 중화시키는 역할을 한다.

③ 과도한 세정으로 인한 피부와 털의 손상을 회복시켜 준다.

④ 과도하게 사용하거나 잘못 사용하면 드라이 후 털이 끈적거린다.

⑤ 지나치게 헹구면 효과가 감소하므로 용도와 용법을 숙지한다.

해 일반적으로 농축형태로 된 것을 용기에 적당한 농도로 희석하여 사용한다.

17 린스의 종류와 기능에 대한 설명으로 적절하지 않은 것은?

① 린스는 기본적으로 정전기 방지제, 보습제, 오일, 수분 등의 성분으로 구성되어 있다.

② 린스에 함유된 여러 기능성 성분이 털에 윤기와 광택, 정전기 방지, 엉킴방지, 빗질에 의한 손
상방지의 역할을 한다.

③ 드라이로 인한 열의 손상을 막기 위한 전처리제 역할도 한다.

④ 피부병이 있는 개의 피부를 진정시키는데 사용한다.

⑤ 최근 제품은 자극이 적은 천연제품, 기능이 강화된 제품, 엉킴을 풀기 위한 크림형태의 고농
축 제품, 오일과 영양이 강화된 형태의 오일린스제품, 영양과 보습제품 등 다양하다.

해 린스는 오히려 피부병 있는 개의 피부를 악화시킬 수 있으므로 신중해야 한다.

18 항문낭의 의미 및 관리에 대한 설명으로 적절하지 않은 것은?

① 개체마다 특색 있는 체취를 담은 주머니로 항문의 양쪽에 있다.

② 항문낭액은 샴핑 후에 배출시키며, 꼬리를 들어 올리고 항문낭을 돌출시킨다.

③ 항문낭의 불편함을 완화시키는 공통적인 특징은 핥기, 엉덩이 끌기, 앉을 때 갑자기 놀라는 행동 등이 있다.

④ 항문선이 붓거나 막힌 경우 치료하지 않고 방치하면 배변이 고통스럽고 염증이 유발되어 수술로 항문낭을 제거해야 하는 상황이 생길 수도 있다.

⑤ 꾸준한 점검과 관리를 하면 항문낭의 질병을 예방할 수 있다.

해 항문낭이란 개체마다 항문의 양쪽에 가지고 있는 체취가 나는 해부학적 구조물이며 항문낭액은 냄새가 나는 끈적한 타르 형태의 액체이다. 항문낭액은 샴핑 전에 배출시켜야 한다.

19 드라이 작업의 목적으로 적당한 것이 아닌 것은?

① 드라이어의 풍향, 풍량, 온도조절, 브러싱 등을 활용하여 털을 말리는 것이 목적이다.

② 품종과 털의 특징이 다르더라도 샴핑과 달리 드라이하는 방법은 동일하다.

③ 드라잉과 브러싱이 동시에 이루어져야 한다.

④ 피부에서 털 바깥쪽으로 풍향을 설정하여 드라이를 한다.

⑤ 타이밍을 적절히 맞추지 못하면 털이 곱슬거리는 상태로 건조되게 된다.

해 드라이어의 풍향, 풍량, 온도조절, 브러싱 등을 활용하여 털을 말리는 것이 목적이며, 품종과 털의 특징에 따라 드라이하는 방법이 달라질 수 있다.

20 ㉠, ㉡에 들어갈 것으로 적절한 것은?

> • (㉠) : 드라잉 방법 중 털을 최고의 상태로 유지하면서 드라잉을 하기 위해 타월로 몸을 감싸는 작업
>
> • (㉡) : 장모에 비해 비교적 짧은 이중모를 가진 페키니즈, 포메라니안, 러프콜리 등을 핀 브러시를 사용하여 모근에서부터 털을 세워가며 모량을 풍성하게 하는 드라잉

	㉠	㉡
①	타월링	룸 드라이
②	새킹	켄넬 드라이
③	새킹	플러프 드라이
④	타월링	플러프 드라이
⑤	새킹	타월링

해 새킹은 드라잉 바람이 건조할 부위에만 가도록 유도하는 것이 중요하며, 바람이 브러싱하는 곳 이외의 털을 건조시키지 않도록 유의하고, 곱슬거리는 상태로 건조되었다면 컨디셔너 스프레이로 수분을 주어 드라이한다. ㉡은 플러프 드라이에 대한 설명이다.

Chapter 02
기본미용

1 콤(Comb)의 종류 및 용도

(1) 페이스 콤
① 핀의 길이가 짧은 빗이다.
② 얼굴, 눈 앞과 풋 라인을 자를 때 주로 사용한다.

(2) 푸들 콤
① 핀의 길이가 긴 빗이다.
② 파상모의 피모를 빗을 때 주로 사용한다.

(3) 콤
① 핀의 간격이 넓은 면과 핀의 간격이 좁은 면이 반반으로 구성된 빗이다.
② 핀의 간격이 넓은 면은 털을 세우거나 엉킨 털을 제거할 때 사용한다.
③ 핀의 간격이 좁은 면은 섬세하게 털을 세울 때 사용한다.

(4) 실키 콤
① 길고 짧은 핀이 어우러진 빗이다.
② 부드러운 피모를 빗을 때 사용한다.

2 가위의 종류 및 용도

(1) 블런트 가위
① 털의 길이를 자르고 다듬는 데 사용한다.
② 민가위 또는 스트레이트 시저, 커팅가위라고도 부른다.
③ 크기는 평균 7인치(약 18cm)가 기준이 되고 인치 수가 높을수록 초벌미용이나 대형견 미용에 사용된다.
④ 크기와 길이는 사용목적에 알맞은 것을 선택하여 사용한다.

(2) 시닝 가위

① 털을 자연스럽게 연결시킬 때 사용한다.

② 실키 코트의 부드러운 털과 처진 털을 자를 때 가위 자국 없이 자를 수 있다.

③ 한쪽 면(정날)은 빗살로, 다른 한쪽 면(동날)은 가위의 자르는 면으로 되어 있다.

④ 빗살 사이의 간격 수에 따라 잘리는 면의 절삭력에 차이가 있다.

⑤ 모양이 많은 털의 숱을 치거나 털의 흐름을 자연스럽게 연결할 때 사용한다.

(3) 보브 가위

① 눈 앞의 털이나 풋 라인의 털, 귀 끝의 털을 자를 때 많이 사용한다.

② 블런트 가위와 같은 모양의 가위로 평균 5.5인치(약14cm)의 크기이다.

(4) 커브 가위

① 가윗날이 둥그렇게 휘어 있어 볼륨감을 주어야 하는 부위에 사용하기 좋다.

② 가윗날이 휘어 있어 동그랗게 자를 부분을 쉽게 자를 수 있다.

③ 얼굴이나 몸통, 다리의 각을 없애야 하는 곳에 쉽게 사용할 수 있게 제작되어 있다.

(5) 텐텐 가위

① 초벌 및 숱을 치는데 사용한다.

② 요술가위라고도 하며, 가윗날의 발수와 홈에 따라 절삭률이 달라진다.

(6) 스트록 가위

① 손목의 스윙으로 자르는데 적당하다.

② 다른 가위에 비해 가윗날의 배 부분이 둥근 것으로 잘랐을 때 털을 밀어내는 힘이 강하기 때문에 양감과 질감 정리를 해 준다.

3 가위의 구조 및 명칭

가위 끝	정날과 동날 양쪽의 뾰족한 앞쪽 끝을 말한다.
날끝	정날과 동날의 안쪽면으로 자르는 날 끝을 말한다.
동날	엄지손가락의 움직임으로 조작되는 움직이는 날을 말한다.
정날	넷째 손가락의 움직임으로 조작되는 움직이지 않는 날을 말한다.
선회축	가위를 느슨하게 하거나 조이는 역할을 하며 양쪽 날을 하나로 고정시켜 주는 중심축을 말한다.

다리	선회축 나사와 환 사이의 부분을 말한다.
약지환	정날에 연결된 원형의 고리로 넷째 손가락을 끼워 조작한다.
엄지환	동날에 연결된 원형의 고리로 엄지손가락을 끼워 조작한다.
소지걸이	정날과 약지환에 이어져 있으며, 정날과 동날의 양쪽에 있는 가위도 있다.

4 발톱과 발바닥/발톱관리

(1) 발톱

① 발톱은 혈관과 신경이 연결되어 있으며, 발톱이 자라면서 혈관과 신경도 같이 자라며, 지면으로부터 발을 보호하기 위해 단단하게 되어 있다. 개나 고양이는 앞발에 다섯 개, 뒷발에 네개의 발톱이 있다.

② 발의 발가락뼈(지골)는 반려견이 보행할 때 힘을 지탱해 주는 역할을 한다.

③ 발톱은 발가락뼈를 보호하며 발가락뼈의 역할을 보조해 준다.

④ 혈관이 보이는 발톱은 발톱 안에 혈관이 분포되어 있으므로 혈관을 주의하면서 발톱을 자르며, 혈관이 보이기 때문에 발톱관리에 유리하다.

⑤ 혈관이 안 보이는 발톱은 발톱에 있는 멜라닌 색소 때문이며, 검게 보이는 발톱과 갈색의 발톱 또는 어두운 색의 발톱이 있고, 발톱관리가 다소 어려우며 혈관 앞까지 발톱깎이로 조금씩 발톱을 깎아 나간다.

(2) 발톱관리

① 발톱관리는 한 달에 2회 정도 관리한다.

② 실외에서 생활하는 애완동물의 경우 발톱을 짧게 자르면 보행 중 출혈이 일어날 수 있다.

③ 발톱관리를 하지 않아 발톱이 길게 자란 경우 보행에 지장을 줄 수 있다.

④ 깨진 발톱의 경우 깨진 부위를 잘라 더 이상 깨지지 않게 관리해 주어야 한다.

⑤ 며느리발톱(듀 클로우)은 동그랗게 자라 발가락을 파고들 수 있으므로 수시로 관리해 주어야한다.

⑥ **발톱관리 기구** : 길로틴형 네일 클리퍼, 니퍼형 네일 클리퍼, 지혈제, 네일 파일 등

(3) 발바닥

① 발바닥은 피부가 각질화한 패드로 되어 있으며, 발바닥의 패드부분은 미끄러지지 않도록 털

이 나지 않는다.

② 발바닥의 패드에는 많은 신경과 혈관이 있어 지면 상태를 감지하는 역할을 하며, 지면에서 받는 충격을 완화시켜준다.

(4) 발의 구조

① 발가락뼈는 보행할 때 힘을 받쳐주는 역할을 한다.

② 발바닥 패드 : 보행 시 쿠션역할을 하여 발을 보호해준다.

③ 패스턴 : 발목뼈를 말한다.

④ 발 모양에 따른 분류

캣 풋	발가락뼈의 끝부위에 있는 뼈가 작아 고양이 발을 닮은 발 모양이다.
헤어 풋	엄지발가락을 제외한 네 발가락 중 가운데 두 발가락이 긴 발 모양으로 베들링턴 테리어, 보르조이, 사모예드 견종에서 많이 볼 수 있다.
페이퍼 풋	발바닥이 종이처럼 얇고 패드의 움직임이 빈약한 발 모양이다.

5 귀의 구조

(1) 외이

① 개의 귀는 일자형인 사람의 귀와는 달리 L자형의 구조를 가져, 고막 보호에는 좋으나 공기가 잘 통하지 않아 세균의 번식 및 염증, 악취 발생이 쉽다.

② 외이는 수직이도와 수평이도로 구성되며, 소리를 고막으로 전달하는 기능을 한다.

③ 이도의 표면은 피부와 동일한 구조이다.

④ 외이는 모낭, 피지샘, 귀지샘 등의 상피와 탄성섬유와 콜라겐을 함유하는 진피가 존재한다.

(2) 중이

① 중이는 고막, 이소골, 고실, 유스타키오관(이관) 등으로 구성된다.

② 고막은 중이를 보호하고, 이소골을 진동시켜 소리를 내이로 전달하는 기능을 한다.

③ 고실은 이소골이 있는 내이와 외이 사이 공간이다.

④ 유스타키오관은 고막 안팎의 기압을 일정하게 유지해 준다.

(3) 내이

① 내이는 반고리관, 전정기관, 달팽이관으로 구성된다.

② 반고리관은 회전을 감지하며, 전정기관은 위치와 균형을 감지하며, 달팽이관은 듣기를 담당

한다.

6 귀의 관리

(1) 귀 관리

① 반려견의 귓속을 관리해 주어야 외부 기생충의 기생 및 귓병을 예방할 수 있다.

② 귓속에 털이 자라면 외이염이 발생하기 쉽기 때문에 주기적으로 털을 뽑아주어야 한다.

③ 귀가 밑으로 처진 견종은 귀가 귀 안쪽 구멍을 막고 있어 습기가 쉽게 차고 습도가 높아 균이 번식하기 쉬우며, 이를 방치하면 귓병의 원인이 될 수 있다.

④ 귓속에 털이 자라지 않는 견종은 탈지면에 이어클리너를 사용하여 귓속을 닦아준다.

⑤ 귀 청소를 하기 위해서는 겸자, 이어파우더, 이어클리너, 탈지면 등이 필요하다.

(2) 귀 관리가 안 될 경우

① 귀에서 냄새가 나며 이물질이 쌓이고 귀를 자주 긁는다.

② 외이의 피부가 정상보다 두꺼워지고 붉어보이며, 이도가 좁아진다.

③ 머리가 한 쪽으로 기울어지며, 귀의 표면이 부어 있다.

④ 비틀거리고 앞으로 걸으려 하나 빙빙돌며, 한쪽 귀가 처지며, 귀 만지는 것을 싫어한다.

(3) 귀 관리를 위한 필수용품

① 이어파우더 : 미끄럼 방지, 모공 수축, 피부자극과 피부장벽을 느슨하게 해 준다.

② 이어클리너 : 귀지 용해 역할, 귓속의 이물질 제거, 귓속 미생물의 번식억제, 귓속의 악취를 제거한다.

(4) 귀 청소를 할 때 겸자의 방향

① 겸자에 탈지면을 말아 귓속의 이물질을 제거한다.

② 겸자의 방향을 귓속을 향해 일직선이 되게 한다.

7 클리퍼 작업 및 작업시 유의사항

(1) 클리퍼 작업

① 클리핑이란 클리퍼를 이용하여 털을 자르면서 깎아내는 작업이다.

② 기본 클리핑은 0.1~1mm의 클리퍼 날로 발바닥, 발등, 항문, 복부, 귀, 꼬리, 얼굴부위의 털을 제거하는 작업이다.

③ 작업을 수행할 때 클리퍼는 피부와 평행하게 들어가야 한다.

(2) 클리퍼 사용시 유의사항

① 피부에 직각으로 클리퍼 날을 사용하면 피부에 상처를 낼 수 있다.

② 클리퍼를 장시간 사용하면 뜨거워져 반려견이 피부에 화상을 입을 수 있으므로 냉각제로 열을 식히면서 사용한다.

③ 클리퍼 날의 mm수가 클수록 피부에 해를 입힐 수 있으므로 주의하여 사용한다.

④ 클리퍼를 사용하고 난 후 클리퍼 날 사이의 털을 제거한 후 소독제로 소독한다.

8 부위별 기본 클리핑

(1) 복부 클리핑

① 암컷의 경우 배꼽 위에서 역U자형으로 클리핑한다.

② 수컷의 경우 배꼽 위에서 역V자형으로 클리핑한다.

(2) 귀의 기본클리핑

① 귀 시작부에서 1/2를 클리핑하는 견종 : 코커스패니얼

② 귀의 장식 털의 끝만 남기고 클리핑하는 견종 : 베들링턴 테리어, 댄디 딘먼트 테리어

③ 귀의 전체를 클리핑하는 견종 : 슈나우저, 케리블루 테리어

④ 귀 끝의 1/3을 클리핑하는 견종 : 요크셔 테리어, 스코티쉬 테리어, 웨스트하이랜드 화이트 테리어

(3) 주둥이 털의 클리핑 부위

① 귀 시작점에서 눈 끝까지 이미지너리라인을 클리핑한다.

② 귀 시작점부터 애담스애플에서 1~2cm 내려간 곳을 V자형으로 클리핑한다.

③ 주둥이의 털을 클리핑한다.

④ 턱 밑을 주둥이와 같은 길이로 클리핑한다.

⑤ 눈과 눈 사이 역V자형인 인덴테이션을 클리핑한다.

9 기본 클리핑의 목적

- 발바닥의 털이 자라 있으면 미끄러지며 보행에 불편을 주기 때문이다.
- 털 관리를 해주지 않아 발바닥 패드에 털이 많이 자라면 습진이 발생할 수 있다.
- 항문에 배변이 묻지 않도록 청결을 위해 털을 제거한다.
- 항문 주위의 털을 제거하지 않고 장시간 방치하면 배변과 함께 뭉친 털이 항문을 막아 건강

에 해롭다.

- 주둥이 부위에 피부병이 있는 경우에 치료목적을 위해 제거한다.
- 푸들 견종의 표준미용은 주둥이(머즐)의 털을 제거한다.

> **참고** **주둥이 형태**
>
> - 주둥이를 머즐이라고 부르는데. 주둥이의 길이에 따라 짧은 머즐, 보통 머즐, 긴 머즐로 구분된다.
> - 주둥이의 길이에 따라 후각의 차이가 있는데, 긴 주둥이의 견종은 후각이 발달되어 있고, 주둥이가 짧은 견종은 상대적으로 후각이 덜 발달되어 있다.

10 기초 시저링(가위질)

(1) 발 주변의 털

① 발바닥을 클리핑한 발의 시저링 : 발바닥 패드의 털을 제거하고 발등의 털은 발톱이 가려지도록 둥그스름하게 주변을 자른다.

② 발바닥과 발등을 클리핑한 발의 시저링 : 클리핑한 라인이 보이도록 풋 라인을 자른다.

③ 발 주변의 털을 제거하는 목적 : 미끄러짐 방지, 아름다움을 표현

(2) 눈 주변의 털, 항문 주변의 털

① 눈이 보이도록 눈 앞의 털을 시저링한다.(특히 눈 윗부분)

② 눈 주위의 털은 자라면서 눈을 찌르게 되어 눈병의 원인이 된다.

③ 털이 길면 시야를 가려서 생활하는데 지장을 주며, 눈물이 흐르는 경우 피부병의 원인이 되기도 한다.

④ 항문 주변의 털 : 청결을 위해 클리핑 후 항문 주위의 털을 제거한다.

(3) 언더라인

① 복부 주변의 털을 클리핑한 후 클리핑 라인의 털을 시저링한다.

② 가슴 밑부터 턱업 앞까지의 라인을 시저링한다.

(4) 꼬리털

① 꼬리 끝의 피부가 다치지 않게 주의하면서 꼬리털의 길이를 결정한다.

② 꼬리 종류별 털 정리

직립꼬리(테일) 견종	비글

컬드 테일 견종	페키니즈/꼬리 끝의 털을 시저링
스냅 테일 견종	포메라니안/부채꼴 모양으로 시저링
단미 견종	푸들, 슈나우저, 요크셔 테리어
꼬리가 없는 견종	웰시코기 펨브로크, 올드잉글리시쉽독

(5) 귀털

① 귀 끝을 일직선 또는 라운드로 시저링한다.

② 쫑긋 선 귀의 대표견종 : 요크셔 테리어, 슈나우저, 웨스트하이랜드 화이트 테리어

③ 늘어진 귀 대표견종 : 코커스패니얼, 몰티즈

④ 앞으로 꺾인 귀의 대표견종 : 폭스 테리어

11 발의 미용

(1) 동그란 발

① 발바닥을 클리핑하며, 발의 모양을 따라 동그랗게 시저링한다.

② 대표견종 : 포메라니안, 페키니즈, 슈나우저

(2) 푸들 발

① 발바닥과 발등을 클리핑하며, 풋 라인을 시저링한다.

② 대표견종 : 푸들

(3) 포메라니안 발

① 발바닥을 클리핑하며, 동그란 발의 모양에 발톱이 보이게 시저링한다.

② 대표견종 : 포메라니안

Chapter 02
적중예상문제

01 다음 〈보기〉가 설명하는 가위는?

> **보기**
>
> 가. 민가위 또는 스트레이트 시저라고도 한다.
> 나. 털의 길이를 자르고 다듬는 데 사용한다.
> 다. 크기는 평균 7인치가 기준이 되고, 인치 수가 높을수록 초벌 미용이나 대형견 미용에 사용된다.

① 밴딩 가위　　　　　　　　② 블런트 가위

③ 시닝 가위　　　　　　　　④ 보브 가위

⑤ 커브 가위

ⓗ 블런트 가위란 털의 길이를 자르고 다듬는 데 사용하는 것으로 민가위, 커팅가위, 스트레이트 가위 등으로 불린다.

02 다음 중 콤과 빗의 종류와 그 용도의 설명으로 바르지 않은 것은?

① 페이스 콤 : 핀의 길이가 짧아 얼굴, 눈앞과 풋라인을 자를 때 주로 사용한다.
② 푸들 콤 : 핀의 길이가 길고 파상모의 피모를 빗을 때 사용한다.
③ 콤 : 핀 간격이 넓은 면은 섬세하게 털을 세울 때 사용하고, 핀 간격이 좁은 면은 털을 세우거나 엉킨 털을 제거할 때 사용한다.
④ 실키 콤 : 길고 짧은 핀이 어우러진 빗으로 부드러운 피모를 빗을 때 사용한다.
⑤ 꼬리빗 : 동물의 털을 가르거나 래핑을 할 때 사용한다.

ⓗ 콤의 핀 간격이 넓은 면은 털을 세우거나 엉킨 털을 제거할 때 사용하고, 핀 간격이 좁은 면은 섬세하게 털을 세울 때 사용한다.

 01 ②　　02 ③

03 다음 미용도구 중 하나인 시닝가위에 대한 설명으로 적절하지 않은 것은?

① 털을 자연스럽게 연결시킬 때 사용된다.

② 실키 코트의 부드러운 털과 처진 털을 자를 때 가위자국 없이 자를 수 있다.

③ 동날은 빗살로, 정날은 가위의 자르는 면으로 되어 있다.

④ 빗살 사이의 간격 수에 따라 잘리는 면의 절삭력에 차이가 있다.

⑤ 모량이 많은 털의 숱을 치거나 털의 흐름을 자연스럽게 연결할 때 사용한다.

해 시닝가위의 정날은 빗살로, 동날은 가위의 자르는 면으로 되어 있다.

04 다음 〈보기〉의 내용 중 보브 가위의 용도로 맞는 것을 모두 고른다면?

> **보기**
>
> 가. 눈 앞의 털을 자를 때   나. 풋 라인의 털을 자를 때
> 다. 귀 끝의 털을 자를 때   라. 털을 자연스럽게 연결시킬 때

① 가, 나, 다   ② 가, 나, 라

③ 가, 다, 라   ④ 나, 다, 라

⑤ 가, 나, 다, 라

해 보브 가위란 블런트 가위와 같은 모양의 가위로 평균 5.5인치의 크기로 눈 앞의 털이나 풋 라인의 털, 귀 끝의 털을 자를 때 많이 사용한다. 털을 자연스럽게 연결시킬 때 사용하는 가위는 시닝가위이다.

05 가위의 구조 및 명칭에 관한 설명이다. 옳지 않은 것은?

① 가위끝이란 정날과 동날 양쪽의 뾰족한 앞쪽 끝을 말한다.

② 선회축이란 가위를 느슨하게 하거나 조이는 역할을 하며 양쪽 날을 하나로 고정시켜 주는 중심축이다.

③ 약지환이란 정날에 연결된 원형의 고리로 넷째 손가락을 끼워 조작한다.

④ 동날이란 넷째 손가락의 움직임으로 조작되는 움직이지 않는 날을 말한다.

⑤ 날끝은 정날과 동날의 안쪽 면의 자르는 날 끝을 말한다.

해 동날이란 엄지손가락의 움직임으로 조작되는 움직이는 날을 말하며, 정날이란 넷째 손가락의 움직임으로 조작되는 움직이지 않는 날을 말한다.

06 클리퍼의 날에 대한 설명으로 적절하지 않은 것은?

① 클리퍼의 날은 mm 수에 따라 날 사이의 간격이 좁거나 넓다.

② 클리퍼의 날의 mm 수가 작을수록 날의 간격이 좁다.

③ 클리퍼의 날의 mm 수가 클수록 날의 간격이 넓다.

④ 클리퍼의 날의 mm 수가 클수록 피부에 상처를 입힐 수 있는 위험성이 높다.

⑤ 클리퍼의 아랫날은 털을 자르는 역할을 하며, 윗날의 두께에 따라 털의 길이가 결정된다.

해 클리퍼의 아랫날 두께에 따라 클리핑 길이가 결정되며, 윗날은 털을 자르는 역할을 한다. 날에 표기된 mm는 동물의 털을 역방향 클리핑 시에 남아 있는 털의 길이이다. 클리퍼 날은 클리퍼에 부착하여 잘리는 털의 길이를 조절한다.

07 애완동물의 발톱 및 발톱의 역할 등에 관한 설명으로 적절하지 않은 것은?

① 개와 고양이는 앞발에 다섯 개, 뒷발에 네 개의 발톱이 있다.

② 발톱에는 혈관이나 신경이 연결되어 있지 않아 발톱관리가 어렵다.

③ 발톱은 지면으로부터 발을 보호하기 위해 단단하게 되어 있다.

④ 발의 발가락뼈(지골)는 반려견이 보행할 때 힘을 지탱해 주는 역할을 한다.

⑤ 발톱은 발가락뼈를 보호하며, 발가락뼈의 역할을 보조해 준다.

해 발톱에는 혈관과 신경이 연결되어 있고 발톱이 자라면서 혈관과 신경도 같이 자란다.

08 애완동물의 발바닥의 역할로 적절하지 않은 것은?

① 발바닥의 패드 부분은 미끄러지지 않도록 털이 나지 않는다.

② 피부가 각질화한 패드로 되어 있다.

③ 발바닥의 패드에는 많은 신경과 혈관이 있어 지면 상태를 감지하는 역할을 한다.

④ 지면에서 받는 충격을 완화시켜 준다.

⑤ 발가락 뼈를 보호하며 발가락뼈의 역할을 보조해 준다.

해 ⑤는 발톱의 역할이다.

09 애완동물의 발톱 중 혈관이 안 보이는 발톱에 대한 설명으로 적절하지 않은 것은?

① 발톱 안에 있는 멜라닌 색소 때문이다.

② 검게 보이는 발톱과 갈색의 발톱 또는 어두운 색의 발톱이 있다.

③ 발톱 관리가 다소 어렵다.

④ 혈관이 보이지 않는 발톱은 혈관 앞까지 발톱깎이로 조금씩 발톱을 깎아 나간다.

⑤ 혈관을 주의하면서 발톱을 자른다.

해 혈관이 안 보이는 발톱은 혈관을 볼 수 없으므로 혈관 앞까지 발톱깎이로 조금씩 깎아 나간다. 혈관이 보이는 발톱은 발톱 안에 혈관이 분포되어 있으므로 혈관을 주의하면서 발톱을 자르고, 혈관이 보이기 때문에 발톱관리가 다소 유리하다.

10 귀의 구조 및 관리에 관한 내용으로 적절하지 않은 것은?

① 귀는 외이, 중이, 내이로 나뉜다.

② 귀는 고막 보호에 좋은 L자형의 구조이다.

③ 귀는 공기가 쉽게 통하게 되어 있어 세균의 번식이나 악취를 막아준다.

④ 외이는 소리를 고막으로 전달하는 기능을 한다.

⑤ 고막은 중이를 보호하고, 이소골을 진동시켜 소리를 내이로 전달하는 기능을 한다.

해 귀는 고막 보호에 좋은 L자형을 가진 구조이나, 공기가 쉽게 통하지 않아 세균의 번식 및 염증, 악취 발생이 쉽다.

11 애완동물의 외이에 대한 설명으로 적절하지 않은 것은?

① 외이는 수직이도와 수평이도로 구성되어 있다.

② 외이는 소리를 고막으로 전달하는 기능을 한다.

③ 이도의 표면은 피부와 동일한 구조이다.

④ 이도에는 모낭, 피지샘, 귀지샘 등의 상피와 탄성섬유, 콜라겐을 함유하는 진피가 존재한다.

⑤ 이도의 유스타키오관은 고막 안팎의 기압을 일정하게 유지해 준다.

해 유스타키오관은 중이의 구성요소이다.

12 중이를 보호하고, 이소골을 진동시켜 소리를 내이로 전달하는 기능을 하는 기관은?

① 고막   ② 고실

③ 반고리관   ④ 전정기관

⑤ 달팽이관

해 고막은 중이를 보호하고, 이소골을 진동시켜 소리를 내이로 전달하는 기능을 하는 기관이다.

답 07 ②   08 ⑤   09 ⑤   10 ③   11 ⑤   12 ①

13   애완동물의 귀 관리에 대한 설명으로 틀린 것은?

① 반려견의 귓속을 관리해 주어야 외부 기생충의 기생 및 귓병을 예방할 수 있다.

② 귀 청소는 목욕 후에 하는 것이 좋다.

③ 소형견과 중형견은 귓속의 털이 자라기 때문에 외이염이 발생하기 쉬우므로 털을 뽑아준다.

④ 귀가 밑으로 처진 견종은 귀가 귀 안쪽 구멍을 막고 있어서 습기가 쉽게 차고 습도가 높아 세균이 번식하기 쉽다.

⑤ 대부분의 견종은 귓속에서 털이 자라나며, 주기적으로 털을 뽑아 관리해야 한다.

해 귀 청소는 목욕 전에 하는 것이 좋다.

14   귀 관리가 안 될 경우 나타나는 증상으로 거리가 먼 것은?

① 귀에서 냄새가 나며, 이물질이 쌓이고, 귀를 자주 긁는다.

② 외이의 피부가 정상보다 두꺼워지고 붉어 보이며, 이도가 넓어진다.

③ 머리가 한 쪽으로 기울어지며, 한 쪽 귀가 처진다.

④ 비틀거리고 앞으로 걸으려 하나 빙빙 돈다.

⑤ 귀의 표면이 부어 있으며, 귀 만지는 것을 싫어한다.

해 외이의 피부가 정상보다 두꺼워지고 붉어 보이며, 이도가 좁아진다.

15   귀 관리를 위한 필수용품인 이어 클리너에 대한 내용으로 적절하지 않은 것은?

① 귀지 용해 역할을 한다.

② 귓속의 이물질을 제거한다.

③ 모공을 수축시켜 준다.

④ 귓속 미생물의 번식을 억제한다.

⑤ 귓속의 악취를 제거한다.

해 이어 파우더는 미끄럼 방지 역할, 피부자극과 피부장벽을 느슨하게 하며, 모공을 수축시킨다. 이어클리너는 귀지 용해 역할, 귓속의 이물질을 제거, 귓속 미생물의 번식을 억제, 귓속의 악취를 제거한다.

16 귀의 청소방법에 대한 설명으로 적절하지 않은 것은?

① 귓속의 털은 겸자 가위를 사용해서 뽑는다.

② 귓속의 털을 잘 뽑기 위해 이어 파우더를 사용한다.

③ 귓속의 털을 제거 후 이어 클리너로 이물질을 제거한다.

④ 귓속의 피부가 안 좋을 경우 억지로 털을 뽑지 않는다.

⑤ 겸자에 탈지면을 말아 귓속의 이물질을 제거하되, 겸자의 방향은 귀속을 향해 수직선이 되게 한다.

해 겸자의 방향을 귀속을 향해 일직선이 되게 한다.

17 클리핑에 대한 설명으로 적절하지 않은 것은?

① 클리핑이란 커팅의 한 종류로 클리퍼를 이용하여 털을 깎아내는 작업이다.

② 기본클리핑은 0.1~1mm의 클리퍼 날로 발바닥, 발등, 항문, 복부 등을 하며, 견종에 따라 귀, 꼬리, 얼굴 등이 추가된다.

③ 클리핑 작업을 수행할 때에는 피부를 마주보고(직각방향) 들어가야 한다.

④ 클리퍼 날의 mm수가 클수록 피부에 해를 입힐 수 있으므로 주의하여 사용한다.

⑤ 클리퍼를 사용하고 나서는 클리퍼 날 사이의 털을 제거한 후 소독제로 소독한다.

해 클리핑 작업을 수행할 때 클리퍼는 피부와 평행하게 들어가야 한다. 피부에 직각으로 클리퍼 날을 사용하면 피부에 상처를 낼 수 있다. 클리퍼 날은 세우지 않고 피모와 평행하게 하여 사용한다.

답 13 ②　　14 ②　　15 ③　　16 ⑤　　17 ③

18 애완동물의 발의 뼈 구조에 대한 설명으로 적절하지 않은 것은?

① 보행 시 발바닥 패드가 쿠션역할을 하여 발을 보호한다.

② 발가락 뼈는 보행할 때 힘을 주는 역할을 한다.

③ 패스턴은 발목뼈를 말한다.

④ 발톱은 발가락뼈를 보호하며 발가락뼈의 역할을 보조해 준다.

⑤ 발가락 뼈에는 많은 신경과 혈관이 있어 지면상태를 감지하는 역할을 한다.

해 ⑤는 발바닥의 역할에 대한 내용이다.

19 ㉠, ㉡에 들어갈 것으로 적절한 것은?

> • (㉠) : 엄지발가락을 제외한 네 발가락 중 가운데 두 발가락이 긴 발 모양
> • (㉡) : 발바닥이 종이처럼 얇고 패드의 움직임이 빈약한 발 모양

	㉠	㉡
①	헤어 풋	캣 풋
②	헤어 풋	페이퍼 풋
③	페이퍼 풋	헤어 풋
④	페이퍼 풋	노말 풋
⑤	제너럴 풋	노말 풋

해 헤어 풋이란 엄지발가락을 제외한 네 발가락 중 가운데 두 발가락이 긴 발 모양으로 베들링턴 테리어, 보르조이, 사모예드 견종에서 많이 볼 수 있다. 페이퍼 풋은 발바닥이 종이처럼 얇고 패드의 움직임이 빈약한 발 모양이다.

20 기본 클리핑으로 털을 제거하는 목적과 거리가 먼 것은?

① 발바닥의 털이 자라 있으면 미끄러지며 보행에 불편을 주기 때문이다.

② 털 관리를 해주지 않아 발바닥 패드에 털이 많이 자라면 습진이 발생할 수 있기 때문이다.

③ 항문에 배변이 묻지 않도록 청결을 위해 털을 제거한다.

④ 주둥이 부위에 피부병이 있는 경우에 치료목적을 위해 제거하며, 푸들 견종의 표준미용은 복부와 발의 털을 제거하는 것이다.

⑤ 항문 주위의 털을 제거하지 않고 장시간 방치하면 배변과 함께 뭉친 털이 항문을 막아 건강에 해롭다.

해 푸들 견종의 표준미용은 주둥이(머즐)의 털을 제거한다.

21 기본 클리핑에 대한 내용으로 틀린 것은?

① 암컷의 경우 배꼽 위에서 역V자형으로, 수컷의 경우 배꼽 위에서 역U자형으로 클리핑한다.

② 주둥이의 경우 귀 시작점에서 눈 끝까지 이미지너리라인을 클리핑한다.

③ 눈과 눈 사이의 역V자형인 인덴테이션을 클리핑한다.

④ 턱 밑을 주둥이와 같은 길이로 클리핑한다.

⑤ 귀의 전체를 클리핑하는 견종에는 슈나우저가 있다.

해 암컷의 경우 배꼽 위에서 역U자형으로, 수컷의 경우 배꼽 위에서 역V자형으로 클리핑한다.

22 주둥이 형태에 대한 내용으로 틀린 것은?

① 주둥이를 머즐이라고 부른다.

② 주둥이의 높이에 따라 짧은 머즐, 보통 머즐, 긴 머즐로 구분된다.

③ 주둥이의 길이에 따라 후각에 차이가 있다.

④ 긴 주둥이의 견종은 후각이 발달되어 있다.

⑤ 주둥이가 짧은 견종은 상대적으로 후각이 덜 발달되어 있다.

해 주둥이의 길이에 따라 짧은 머즐, 보통 머즐, 긴 머즐로 구분된다.

답 18 ⑤   19 ②   20 ④   21 ①   22 ②

23 발 주변의 시저링(가위질)에 대한 설명으로 적절하지 않은 것은?

① 발바닥을 클리핑한 발의 시저링은 발바닥 패드의 털을 제거하고 발등의 털은 발톱이 가려지도록 둥그스름하게 주변을 자른다.

② 발 주변의 털을 제거하는 목적은 발바닥 패드의 털을 잘라 보행 시 미끄러지지 않도록 하기 위함이다.

③ 발바닥과 발등을 클리핑한 발의 시저링은 클리핑한 라인이 보이지 않게 풋 라인을 자른다.

④ 발 주변의 털을 제거하여 아름다움을 표현한다.

⑤ 털 관리를 해주지 않아 발바닥 패드에 털이 많이 자라면 습진이 발생할 수 있다.

해 발바닥과 발등을 클리핑한 발의 시저링은 클리핑한 라인이 보이도록 풋 라인을 자른다.

24 눈 주변의 털에 대한 시저링 설명으로 틀린 것은?

① 눈이 보이도록 눈 앞의 털을 시저링한다.

② 눈 윗 부분의 털을 시저링한다.

③ 눈 주위의 털은 자라면서 눈을 찌르게 되어 눈병의 원인이 된다.

④ 털이 길면 시야를 가려서 생활을 하는 데 지장을 준다.

⑤ 눈물이 흐르는 경우 털의 성장을 방해한다.

해 눈물이 흐르는 경우 피부병의 원인이 될 수도 있다.

25 기초 시저링에 대한 설명으로 틀린 것은?

① 발바닥 패드의 털을 잘라 보행 시 미끄러지지 않도록 한다.

② 발등은 클리핑한 라인을 따라 시저링하여 아름다움을 표현한다.

③ 눈 주위의 털은 자라면서 눈을 찌르게 되어 눈병의 원인이 된다.

④ 항문 주변의 털은 목욕 후 시저링을 하고 클리핑으로 정리한다.

⑤ 복부 주변의 털을 클리핑한 후 클리핑 라인의 털을 시저링한다.

해 일반적으로 '클리핑 → 시저링 → 목욕'의 순으로 하게 된다. 특히 항문 주변의 털은 청결을 위해 클리핑 후 항문 주위의 털을 제거한다.

26 꼬리 종류별 대표적인 견종에 대한 내용으로 틀린 것은?

① 직립테일의 대표적인 견종 : 비글

② 컬드테일의 대표적인 견종 : 페키니즈

③ 스냅테일의 대표적인 견종 : 포메라니안

④ 단미하는 대표적인 견종 : 푸들

⑤ 꼬리가 없는 대표적인 견종 : 슈나우저

해 꼬리가 없는 대표적인 견종은 웰시코기 펨브로크, 올드잉글리시쉽독 등이다.

답 23 ③　　24 ⑤　　25 ④　　26 ⑤

27 꼬리털의 시저링을 부채꼴 모양으로 하는 대표적인 견종은?

> **보기**
>
> 가. 포메라니안   나. 페키니즈
> 다. 슈나우저   라. 올드잉글리시쉽독

① 가   ② 가, 나
③ 나, 라   ④ 가, 나, 다
⑤ 가, 나, 다, 라

해 직립테일을 가진 대표적 견종은 비글이며, 컬드 테일의 대표적 견종은 페키니즈이며, 스냅테일은 부채꼴 모양으로 시저링
하는 것으로 대표견종은 포메라니안이다. 단미 견종은 푸들, 슈나우저, 요크셔 테리어 등이며, 꼬리가 없는 견종은 웰시코
기 펨브로크, 올드잉글리시쉽독이다.

28 귀털의 시저링 내용으로 적절하지 않은 것은?

① 귀 끝을 일직선으로 시저링한다.
② 귀 끝을 라운드로 시저링한다.
③ 쫑긋 선 귀의 대표적인 견종은 페키니즈이다.
④ 늘어진 귀의 대표적인 견종은 코커스패니얼, 몰티즈 등이다.
⑤ 앞으로 꺾인 귀의 대표적인 견종은 폭스 테일러이다.

해 쫑긋 선 귀의 대표적인 견종은 요크셔 테리어, 슈나우저, 웨스트하이랜드 화이트 테리어이며, 늘어진 귀의 대표견종은 코
커스패니얼, 몰티즈이며, 앞으로 꺾인 귀의 대표적 견종은 폭스 테리어이다.

29 다음 〈보기〉 중에서 동그란 발 모양을 가진 대표적인 견종은?

> **보기**
>
> 가. 포메라니안   나. 페키니즈
> 다. 슈나우저   라. 푸들

① 가, 나, 다   ② 가, 나, 라

③ 가, 다, 라   ④ 나, 다, 라

⑤ 가, 나, 다, 라

해 동그란 발은 발바닥을 클리핑하고 발의 모양을 따라 동그랗게 시저링하는 것이며, 대표견종은 포메라니안, 페키니즈, 슈나우저 등이 있다. 푸들 발은 발바닥을 클리핑하고, 발등과 풋 라인을 시저링하는 것이며, 대표견종은 푸들이다.

PART 03 반려견 일반미용 1

Chapter 01
개체특성 파악 및 시저링

1 **대상에 맞는 미용 스타일을 선정하는 방법**

(1) **몸의 구조에 문제가 있는 경우** : 몸 구조의 단점을 파악하여 이를 보완할 수 있는 미용스타일 선택

(2) **반려견 털의 길이가 짧으나 털이 긴 미용스타일을 고객이 원하는 경우** : 당장 길게 보이도록 미용을 할 수 없으므로 향후 고객이 원하는 미용이 될 수 있는 틀을 잡아주는 미용스타일 선택

(3) **털에 오염된 부분이 있는 경우** : 일시적으로 발생한 것인지, 지속적으로 발생할 여지가 있는 것인지에 대한 파악 후 선택

(4) **반려견이 예민하거나 사나울 경우** : 정도를 파악하고 고객에게 설명하며, 미용이 가능할 경우 물림방지 도구 등의 사용여부를 고객에게 설명하고 동의를 얻음

(5) **반려견이 특정 부위의 미용을 거부할 경우** : 반려견이 스트레스를 받지 않는 방향으로 미용방법 변경

(6) **반려견이 날씨나 온도의 영향을 받는 곳에서 생활할 경우** : 생활환경이 반영된 미용스타일 선택

(7) **반려견이 미끄러운 곳에서 생활하는 경우** : 미끄러지지 않도록 발바닥 아래의 털을 짧게 유지할 수 있는 미용스타일 선택

(8) **고객에게 시간적 여유가 없을 경우** : 비교적 간단하게 관리할 수 있는 미용방법 선택

(9) **반려견이 노령일 경우** : 클리핑 시 주의, 가능하면 미용시간을 짧게 함

(10) **반려견이 질병이 있을 경우** : 시간이 짧게 소요되는 미용스타일 선택

2 **미용스타일의 제안방법**
- 고객의 의견을 우선적으로 반영할 것
- 작업자가 제안하는 미용스타일을 고객이 쉽게 이해하도록 설명할 것
- 작업자와 고객 간의 미용스타일의 오차를 줄일 것
- 미용스타일을 제안하면서 미용 요금도 함께 미리 안내할 것

3 클리핑 및 클리퍼 날의 선택

(1) 클리퍼 일반

① 클리핑이란 클리퍼를 활용하여 몸 전체 또는 부위별로 털을 짧게 깎는 작업을 말한다.

② 전체 클리핑은 털을 깎아 내는 부위가 많고 면적이 넓으므로 전문가용 클리퍼를 사용하는 것이 바람직하다.

③ 부분 클리핑은 털을 깎아 내는 부위가 적고 면적이 좁으므로 소형 클리퍼를 사용하는 것이 좋다.

(2) 클리퍼 날의 선택

① 역방향으로 클리핑 시 클리퍼 날에 표기된 숫자는 역방향으로 클리핑 시 남는 털 길이이다.

② 정방향으로 클리핑 시 클리퍼 날에 표기된 길이보다 두 배의 털 길이가 남는다.

③ 1mm 클리퍼 날은 정교한 클리핑을 해야 할 때 사용하며, 역방향 클리핑 시 1mm 정도의 털이 남는다.

4 전체 클리핑

(1) 전체 클리핑의 의미

① 전체 클리핑이란 클리퍼를 활용하여 몸 전체의 털을 짧게 깎는 작업을 말한다.

② 전체 클리핑은 털을 깎아 내는 부위가 많고 면적이 넓으므로 전문가용 클리퍼를 사용하는 것이 좋다.

(2) 전체 클리핑 시 부위별 보정방법

① 등 클리핑 시 : 등이 구부러지거나 휘어지지 않게 곧게 펴서 보정한다.

② 뒷다리 클리핑 시 : 관절이 움직이지 않게 고정하여 보정한다.

③ 앞다리 클리핑 시 : 다리의 관절이 움직이지 않게 겨드랑이에 손을 넣어 보정한다.

④ 가슴 클리핑 시 : 주둥이를 잡고 얼굴 쪽을 위로 들어 올리고 클리핑한다.

⑤ 얼굴 클리핑 시 : 양쪽 입꼬리 부분을 귀 쪽으로 당겨서 보정하고 클리핑한다.

⑥ 머리 클리핑 시 : 주둥이를 잡고 바닥으로 향하도록 보정하고 클리핑한다.

5 클리핑 시의 안전 · 주의사항

- 클리퍼를 장시간 사용 시 클리퍼 날에 화상을 입지 않도록 주의할 것
- 반려견이 물거나 산만할 경우 클리퍼에 상처를 입을 수 있으므로 입마개를 씌울 것
- 반려견 항문 주변이나 생식기 주변을 클리핑할 때는 찰과상을 입히지 않도록 주의할 것
- 한 개체의 전체 클리핑이 끝나면 클리퍼를 반드시 소독할 것
- 클리퍼의 날이 손상되었는지 수시로 확인하고, 손상이 있는 경우 즉시 수리 · 교체할 것
- 클리핑을 하기 전에 반려견의 몸에 딱지 등의 상처가 있는지 확인하고 작업할 때 주의할 것
- 노령견의 경우 피부에 탄력이 없어 상해를 입기 쉬우므로 주의할 것
- 상해를 입기 쉬운 사타구니나 겨드랑이를 클리핑할 때에는 더욱 주의하여 작업할 것
- 얼굴을 클리핑할 경우에는 눈과 입 주변에 상해를 입히지 않도록 주의할 것

6 시저링

(1) 시저링의 의미

① 시저링이란 커트의 한 종류로 털을 자르는 작업을 의미한다.

② 가위를 이용하여 털을 자르며, 장점은 살리고 단점은 보완하면서 개체의 모양을 만든다.

(2) 시저링 시 안전 · 유의사항

① 반려동물이 미용 테이블 위에 있을 때 작업자는 현장에서 벗어나지 말 것

② 미용도구에 반려동물이 상처를 입지 않도록 주의할 것

③ 보정할 때 똑바로 서 있지 않고 주저앉는 동물은 무리하게 강제로 일으키지 말 것

④ 반려동물이 가위에 다치지 않도록 주의할 것

⑤ 미용도구는 바닥에 떨어뜨리지 않도록 할 것

7 모질에 따른 가위 선택 방법

(1) 블런트 가위를 사용하는 경우

① 모질이 굵고 건강하여 콤으로 빗질하였을 때 털이 잘 서는 모질에 사용한다.

② 전반적인 커트와 마무리 작업에 사용한다.

(2) 시닝 가위를 사용하는 경우

① 모질이 부드럽고 힘이 없어 빗질하였을 때 처지는 모질에 사용한다.

② 모량이 많은 털을 가볍게 하고 털의 단사를 자연스럽게 연결할 때 사용한다.

③ 얼굴 라인을 자를 때 좋으며, 작업 시 실수를 해도 라인이 뚜렷하지 않아 수정이 가능하다.

(3) 커브 가위를 사용하는 경우

① 부위별 커트 후 각을 없앨 때 사용한다.

② 아치형 또는 동그랗게 커트할 때 쉽고 간단하게 연출할 수 있으며, 얼굴의 머리 부분이나 다리 장식 털을 커트할 때 많이 사용한다.

8 반려견의 체형 구분

(1) 하이온 타입

① 몸높이가 몸길이보다 긴 체형으로 몸에 비해 다리가 길다.

② 단점 보완 미용 : 긴 다리를 짧게 보이도록 커트하고, 백 라인을 짧게 커트하여 키를 작아보이게 하며, 언더라인의 털을 길게 남겨 다리를 짧게 보이게 한다.

(2) 드워프 타입

① 몸길이가 몸높이보다 긴 체형으로 다리에 비해 몸이 길다.

② 단점 보완 미용 : 긴 몸의 길이를 짧아보이게 커트하고, 가슴과 엉덩이 부분의 털을 짧게 커트하여 몸 길이를 짧아보이게 하며, 언더라인의 털을 짧게 커트하여 다리를 길어보이게 한다.

(3) 스퀘어 타입 : 몸길이와 몸높이의 비율이 각각 1:1인 이상적인 체형이다.

9 푸들의 램 클립

- 램 클립이란 어린 양의 모습에서 나온 미용스타일로 푸들의 클립 중에서 가장 보편적인 미용 방법이다.

- 푸들의 램 클립은 다른 미용방법과 달리 얼굴을 클리핑한다는 특징이 있다.

- 클리핑 부위(0.1~1mm)는 머즐(주둥이), 발바닥, 발등, 복부, 항문, 꼬리 등이다. 이때 꼬리의 경우, 꼬리의 1/3을 클리핑하고 시저링하여 어느 각도에서든 동그랗게 보이도록 한다.

- 시저링 부위는 머리 부분, 몸통, 다리, 꼬리이다.

- 퍼프란, 다리에 구슬모양으로 동그랗게 만드는 장식털을 말한다.

Chapter 01
적중예상문제

01 반려견 털의 길이가 짧으나 고객이 털이 긴 미용스타일을 원하는 경우 미용스타일의 선정방법으로 적절하지 않은 것은?

① 털을 관리하여 향후 고객이 원하는 미용을 할 수 있도록 틀을 잡아주는 미용을 선택한다.

② 털을 길게 보이도록 하는 미용은 없으며, 스타일에 변화를 주기 위해서는 털이 자라나는 동안 관리가 필요하다.

③ 작업자는 고객이 원하는 미용스타일을 파악하고 털이 자라는 시간을 예상하여 고객에게 안내한다.

④ 추후에 완성하고자 하는 미용스타일을 위해 털을 기르기 위한 관리방법을 설명한다.

⑤ 작업자는 고객이 그루밍하기 쉽도록 비교적 간단하게 관리할 수 있는 미용스타일을 선택한다.

해 ⑤의 경우는 고객에게 시간적 여유가 없을 경우의 미용스타일 선정방법이다.

02 애완동물이 노령일 경우의 미용스타일 선정방법 내용으로 적절하지 않은 것은?

① 피부 탄력이 없고 주름이 있으므로 클리핑할 때 상처가 나지 않게 주의하여야 한다.

② 모량의 상태와는 관계없이 고객이 원하는 미용스타일을 선택한다.

③ 오랜 시간 서 있어야 작업이 가능한 미용스타일은 피한다.

④ 청각이나 시각을 잃은 경우, 예민할 수 있으므로 주의하여야 한다.

⑤ 미용이 질병을 악화시킬 가능성이 있다면 미용을 하지 않는다.

해 모질 및 모량의 상태를 확인하여 가장 적당한 미용스타일을 선택하여야 한다.

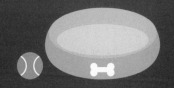

03 고객에게 미용스타일을 제안할 때 지나친 전문용어를 피해야 하는 이유로 가장 적절한 것은?

① 작업자가 제안하는 미용스타일을 고객이 쉽게 이해하도록 설명해야 하기 때문에

② 작업자와 고객 간의 미용스타일의 오차를 줄이기 위해

③ 보다 저렴한 미용 요금을 위해

④ 고객의 의견을 우선적으로 반영하기 위해

⑤ 고객으로부터 작업에 대한 간섭을 줄이기 위해

해 고객에게 미용스타일을 제안할 때엔 지나친 전문용어를 사용하지 않고 작업자가 제안하는 미용스타일을 고객이 쉽게 이해하도록 설명해야 한다.

04 반려견이 질병이 있는 경우의 미용스타일 선정방법으로 적당하지 않은 것은?

① 시간이 짧게 소요되는 미용스타일을 선택한다.

② 예민함의 정도를 파악한다.

③ 디자인에 초점을 맞춘 미용스타일로 미용한다.

④ 질병 부위 접촉을 거부하는 경우, 이러한 사항을 참고하여 미용스타일을 결정한다.

⑤ 미용이 질병을 악화시킬 가능성이 있다면 미용을 하지 않는다.

해 반려견이 질병이 있는 경우에는 디자인보다는 반려견의 상태에 맞게 미용스타일을 선택하여야 한다.

05 대상에 맞는 미용스타일을 선정하는 방법의 내용으로 적당하지 않는 것은?

① 몸의 구조에 문제가 있는 경우에는 몸 구조의 단점을 파악하고 이를 보완할 수 있는 미용스타일로 선정한다.

② 반려견이 예민하거나 사나울 경우 예민함과 사나움의 정도를 파악하여, 작업자는 미용이 가능한 정도인지, 불가능한 정도인지를 파악하여 고객에게 이해하기 쉽도록 설명한다.

③ 반려견이 미끄러운 곳에서 생활하는 경우 최대한 미끄러지지 않도록 발바닥 아래의 털을 짧게 유지할 수 있는 미용 스타일을 선택한다.

④ 반려견이 뜨거운 곳에서 오랜 시간 노출되는 경우에는 피부가 드러나는 미용스타일을 선택하여 더위를 이길 수 있도록 한다.

⑤ 고객에게 시간적 여유가 없을 경우 고객이 그루밍하기 쉽도록 비교적 간단하게 관리할 수 있는 미용방법을 선택한다.

해 반려견이 추운 곳에서 생활하는 경우에는 털의 길이가 너무 짧은 미용스타일을 피하고, 뜨거운 곳에서 오랜 시간 노출되는 경우 피부가 드러나지 않는 미용스타일을 선택하여야 한다.

06 다음 중 전체 클리핑을 하여야 하는 경우와 거리가 먼 것은?

① 고객의 털 알레르기 · 비염으로 인한 요청

② 털의 심한 엉킴

③ 치료를 위한 보조적 필요성

④ 피부질환

⑤ 가슴 부위 털의 훼손

해 전체 클리핑은 고객의 요청, 개체의 특성, 상황에 따라 전체 클리핑을 하게 되는데, 고객의 털 알레르기 · 비염으로 인한 요청, 털의 심한 엉킴, 치료를 위한 보조적 필요성, 피부질환, 털의 심한 오염 등의 경우에 전체 클리핑을 한다.

07 전체 클리핑을 할 때 보정방법으로 적절하지 않은 것은?

① 등 클리핑 시에는 등이 구부러지거나 휘어진 상태에서 보정한다.

② 뒷다리 클리핑 시에는 관절이 움직이지 않게 고정하여 보정한다.

③ 앞다리 클리핑 시에는 다리의 관절이 움직이지 않게 겨드랑이에 손을 넣어 보정한다.

④ 가슴 클리핑 시에는 주둥이를 잡고 얼굴 쪽을 위로 들어 올리고 클리핑을 한다.

⑤ 얼굴 클리핑 시에는 양쪽 입꼬리 부분을 귀 쪽으로 당겨서 보정하고 클리핑한다.

해 등 클리핑 시에는 등이 구부러지거나 휘어지지 않게 곧게 펴서 보정한다.

08 아치형 또는 동그랗게 커트할 때 쉽고 간단하게 연출할 수 있으며, 머리 부분이나 다리 장식 털을 커트할 때 많이 사용하는 가위는?

① 커브 가위(Curve Scissors) 　② 시닝 가위(Thinning Scissors)

③ 블런트 가위(Blunt Scissors) 　④ 스트록 가위(Stroke Scissors)

⑤ 텐텐 가위(Tenten Scissors)

해 커브 가위는 아치형 또는 동그랗게 커트할 때 쉽고 간단하게 연출할 수 있으며, 머리 부분이나 다리 장식 털을 커트할 때 많이 사용하는 가위다.

09 블런트 가위를 사용하는 경우로서 적절한 것은?

① 부위별 커트 후 각을 없앨 때 사용한다.

② 모량이 많은 털을 가볍게 하고 털의 단사를 자연스럽게 연결할 때 사용한다.

③ 모질이 부드럽고 힘이 없어 빗질하였을 때 처지는 모질에 사용한다.

④ 라인 작업 시 실수를 해도 수정이 가능하다.

⑤ 전반적인 커트와 마무리 작업에 사용한다.

해 블런트 가위는 전반적인 커트와 마무리 작업에 사용하며, 모질이 굵고 건강하여 콤으로 빗질하였을 때 털이 잘 서는 모질에 사용한다.

답 05 ④ 　 06 ⑤ 　 07 ① 　 08 ① 　 09 ⑤

10 ㉠, ㉡에 들어갈 것으로 적절한 것은?

> • (㉠) : 반려견의 체형 중 몸높이가 몸길이보다 긴 체형으로 몸에 비해 다리가 긴 타입
> • (㉡) : 반려견의 체형 중 몸길이와 몸높이의 비율이 각각 1:1인 이상적인 체형

	㉠	㉡
①	하이온 타입	스퀘어 타입
②	하이온 타입	드워프 타입
③	하워드 타입	프리덤 타입
④	스퀘어 타입	하이온 타입
⑤	프리덤 타입	하워드 타입

해 하이온 타입이란 몸높이가 몸길이보다 긴 체형으로 몸에 비해 다리가 길며, 이를 보완하기 위한 미용은 긴 다리를 짧아보이게 커트하며, 배 라인을 짧게 커트하여 키를 작아 보이게 하며, 언더라인의 털을 길게 남겨 다리를 짧아 보이게 한다. 스퀘어 타입이란 몸길이와 몸높이의 비율이 각각 1:1인 이상적인 체형을 말한다.

11 반려견의 체형 중 몸 길이가 몸높이보다 긴 체형으로 다리에 비해 몸이 긴 체형은?

① 스퀘어 타입 ② 하이온 타입
③ 드워프 타입 ④ 하워드 타입
⑤ 프리덤 타입

해 드워프 타입이란 몸길이가 몸높이보다 긴 체형으로 다리에 비해 몸이 길다. 신체적 단점을 보완하는 미용방법은 긴 몸의 길이를 짧아보이게 커트하며, 가슴과 엉덩이 부분의 털을 짧게 커트하여 몸길이를 짧아보이게 하고, 언더라인의 털을 짧게 커트하여 다리를 길어 보이게 한다.

12 푸들의 램 클립에 대한 설명으로 틀린 것은?

① 램 클립이란 어린 양의 모습에서 나온 미용스타일로 푸들의 클립 중에서 가장 보편적인 미용방법이다.

② 푸들의 램 클립은 다른 미용방법과 달리 얼굴을 클리핑한다는 특징이 있다.

③ 클리핑 부위(0.1~1mm)로는 머즐(주둥이), 발바닥, 발등, 복부, 항문, 꼬리 등이다.

④ 시저링 부위는 머리, 몸통, 다리, 꼬리 등이다.

⑤ 꼬리의 경우 꼬리의 1/2을 클리핑하고, 클리핑 라인을 시저링하며, 전면 각도에서 볼 때 동그랗게 보이도록 시저링한다.

> **해** 꼬리의 경우 꼬리의 1/3을 클리핑하고, 클리핑 라인을 시저링하며, 어느 각도에서 봐도 동그랗게 보이도록 시저링한다. 램 클립은 푸들 견종의 표준미용으로 얼굴과 꼬리를 클리핑하는 특징을 가지고 있으며, 꼬리에서 좌골단(엉덩이)은 30도 각도로 각을 주어 시저링한다.

13 클리핑 시의 주의사항으로 옳지 않은 것은?

① 반려견이 물거나 산만할 경우 입마개를 씌워야 한다.

② 클리퍼 장시간 사용 시 클리퍼 날에 화상을 입지 않도록 주의해야 한다.

③ 세 개체의 전체 클리핑이 끝나면 클리퍼를 소독한다.

④ 얼굴을 클리핑할 경우에는 눈과 입 주변에 상해를 입히지 않도록 주의해야 한다.

⑤ 클리퍼 날이 손상된 경우, 즉시 수리 · 교체해야 한다.

> **해** 클리핑 시 한 개체의 전체 클리핑이 끝나면 클리퍼를 반드시 소독해야 한다.

답 10 ①   11 ③   12 ⑤   13 ③

14 **시저링 시 안전 · 유의사항으로 옳지 않은 것은?**

① 미용도구에 반려동물이 상처 입지 않도록 주의해야 한다.

② 보정할 때 똑바로 서 있지 않고 주저앉는 동물은 안전을 위해 강제로 일으켜야 한다.

③ 반려동물이 미용 테이블 위에 있을 때 작업자는 현장에서 벗어나지 말아야 한다.

④ 미용도구는 바닥에 떨어뜨리지 않도록 주의해야 한다.

⑤ 반려동물이 가위에 다치지 않도록 주의해야 한다.

> 해 보정할 때 똑바로 서 있지 않고 주저앉는 동물은 무리하게 손에 힘을 주어 강제로 일으키지 않아야 한다.

15 **고객이 입질이 심한 반려견의 물림방지 도구 사용을 거부할 경우 이에 대한 대처 방법은?**

① 물림방지 도구 미사용 시 미용을 하지 못한다고 고객에게 강압적으로 말한다.

② 고객에게는 물림방지 도구를 사용하지 않겠다고 안심시키고 몰래 물림방지 도구를 사용한다.

③ 고객에게 물림방지 도구 미사용 시 발생할 수 있는 문제에 대해 충분히 설명하고 반려견이 입질이 있을 때에는 도구 미사용 시 미용이 이루어질 수 없다고 차분하게 설득한다.

④ 입질이 있는 반려견이 물림방지 도구를 사용하지 않는다고 신고한다.

⑤ 물림방지 도구를 사용하지 않는 대신 미용 가격을 세 배 이상 받겠다고 한다.

> 해 반려견을 맡기는 고객의 경우 입마개와 같은 물림방지 도구를 사용하게 되면 자신의 반려견에게 트라우마나 해가 발생될까 염려하는 것이기 때문에 고객을 이해하고, 물림방지 도구를 사용하는 시간과 미사용 시 일어날 수 있는 사고들에 대해 충분한 설명으로 고객을 설득하고 합의를 본 후 작업을 시작해야 한다.

답 14 ② 15 ③

Chapter 02
트리밍 관련 용어

1 트리밍(털을 뽑고 자르고 미는 등 불필요한 털을 제거하여 스타일을 만드는 작업) 관련 용어 해설

(1) ㄱ

① 그루머(Groomer) : 반려견의 모든 전반적인 관리를 전문적으로 하는 사람으로 트리머 (Trimmer)라고도 한다.

② 그루밍(Grooming) : 피모를 포함한 일상적인 손질 모두를 포함하는 작업을 말하며, 브러싱, 베이싱, 코밍, 클리핑, 시저링 등의 피모에 대한 모든 작업을 말한다.

③ 그리핑(Gripping) : 트리밍 나이프로 소량의 털을 골라 뽑는 작업을 말한다.

(2) ㄴ

① 네일 트리밍(Nail Trimming) : 발톱을 손질하는 작업을 말한다.

(3) ㄷ

① 듀플렉스 쇼튼(Duplex-Shorten) : 스트리핑 후 일정기간 새로운 털이 자라날 때까지 들뜨고 오래된 털을 다시 뽑는 작업을 말하며, 듀플렉스 트리밍이라고도 한다.

② 드라잉(Drying) : 드라이어로 반려견의 털을 말리는 작업으로, 모질이나 품종 등의 스탠다드에 따라 여러 가지 드라이 방법을 활용할 수 있다.

(4) ㄹ

① 래핑(Wrapping) : 반려견의 긴 털을 보호하기 위해 적당한 양의 털을 나누어 래핑지로 감싸주는 작업을 말하며, 반려견의 털을 보호하고 걷는 데 지장이 없어야 한다.

② 레이저 커트(Razor-Cut) : 면도날로 털을 잘라내는 작업을 말한다.

③ 레이킹(Raking) : 스트리핑 후 남은 오버코트나 언더코트를 일정 간격으로 제거해주는 작업을 말한다.

④ 린싱(Rinsing) : 샴푸 후 린스를 털에 뿌리고 마사지하면서 헹구어주는 작업으로 털을 부드럽게 하여 정전기를 방지하고 샴푸로 인한 알칼리 성분을 중화시켜주는 작업이다.

(5) ㅂ

① 밥 커트(Bob-Cut) : 털을 가위로 잘라 일직선으로 가지런히 하는 작업을 말한다.

② 밴드(Band) : 클리핑이나 시저링을 통해 띠 모양의 형태를 만드는 작업을 말한다.

③ 베이싱(Bathing) : 털을 물에 적시고 샴푸로 세척하여 충분히 헹구어내는 작업으로 목욕이라고 한다.

④ 브러싱(Brushing) : 브러시를 이용하여 빗질하는 작업으로, 피부를 자극하여 마사지 효과를 주고 노폐모와 탈락모를 제거하는 작업이다. 피부의 혈액순환, 신진대사 촉진, 엉킨 털 제거 등으로 건강하고 청결한 피모를 유지한다.

⑤ 블렌딩(Blending) : 털의 길이가 다른 곳의 층을 연결하여 자연스럽게 하는 작업을 말한다.

⑥ 블로우 드라잉(Blow Drying) : 드라이어를 사용하여 털을 말리거나 펴는 작업을 말한다.

(6) ㅅ

① 새킹(Sacking) : 베이싱 후 털이 튀어나오거나 뜨는 것을 막고 물기를 유지하기 위해 신체를 타월로 감싸는 작업을 말한다.

② 샴핑(Shampooing) : 샴푸를 이용하여 씻기는 작업으로, 따뜻한 물로 적시고 손으로 마사지 하면서 세척한 후 헹구어 내는 작업을 말한다.

③ 세트 스프레이(Set Spray) : 탑 노트 부위의 털을 세우기 위해 스프레이 등을 뿌리는 작업을 말한다.

④ 셋업(Set Up) : 두부의 털을 밴딩하고 세트 스프레이를 뿌려 탑 노트를 만드는 작업을 말한다.

⑤ 셰이빙(Shaving) : 드레서나 나이프를 이용하여 털을 베듯이 자르는 작업을 말한다.

⑥ 쇼 클립(Show Clip) : 쇼에 출진하기 위한 그루밍으로 쇼에서 요구하는 타입의 미용스타일을 말한다.

⑦ 스웰(Swell) : 두부를 부풀려 볼륨 있게 모양을 낸 것을 말한다.

⑧ 스테이징(Staging) : 미니어처 슈나우저 등에게 작업하는 스트리핑 방법이다.

⑨ 스트리핑(Stripping) : 트리밍 나이프를 사용해 노폐물 및 탈락된 언더코트를 제거하는 작업을 말하며, 과도한 언더코트의 양을 줄이면서 털을 뽑아 스타일을 만들어 내는 방법이다.

⑩ 스펀징(Sponging) : 샴핑을 할 때 스펀지를 이용하는 것이다.

⑪ 시닝(Thinning) : 시닝 가위(빗살 가위)로 과도하게 나있는 털을 시저링을 하여 모량을 감소시키고 형태를 만드는 작업을 말한다.

⑫ 시저링(Scissoring) : 가위로 털을 잘라내는 작업을 말한다.

(7) ㅇ

① 오일 브러싱(Oil Brushing) : 피모에 오일을 발라 브러싱하는 작업을 말한다.

② 이미지너리 라인(Imaginary Line) : 눈 끝에서 귀 뿌리 부분까지 설정한 가상의 선을 말한다.

③ 인덴테이션(Indentation) : 푸들 등에게 스톱에 역V자 모양의 표현을 하는 것이다.

(8) ㅊ

① 초킹(Chalking) : 냄새나 더러움을 제거하고 흰색의 털이 더욱 하얗게 표현되도록 제품을 문질러 바르는 작업을 말한다.

② 치핑(Chipping) : 가위나 시닝 가위를 사용하여 털끝을 시저링하는 작업을 말한다.

(9) ㅋ

① 카딩(Carding) : 빗질하거나 긁어내어 털을 제거하는 작업을 말한다.

② 커팅(Cutting) : 가위나 클리퍼로 털을 잘라 원하는 형태를 만들어내는 작업을 말한다.

③ 코밍(Combing) : 털을 가지런하게 빗질하는 작업으로, 보통 털의 방향으로 일정하게 정리하는 것이 기본이다.

④ 클리핑(Clipping) : 클리퍼를 사용하여 불필요한 털을 잘라내는 작업을 말한다.

(10) ㅌ

① 타월링(Toweling) : 베이싱 후 타월을 감싸 닦아내는 작업을 말한다.

② 토핑오프(Topping-Off) : 스트리핑 후 완성된 아웃코트 위에 튀어나오는 털을 뽑아 정리하는 작업을 말한다.

③ 트리밍(Trimming) : 털을 뽑거나 자르고 미는 등 불필요한 털을 제거하여 스타일을 만드는 작업을 말한다.

(11) ㅍ

① 파팅(Parting) : 털을 좌 · 우로 분리시키는 작업으로, 분리한 선을 파팅 라인이라고 한다.

② 페이킹(Faking) : 여러 기법으로 모색 및 모질에 대한 눈속임을 하는 작업을 말한다.

③ 펫 클립(Pet Clip) : 쇼 클립을 제외한 나머지 미용을 대부분 펫 클립이라고 하며, 가정에서 반려견을 키우기 위하여 털을 청결하게 관리하고 건강을 유지할 수 있도록 견종에 따른 피모의 특성, 생활환경, 개체의 성격과 보호자의 생활방식이나 취향 등을 고려하여 다양한 스타일을 연출한다.

④ 플러킹(Plucking) : 트리밍 나이프로 털을 뽑아 원하는 미용스타일을 만드는 작업을 말한다.

⑤ **피킹(Picking)** : 듀플렉스 쇼튼과 같은 작업, 주로 손가락을 사용하여 오래된 털을 정리하는 작업을 말한다.

⑥ **핑거 앤드 섬 워크(Finger And Thumb Work)** : 엄지손가락과 집게손가락을 이용해 털을 제거하는 작업으로, 도구를 사용하는 것보다 자연스러운 표현이 가능하다.

⑿ ㅎ

① **화이트닝(Whitening)** : 개의 몸의 하얀 털을 더욱 하얗게 보이도록 하는 작업을 말한다.

Chapter 02
적중예상문제

01 반려견의 모든 전반적인 관리를 전문적으로 하는 사람을 무엇이라고 하는가?

① 트리머(Trimmer) ② 플러킹(Plucking)

③ 페이킹(Faking) ④ 트리밍(Trimming)

⑤ 그리핑(Gripping)

해 트리머(Trimmer)란 반려견의 모든 전반적인 관리를 전문적으로 하는 사람으로 그루머(Groomer)라고 부르기도 한다. ② 플러킹(Plucking)은 트리밍 나이프로 털을 뽑아 원하는 미용스타일을 만드는 작업을 말한다. ③ 페이킹(Faking)은 여러 기법으로 모색 및 모질에 대한 눈속임을 하는 작업을 말한다. ④ 트리밍(Trimming)은 털을 뽑거나 자르고 미는 등 불필요한 털을 제거하여 스타일을 만드는 작업을 말한다. ⑤ 그리핑(Gripping)은 트리밍 나이프로 소량의 털을 골라 뽑는 작업을 말한다.

02 ㉠, ㉡에 들어갈 가장 적절한 것은?

> • (㉠) : 피모를 포함한 일상적인 손질 모두를 포함하는 작업
> • (㉡) : 털을 뽑거나 자르고 미는 등 불필요한 털을 제거하여 스타일을 만드는 작업

	㉠	㉡
①	스트리핑(Stripping)	트리밍(Trimming)
②	그루밍(Grooming)	트리밍(Trimming)
③	그루밍(Grooming)	드라잉(Drying)
④	트리밍(Trimming)	베이싱(Bathing)
⑤	트리밍(Trimming)	래핑(Wrapping)

해 그루밍(Grooming)이란 피모를 포함한 일상적인 손질 모두를 포함하는 작업으로 브러싱(Brushing), 베이싱(Bathing) 등의 피모에 대한 모든 작업을 말한다. 트리밍(Trimming)은 털을 뽑거나 자르고 미는 등 불필요한 털을 제거하여 스타일을 만드는 작업을 말한다.

답 01 ① 02 ②

03 다음 〈보기〉가 설명하는 트리밍 용어는?

> **보기**
>
> 가. 털을 가지런하게 빗질하는 작업이다.
> 나. 보통 털의 방향으로 일정하게 정리하는 것이 기본이다.

① 코밍(Combing)   ② 그루밍(Grooming)

③ 드라잉(Drying)   ④ 베이싱(Bathing)

⑤ 트리밍(Trimming)

해 코밍(Combing)에 대한 설명이다. ② 그루밍(Grooming)은 피모를 포함한 일상적인 손질 모두를 포함하는 작업을 말한다. ③ 드라잉(Drying)은 드라이어로 반려견의 털을 말리는 작업이다. ④ 베이싱(Bathing)은 털을 물에 적시고 샴푸로 세척하여 충분히 헹구어내는 작업으로 목욕이라고 한다. ⑤ 트리밍(Trimming)은 털을 뽑거나 자르고 미는 등 불필요한 털을 제거하여 스타일을 만드는 작업을 말한다.

04 다음 〈보기〉가 설명하는 트리밍 용어는?

> **보기**
>
> 스트리핑 후 일정기간 새로운 털이 자라날 때까지 들뜨고 오래된 털을 다시 뽑는 작업을 말한다.

① 듀플렉스 쇼튼(Duplex-Shorten)

② 래핑(Wrapping)

③ 인덴테이션(Indentation)

④ 토핑오프(Topping-Off)

⑤ 핑거 앤드 섬 워크(Finger and Thumb Work)

해 〈보기〉에서 설명하는 용어는 듀플렉스 쇼튼(Duplex-Shorten)이며, 듀플렉스 트리밍(Duplex Trimming)이라고도 한다.

05 ㉠, ㉡에 들어갈 가장 적절한 것은?

> • (㉠) : 푸들 등에게 스톱에 역V자 모양의 표현을 하는 것을 가리키는 용어
> • (㉡) : 스트리핑 후 완성된 아웃코트 위에 튀어나오는 털을 뽑아 정리하는 작업을 의미하는 용어

	㉠	㉡
①	코밍(Combing)	타월링(Toweling)
②	래핑(Wrapping)	토핑오프(Topping-Off)
③	인덴테이션(Indentation)	토핑오프(Topping-Off)
④	토핑오프(Topping-Off)	타월링(Toweling)
⑤	인덴테이션(Indentation)	치핑(Chipping)

해 트리밍 관련 용어 중의 하나로 인덴테이션(Indentation)은 푸들 등에게 스톱에 역V자 모양의 표현을 하는 것이다. 토핑오프(Topping-Off)는 스트리핑 후 완성된 아웃코트 위에 튀어나오는 털을 뽑아 정리하는 작업을 말한다.

06 탑 노트 부위의 털을 세우기 위해 스프레이 등을 뿌리는 작업을 의미하는 용어는?

① 세트 스프레이(Set Spray) ② 린싱(Rinsing)
③ 블렌딩(Blending) ④ 새킹(Sacking)
⑤ 시닝(Thinning)

해 세트 스프레이란 탑 노트 부위의 털을 세우기 위해 스프레이 등을 뿌리는 작업을 의미한다.

07 가위나 시닝 가위를 사용하여 털끝을 시저링하는 작업을 의미하는 용어는?

① 밴드(Band)
② 셋업(Set Up)
③ 치핑(Chipping)
④ 셰이빙(Shaving)
⑤ 시닝(Thinning)

해 치핑(Chipping)이란 가위나 시닝 가위를 사용하여 털끝을 시저링하는 작업을 말한다.

08 베이싱 후 털이 튀어나오거나 뜨는 것을 막고 물기를 유지하기 위해 신체를 타월로 감싸는 작업을 의미하는 용어는?

① 스웰(Swell)
② 린싱(Rinsing)
③ 그리핑(Gripping)
④ 새킹(Sacking)
⑤ 스테이징(Staging)

해 새킹(Sacking)이란 베이싱 후 털이 튀어나오거나 뜨는 것을 막고 물기를 유지하기 위해 신체를 타월로 감싸는 작업을 말한다.

09 듀플렉스 쇼튼과 같은 작업으로, 주로 손가락을 사용하여 오래된 털을 정리하는 작업을 의미하는 용어는?

① 블렌딩(Blending)
② 린싱(Rinsing)
③ 피킹(Picking)
④ 레이저 커트(Razor-Cut)
⑤ 오일 브러싱(Oil Brushing)

해 피킹(Picking)이란 듀플렉스 쇼튼과 같은 작업으로, 주로 손가락을 사용하여 오래된 털을 정리하는 작업을 말한다.

10 ⊙, ⓒ에 들어갈 가장 적절한 것은?

> • (⊙) : 면도날로 털을 잘라내는 작업을 의미하는 용어
> • (ⓒ) : 털을 가위로 잘라 일직선으로 가지런히 하는 작업을 의미하는 용어

	⊙	ⓒ
①	커팅(Cutting)	밥 커트(Bob Cut)
②	커팅(Cutting)	레이저 커트(Razor Cut)
③	밥 커트(Bob Cut)	레이저 커트(Razor Cut)
④	레이저 커트(Razor Cut)	커팅(Cutting)
⑤	레이저 커트(Razor Cut)	밥 커트(Bob Cut)

해 레이저 커트(Razor Cut)는 면도날로 털을 잘라내는 작업을 의미하는 용어이다. 밥 커트(Bob Cut)는 털을 가위로 잘라 일직선으로 가지런히 하는 작업을 말한다.

11 빗질을 하거나 긁어내어 털을 제거하는 작업을 뜻하는 용어는?

① 카딩(Carding)
② 린싱(Rinsing)
③ 그리핑(Gripping)
④ 스펀징(Sponging)
⑤ 블로우 드라잉(Blow Drying)

해 카딩(Carding)이란 빗질을 하거나 긁어내어 털을 제거하는 작업을 말한다.

12 다음 중 브러싱(Brushing)에 관한 내용으로 옳지 않은 것은?

① 브러싱이란 브러시를 이용하여 빗질하는 작업을 말한다.

② 브러싱은 피부를 자극하여 마사지효과를 준다.

③ 브러싱은 노폐모와 탈락모를 제거하는 작업이다.

④ 브러싱은 피부의 혈액순환, 신진대사 촉진, 엉킨 털의 제거 등으로 건강하고 청결한 피모를 유지한다.

⑤ 브러싱은 털의 길이가 다른 곳의 층을 연결하여 자연스럽게 하는 역할도 한다.

해 ⑤는 블렌딩(Blending)에 대한 내용이다.

13 쇼에 출진하기 위한 그루밍으로 쇼에서 요구하는 타입의 미용스타일을 무엇이라고 하는 가?

① 셋업(Set Up)   ② 쇼 클립(Show Clip)

③ 스웰(Swell)   ④ 스테이징(Staging)

⑤ 초킹(Chalking)

해 쇼 클립(Show Clip)이란 쇼에 출진하기 위한 그루밍으로 쇼에서 요구하는 타입의 미용스타일을 말한다. 보통 각 견종 표준에 맞는 그루밍 방법이 있으며, 출진할 시기에 맞추어 출진견이 최고의 상태로 돋보일 수 있도록 쇼 당일에 초점을 맞추어 계획적으로 피모를 정돈해 두어야 한다.

14 두부(머리부분)를 부풀려 볼륨 있게 모양을 낸 것을 무엇이라고 하는가?

① 스웰(Swell)   ② 셋업(Set Up)

③ 페이킹(Faking)   ④ 스테이징(Staging)

⑤ 핑거 앤드 섬 워크(Finger And Thumb Work)

해 스웰(Swell)이란 두부(머리부분)를 부풀려 볼륨 있게 모양을 낸 것을 말한다.

15 ㉠, ㉡에 들어갈 가장 적절한 것은?

> • (㉠) : 미니어처 슈나우저 등에게 작업하는 스트리핑 방법
> • (㉡) : 냄새나 더러움을 제거하고 흰색의 털이 더욱 하얗게 표현되도록 제품을 문질러 바르는 작업

	㉠	㉡
①	셋업(Set Up)	페이킹(Faking)
②	초킹(Chalking)	페이킹(Faking)
③	페이킹(Faking)	초킹(Chalking)
④	스테이징(Staging)	초킹(Chalking)
⑤	스테이징(Staging)	플러킹(Plucking)

해 스테이징(Staging)이란 미니어처 슈나우저 등에게 작업하는 스트리핑 방법을 말한다. 초킹(Chalking)이란 흰색의 털이 더욱
하얗게 표현되도록 제품을 문질러 바르는 작업을 말한다.

Ⅱ 2급

PART 01 반려견 일반미용 2

Chapter 01
반려견 견체용어

1 견체 관련 머리 용어

(1) 머리유형

① 단두형 : 짧고 넓은 두개를 말한다.

② 중두형 : 길이와 폭이 중간 정도인 두개를 말한다.

③ 장두형 : 길고 좁은 형태의 두개를 말한다.

(2) 두개의 타입

① 돔 헤드(Dome Head) : 애플 헤드와 동일한 의미이다.

② 드라이 스컬(Dry Skull) : 얼굴 피부가 밀착해 주름이 없는 얼굴로 클린 헤드와 같은 의미이다.

③ 밸런스드 헤드(Balanced Head) : 스톱을 중심으로 머리부분과 얼굴부분의 길이가 동일하게 균형잡힌 머리로 고든세터가 대표적이다.

④ 블로키 헤드(Blocky Head) : 두부에 각이 지거나 펑퍼짐하게 퍼져 길이에 비해 폭이 매우 넓은 네모난 모양의 각진 머리형을 말하며 보스턴 테리어가 대표적이다.

⑤ 애플 헤드(Apple Head) : 뒷머리 부분이 부풀어 있는 사과 모양의 머리를 말하며 치와와가 대표적이다. 돔 헤드와 동의어이다.

⑥ 클린 헤드(Clean Head) : 주름이 없고 앙상한 머리형으로 살루키가 대표적이다.

⑦ 타입 오브 스컬(Type Of Skull) : 두개의 타입을 말한다.

⑧ 투 앵글드 헤드(Tow Angled Head) : 옆에서 보았을 때 두개면과 주둥이의 평면이 평행하지 않고 각도가 있는 것을 말한다.

⑨ 페어 세이프트 헤드(Pear-shaped Head) : 서양배 모양의 머리로 베들링턴 테리어가 대표적이다.

(3) 얼굴 등

① 노우즈 브리지(Nose Bridge) : 사람의 콧등과 같은 부분을 말하며, 비량이라고도 한다.

② 다운 페이스(Down Face) : 두개에서 코끝 아래쪽으로 경사진 얼굴을 말하며, 디쉬 페이스의 반대의미이다.

③ 디쉬 페이스(Dish Face) : 스톱보다 콧대가 높아 옆에서 보면 코가 휘어진 접시 모양의 얼굴 이다.

④ 링클(Wrinkle) : 앞머리 부분이나 얼굴이 이완되어 주름진 피부를 말하며, 바센지의 전두부, 샤페이, 블러드 하운드가 대표적이다.

⑤ 모렐라(Molera) : 치와와 두개의 패임과 같은 부드러운 부분을 말한다.

⑥ 스니피 페이스(Snipy Face) : 주둥이가 뾰족해 약한 느낌의 얼굴을 말한다.

⑦ 스컬(Skull) : 앞머리의 후두골, 두정골, 전두골, 측두골 등을 포함한 머리부 뼈 조직의 두부를 말한다.

⑧ 스톱(Stop) : 눈 사이의 패인 부분으로 액단이라고도 한다.

⑨ 옥시풋(Occiput) : 양 귀 사이의 주먹 모양의 후두부 뒷부분을 말한다.

⑩ 와안(Frog Face) : 오버샷 등 아래턱이 들어가고 코가 돌출된 얼굴로 개구리 모양의 얼굴을 말한다.

⑪ 전안부(Fore Face) : 눈에서 앞쪽, 주둥이 부위를 포함한 두부의 앞면을 말한다.

⑫ 치즐드(Chiselled) : 눈 아래가 건조하고 살집이 없어 윤곽이 도드라지는 형태의 얼굴을 말한다.

⑬ 치키(Cheeky) : 볼이 발달해서 팽창되고 붉어진 얼굴을 말하며, 얼굴 뼈가 돌출되어 둥근 느낌을 주거나 근육이 두껍게 발달되어 있으며, 스탠포드셔 불테리어가 대표적이다.

⑭ 크라운(Crown) : 두부의 가장 높은 정수리 부분의 두정부를 말하며, 탑 스컬(Top Skull)이라고도 한다.

⑮ 퍼로우(Furrow) : 스컬(두부) 중앙에서 스톱(눈 사이 패인부분) 방향으로 세로로 가로지르는 이마 부분의 세로 주름을 말한다.

⑯ 폭시(Foxy) : 여우의 표정처럼 전안부가 짧고 코끝이 뾰족한 것을 말하며, 포메라니안이 대표적이다.

⑰ 플랫 스컬(Flat Skull) : 앞이나 옆에서 볼 때 평평한 두개를 말하며, 에어데일 테리어, 스탠다드 슈나우저가 대표적이다.

2 머리유형과 그 대표견종

머리유형	대표 견종
밸런스드 헤드(Balanced Head)	고든 세터
블로키 헤드(Blocky Head)	보스턴 테리어
애플 헤드(Apple Head)	치와와
클린 헤드(Clean Head)	살루키
페어 셰이프트 헤드(Pear-Shaped Head)	베들링턴 테리어
폭시(Foxy)	포메라니안
플랫 스컬(Flat Skull)	에어데일 테리어, 스탠다드 슈나우저

3 견체 관련 눈 용어

(1) 눈의 유형

① 라운드 아이(Round Eye) : 동그란 눈을 말하며, 대표적 견종으로 몰티즈가 있다.

② 마블 아이(Marble Eye) : 대리석 색상의 눈을 말하며 대표적 견종으로 블루멀 콜리, 웰시코기 카디건이 있다.

③ 벌징 아이(Bulging Eye) : 튀어나와 볼록하게 보이는 눈을 말한다.

④ 아몬드 아이(Almond Eye) : 눈 양끝이 뾰족한 아몬드 모양의 눈을 말하며, 대표적 견종으로는 저먼 셰퍼드, 도베르만핀셔 등이 있다.

⑤ 오벌 아이(Oval Eye) : 일반적인 모양의 타원형 또는 계란형의 눈을 말하며, 대표적인 견종으로는 푸들, 살루키 등이다.

⑥ 차이나 아이(China Eye) : 밝은 청색의 눈으로 대표적 견종으로는 시베리안 허스키, 블루멀 콜리, 웰시코기 카디건 등이다.

⑦ 트라이앵글러 아이(Triangular Eye) : 눈꺼풀의 바깥쪽이 올라간 삼각형 모양의 눈을 말하며, 대표적 견종으로는 아프간하운드가 있다.

⑧ 풀 아이(Full Eye) : 둥글게 튀어나온 눈을 말한다.

(2) 기타

① 아이 스테인(Eye Stain) : 눈물자국을 말한다.

② 아이 라인(Eye Line) : 눈꺼풀 가장자리를 말한다.

③ 아이리드(Eyelid) : 눈꺼풀을 말한다.

4 눈의 유형과 그 대표견종

눈의 유형	대표 견종
라운드 아이(Round Eye)	몰티즈
마블아이(Marble Eye)	블루멀 콜리, 웰시코기 카디건
아몬드 아이(Almond Eye)	저먼 셰퍼드, 도베르만핀셔
오벌 아이(Oval Eye)	푸들, 살루키
차이나 아이(China Eye)	시베리안 허스키, 블루멀 콜리, 웰시코기 카디건
트라이앵글러 아이(Triangular Eye)	아프간하운드

5 견체 관련 입 용어

(1) 치아유형

① **결치** : 선천적으로 정상 치아 수에 비해 치아 수가 없는 것으로, 단두종에게 많이 나타나며 제1 전구치에 많이 발생한다.

② **과리치** : 결치의 반대말로 표준 치아 수보다 많은 것을 말한다.

③ **손상치** : 후천적으로 파손된 치아를 말한다.

④ **실치** : 후천적으로 상실된 치아를 말한다.

⑤ **템퍼치** : 디스템퍼나 고열에 의해 변화되어 변색된 치아를 말한다.

⑥ **견의 영구치** : 생후 4~8개월이 되면 유치의 치근이 융해되면서 영구치가 유치를 밀어내어 빠지고 이갈이를 하는데 7~8개월쯤이면 거의 모두 영구치로 바뀐다. 영양상태가 좋지 않거나 단두종의 경우 다소 늦을 수 있으며 전구치와 후구치는 유치 없이 나온다.

윗니(20개)	• 절치(앞니, 문치) 3개 • 견치(송곳니) 1개 • 전구치(어금니, 소구치) 4개 • 후구치(어금니, 대구치) 2개가 좌우로 위치함

아랫니(22개)	• 절치(앞니, 문치) 3개 • 견치(송곳니) 1개 • 전구치(어금니, 소구치) 4개 • 후구치(어금니, 대구치) 3개가 좌우로 위치함

(2) 교합의 종류

① 부정교합 : 견종 표준이 요구하는 교합 이외의 교합을 말한다.

② 정상교합 : 견종 표준에서 요구하는 교합으로 각 견종에 따른 교합은 동일하다.

③ 언더샷(Undershot) : 아래턱 앞니가 위턱 앞니보다 앞쪽으로 돌출되어 맞물린 것을 말하며, 반대교합이라고도 한다.

④ 오버샷(Overshot) : 위턱의 앞니가 아래턱 앞니보다 전방으로 돌출되어 맞물린 것을 말하며 과리교합이라고도 한다. 과도한 오버샷을 피그 조(Pig Jow)라고 한다.

⑤ 시저스 바이트(Scissors Bite) : 위턱 앞니와 아래턱 앞니가 조금 접촉되어 맞물린 것을 말하며, 협상교합이라고도 한다.

⑥ 이븐 바이트(Even Bite) : 위턱과 아래턱이 맞물린 것을 말하며, 절단교합이라고도 한다.

(3) 기타

① 라이 마우스(Wry Mouth) : 뒤틀려 비뚤어진 입을 말한다.

② 리피(Lippy) : 아래로 늘어지거나 턱이 밀착되지 않은 입술을 말한다.

③ 머즐(Muzzle) : 주둥이를 말한다.

④ 조(Jaw) : 턱을 말한다.

⑤ 조율(Jowel) : 두터운 입술과 턱을 말하며, 촙(Chop)과 같은 말로 대표적 견종은 불독이다.

⑥ 쿠션(Cushion) : 윗 입술이 두껍고 풍만한 것을 말하며 페키니즈가 대표적이다.

⑦ 플루즈(Flews) : 늘어진 윗입술을 말한다.

(4) 입의 유형과 그 대표견종

① 촙(Chop) : 불독

② 쿠션(Cushion) : 페키니즈

6 견체 관련 코 용어

(1) 일반

① 노우즈 밴드(Nose Band) : 주둥이를 둘러싼 흰색의 띠를 이룬 반점을 말한다.

② 노우즈 브리지(Nose Bridge) : 스톱에서 코까지 주둥이의 면을 말한다.

(2) 코의 종류

① 더들리 노우즈(Duddley Nose) : 색소가 부족한 살빛의 빨간 코를 말한다.

② 로만 노우즈(Roman Nose) : 독수리의 부리 모양과 비슷한 매부리코를 말하며 보르조이가 대표적이다.

③ 리버 노우즈(Liver Nose) : 간장 색 코를 말한다.

④ 버터플라이 노우즈(Butterfly Nose) : 살색 코에 검은 반점이 있거나 검은 코에 살색 반점이 있는 코를 말한다.

⑤ 스노우 노우즈(Snow Nose) : 평소에는 코가 검은색이나 겨울철에 핑크색 줄무늬가 생기는 코를 말한다.

⑥ 프레시 노우즈(Fresh Nose) : 살색의 코를 말한다.

7 견체 관련 귀 용어

(1) 일반

① 이렉트(Erect) : 귀나 꼬리를 위쪽으로 세운 것을 말한다.

② 이어 프린지(Ear Fringe) : 길게 늘어진 귀 주변의 장식 털을 말하며 세터가 대표적이다.

(2) 귀의 종류

① 드롭 이어(Drop Ear) : 아래로 늘어진 귀로 바셋하운드가 대표적이다.

② 로즈 이어(Rose Ear) : 귀의 안쪽이 보이며 뒤틀려 작게 늘어진 귀로 불독, 휘핏이 대표적이다.

③ 배트 이어(Bat Ear) : 귀 아랫부분이 넓고 박쥐 날개같이 둥글게 선 귀를 말하며, 프렌치 불독, 웰시코기 펨브로크가 대표적이다.

④ 버터플라이 이어(Butterfly Ear) : 긴 장식 털에 서 있는 큰 귀가 두개 바깥쪽으로 약 45도 기운 나비 모양의 귀를 말하며, 빠삐용이 대표적이다.

⑤ 버튼 이어(Button Ear) : 아래쪽은 직립해 있고 귓불이 두개 앞쪽으로 V자 모양으로 늘어진 귀를 말하며, 보더 테리어, 폭스 테리어가 대표적이다.

⑥ 벨 이어(bell Ear) : 끝이 둥근 벨과 같은 형태의 둥근 종 모양의 귀를 말한다.

⑦ V형 귀(V-Shaped Ear) : 삼각형 모양의 귀로 늘어진 귀와 선 귀 두 가지 타입이 있으며, 불마스티프, 에어데일 테리어(늘어진 귀), 시베리안 허스키(선 귀)가 대표적이다.

⑧ 세미프릭 이어(Semiprick Ear) : 직립한 귀의 끝부분이 앞으로 기울어진 반직립형의 귀를 말하

며, 폭스 테리어, 러프콜리, 그레이하운드가 대표적이다.

⑨ 캔들 프레임 이어(Candle Flame Ear) : 촛불 모양의 귀를 말하며, 잉글리시 토이 테리어가 대표적이다.

⑩ 크롭트 이어(Cropped Ear) : 귀를 세우기 위해 자른 귀를 말하며, 복서, 도베르만핀셔가 대표적이다.

⑪ 파렌 이어(Phalene Ear) : 늘어진 귀 타입을 말하며, 빠삐용의 늘어진 타입은 그 수가 매우 적으며 완전하게 늘어져야만 한다.

⑫ 펜던트 이어(Pendant Ear) : 늘어진 귀를 말하며 닥스훈트, 바셋하운드가 대표적이다.

⑬ 프릭 이어(Prick Ear) : 앞쪽 끝부분이 뾰족하게 직립한 귀로 귀를 잘라 인위적으로 만든 직립 귀와 자연적인 직립 귀가 있다. 자연적인 직립 귀는 저먼셰퍼드가 대표적이며, 인위적인 직립 귀는 도베르만핀셔, 복서, 그레이트덴이 대표적이다.

⑭ 플레어링 이어(Flaring Ear) : 나팔꽃 모양의 귀를 말하며, 치와와가 대표적이다.

⑮ 필버트 쉐입 이어(Fillbert Shaped Ear) : 개암나무 열매 형태의 귀를 말하며, 베들링턴 테리어가 대표적이다.

⑯ 하이셋 이어(Highset Ear) : 로우셋 이어와 반대로 높은 위치에 귀가 있는 것을 말한다.

8 귀의 유형과 그 대표견종

귀의 유형	대표 견종
드롭 이어(Drop Ear)	바셋하운드
로즈 이어(Rose Ear)	불독, 휘핏
배트 이어(Bat Ear)	프렌치 불독, 웰시코기 펨브로크
버터플라이 이어(Butterfly Ear)	빠삐용
버튼 이어(Button Ear)	보더 테리어, 폭스 테리어
V형 귀(V-Shaped Ear)	불마스티프, 에어데일 테리어(늘어진 귀), 시베리안 허스키(선 귀)
세미프릭 이어(Semiprick Ear)	폭스 테리어, 러프콜리, 그레이하운드
이어 프린지(Ear Fringe)	세터
캔들 프레임 이어(Candle Flame Ear)	잉글리시 토이 테리어
크롭트 이어(Cropped Ear)	복서, 도베르만핀셔

파렌 이어(Phalene Ear)	빠삐용(늘어진 귀)
펜던트 이어(Pendant Ear)	닥스훈트, 바셋하운드
프릭 이어(Prick Ear)	저먼셰퍼드(자연적인 직립 귀), 도베르만 핀셔, 복서, 그레이트덴(귀를 잘라 세운 귀)
플레어링 이어(Flaring Ear)	치와와
필버트 쉐입 이어(Fillbert Shaped Ear)	베들링턴 테리어

9 견체 관련 몸통 용어

(1) 발모양, 발톱

① 캣 풋(Cat Foot) : 고양이 발을 말한다.

② 페이퍼 풋(Paper Foot) : 발바닥이 너무 얇아 움직임이 빈약한 것을 말한다.

③ 헤어 풋(Hare Foot) : 토끼발처럼 긴 발가락을 말한다.

④ 듀클로우(Dewclaw) : 다리 안쪽의 엄지발톱인 며느리발톱을 말하며, 낭조라고도 한다.

(2) 어깨

① 숄더(Shoulder) : 어깨를 말한다.

② 스웨이 백(Sway Back) : 캐멀 백의 반대 의미로 등선이 움푹 파인 모양을 말한다.

③ 스트레이트 숄더(Straight Shoulder) : 어깨가 전방으로 기울어진 것을 말한다.

④ 슬로핑 숄더(Sloping Shoulder) : 견갑골이 뒤쪽으로 길게 경사를 이루어 후방으로 경사진 어깨를 말한다.

⑤ 아웃 오브 숄더(Out Of Shoulder) : 전구가 매우 넓어진 상태로 두드러지게 벌어진 어깨를 말하며, 불독이 대표적이다.

(3) 기타

① 구스 럼프(Goose Rump) : 근육발달이 불충분하여 엉덩이 골반의 경사가 급한 것을 말하며, 보통 꼬리가 낮게 위치한다.

② 다운힐(Downhill) : 등선이 허리로 갈수록 낮아지는 모양을 말한다.

③ 럼프(Rump) : 골반 상부의 근육이 연결된 부위인 엉덩이를 말한다.

④ 레벨 백(Level Back) : 기갑에서 허리에 걸쳐 평평한 모양의 수평한 등을 말하며, 바람직한 등의 모양이다.

⑤ 레이시(Racy) : 긴 다리, 등이 높고 비교적 가는 몸통 타입의 균형잡히고 세련된 모양을 말한다.

⑥ 레인지(Rangy) : 흉심이 얕은 긴 몸통 타입을 말한다.

⑦ 로인(Loin) : 허리를 말하며, 요부라고도 한다.

⑧ 로치 백(Roach Back) : 등선이 허리로 향하여 부드럽게 커브한 모양을 말하며, 잉어 등이라고도 한다.

⑨ 롱 바디(Long Body) : 긴 몸통을 말하며, 닥스훈트가 대표적이다.

⑩ 립(Rip) : 13대로 흉추에 연결된 갈비뼈를 말하며, 늑골이라고도 한다.

⑪ 립케이지(Ribcage) : 심장이나 폐 등을 수용하는 바구니 형태의 골격을 말하며, 흉곽이라고도 한다.

⑫ 바디(Body) : 몸통을 말한다.

⑬ 배럴 체스트(Barrel Chest) : 술통 모양의 가슴을 말한다.

⑭ 백(Back) : 등을 말한다.

⑮ 백 라인(Back Line) : 기갑에서 시작해 꼬리 뿌리부분까지 이어지는 등선을 말한다.

⑯ 버턱(Buttock) : 엉덩이를 말한다.

⑰ 보시(Bossy) : 어깨 근육이 과도하게 발달해 두꺼운 몸통 타입을 말한다.

⑱ 브리스켓(Brisket) : 몸통 앞쪽의 가슴 아래쪽을 말하며, 하흉부라고도 한다.

⑲ 비피(Beefy) : 근육이나 살이 과도하게 발달해 비만인 몸통 타입을 말한다.

⑳ 숏 백(Short Back) : 기갑의 높이보다 짧은 등을 말한다.

㉑ 숏 커플드(Short-Coupled) : 라스트 립에서 둔부까지 거리가 짧은 것을 말한다.

㉒ 앵귤레이션(Angulation) : 뼈와 뼈가 연결되는 각도를 말한다.

㉓ 언더라인(Under Line) : 가슴 아랫부분에서 배를 따라 만들어진 아랫면의 윤곽선을 말한다.

㉔ 에이너스(Anus) : 항문을 말한다.

㉕ 오벌 체스트(Oval Chest) : 계란 모양의 가슴을 말한다.

㉖ 위더스(Withers) : 목 아래에 있는 어깨의 가장 높은 점을 말하며, 기갑이라고도 하며 체고를 이 위치에서 측정한다.

㉗ 위디(Weedy) : 골량이 부족하여 골격이 가늘고 왜소한 모양을 말하며, 미발육의 신체상태이다.

㉘ 인 숄더(In Shoulder) : 등뼈와 평행하지 않은 어깨 끝을 말하며 어깨가 앞으로 나온 모양이다.

㉙ 체스트(Chest) : 가슴을 말하며, 흉부라고도 한다.

㉚ 캐멀 백(Camel Back) : 어깨 쪽이 낮고 허리부분이 둥글게 올라가고 엉덩이가 내려간 모양을 말하며, 낙타등이라고도 한다.

③ 커플링(Coupling) : 늑골과 관골 사이를 연결하는 몸통 부위를 말하며 요부라고도 한다.

② 코비(Cobby) : 몸통이 짧고 간결한 모양의 몸통 타입을 말하며, 몰티즈가 대표적이다.

③ 크룹(Croup) : 엉덩이를 말한다.

④ 클로디(Cloddy) : 등이 낮고 몸통이 굵어 무겁게 느껴지는 몸통의 타입을 말한다.

⑤ 탑 라인(Top Line) : 옥시풋에서 꼬리 끝까지를 말한다.

⑥ 턱업(Tuck Up) : 허리 부분에서 복부가 감싸올려진 부위를 말한다.

③ 파텔라(Patella) : 슬개골을 말한다.

⑧ 플랭크(Flank) : 라스트 립과 엉덩이 사이의 몸통 측면의 옆구리를 말한다.

③ 흉심(Depth Of Chest) : 기갑부 최고점에서 가슴 아래에 이르는 가슴의 깊이를 말한다.

④ 힙 본(Hip Bone) : 관골, 장골, 좌골, 치골로 이루어지며 고관절을 형성하며, 장골이 가장 크다.

④ 힙 조인트(Hip Joint) : 고관절을 말한다.

10 견체 관련 다리 용어

(1) 프런트

① 프런트(Front) : 앞다리, 앞가슴, 가슴, 어깨, 목 등을 포함한 개 전반부를 말한다.

② 내로우 프런트(Narrow Front) : 앞다리의 간격이 좁고 앞가슴 폭이 좁은 프런트를 말하며, 보르조이가 대표적이다.

③ 와이드 프런트(Wide Front) : 앞발 간격이 넓은 프런트로 불독이 대표적이다.

④ 보우드 프런트(Bowed Front) : 팔꿈치가 바깥쪽으로 활처럼 굽은 안짱다리를 말한다.

⑤ 스트레이트 프런트(Straight Front) : 일직선상의 프런트를 말하며, 테리어 프런트라고도 한다.

⑥ 스팁 프런트(Steep Front) : 어깨가 높아서 깎아지는 듯한 프런트를 말한다.

⑦ 피들 프런트(Fiddle Front) : 팔꿈치가 바깥쪽으로 굽은 프런트를 말하며 발가락도 밖으로 향해 있다.

(2) 패스턴

① 패스턴(Pastern) : 손의 관절과 손가락 뼈 사이의 부위, 앞다리의 가운데 뼈, 뒷다리의 가운데 뼈를 말하며 중수골이라고도 한다.

② 다운 인 패스턴(Down In Pastern) : 패스턴이 앞쪽으로 경사진 것을 말하며 지구력이 결여되는 결점이 있다.

(3) 호크

① 호크(Hock) : 아랫다리와 패스턴 사이의 뒷다리 관절을 말하며 비절이라고도 한다.

② 배럴 호크(Barrel Hock) : 발가락 부분이 안쪽으로 굽어 밖으로 돌아간 비절을 말한다.

③ 스트레이트 호크(Straight Hock) : 각도가 없는 관절을 말한다.

④ 식클 호크(Sickle Hock) : 비절이 낮은 낫 모양의 관절을 말한다.

⑤ 웰 벤트 호크(Well Bent Hock) : 이상적인 각도의 비절을 말한다.

⑥ 카우 호크(Cow Hock) : 뒷다리 양쪽이 소처럼 안쪽으로 구부러진 다리를 말한다.

⑦ 트위스팅 호크(Twisting Hock) : 체중이 과도해 지탱이 어려워 좌우 비절 관절이 염전된 것을 말한다.

(4) 암과 엘보우

① 엘보우(Elbow) : 팔꿈치를 말한다.

② 어퍼 암(Upper Arm) : 상완부를 말한다.

③ 포어 암(Fore Arm) : 전완부라고 한다.

(5) 기타

① 싸이(Thigh) : 후지 엉덩이에서 무릎관절까지의 대퇴부를 말하며, 어퍼 싸이(Upper Thight)라고도 한다.

② 내로우 싸이(Narrow Thigh) : 폭이 좁은 대퇴부를 말한다.

③ 세컨드 싸이(Second Thigh) : 후지 무릎 관절부터 비절까지의 하퇴부를 말한다.

④ 스타이플(Stifle) : 대퇴골과 하퇴골을 연결하는 무릎관절을 말한다.

11 견체 관련 꼬리 용어

(1) 일반용어

① 덕(Dock) : 잘린 꼬리를 말하며, 단미를 하는 경우 보통 생후 4~7일이 적당하다.

② 셋온(Set-on) : 꼬리와 몸통의 연결점, 꼬리의 뿌리 부분을 말한다.

③ 스턴(Stern) : 하운드나 테리어종 중 짧은 꼬리의 경우를 말하며, 폭스테리어, 블러드하운드가 대표적이다.

④ 테일(Tail) : 꼬리를 말한다.

⑤ 테일리스(Tailless) : 선천적으로 꼬리가 없는 것을 말한다.

(2) 꼬리 유형

① 게이 테일(Gay Tail) : 치켜든 꼬리를 말하며, 스코티쉬 테리어가 대표적이다.

② 랫 테일(Rat Tail) : 뿌리 부분이 두텁고 부드러운 털이 있는 반면, 끝 쪽에는 털이 없고 가는 쥐 꼬리 모양의 꼬리를 말하며, 아이리시 워터 스패니얼이 대표적이다.

③ 로우 셋 테일(Low Set Tail) : 낮게 달린 꼬리를 말한다. 반면에 하이 셋 테일(High Set Tail)은 높게 달린 꼬리를 말한다.

④ 링 테일(Ring Tail) : 바퀴모양으로 꼬리 뿌리가 높게 올려져 원형을 이루는 꼬리를 말하며, 아 프간하운드가 대표적이다.

⑤ 밥 테일(Bob Tail) : 선천적으로 꼬리가 없는 것으로 웰시코기 펨브로크가 대표적이다.

⑥ 브러시 테일(Brush Tail) : 여우처럼 길고 늘어진 둥근 브러시 모양의 꼬리를 말하며, 폭스 브러 시라고도 하며, 시베리안허스키가 대표적이다.

⑦ 세이버 테일(Saver Tail) : 바셋하운드처럼 부드럽게 커브를 그리며 올라간 형태와 저먼셰퍼드 처럼 반원형을 이루며 낮게 유지한 형태가 있다.

⑧ 스냅 테일(Snap Tail) : 꼬리 끝이 등에 접촉된 낫 모양의 꼬리를 말하며, 알래스칸 말라뮤트가 대표적이다.

⑨ 스쿼럴 테일(Squirrel Tail) : 다람쥐 꼬리를 말하며, 빠삐용이 대표적이다.

⑩ 스크루 테일(Screw Tail) : 와인 오프너 같은 모양의 나선형 꼬리를 말하며, 불독, 보스턴 테리 어가 대표적이다.

⑪ 식클 테일(Sickle Tail) : 꼬리 뿌리부터 등 위로 높게 자리 잡고 중간에 반원형을 그리며 낫 모 양으로 구부러진 꼬리를 말한다.

⑫ 오터 테일(Otter Tail) : 꼬리 뿌리 부분이 두껍고 둥글며 끝이 가는 수달모양의 꼬리를 말하며, 래브라도 리트리버가 대표적이다.

⑬ 이렉트 테일(Erect Tail) : 직립꼬리로 위를 향해 선 꼬리를 말하며, 스코티쉬 테리어, 폭스 테리 어 등이 대표적이다.

⑭ 컬드 테일(Curled Tail) : 심하게 말려 올라가 등 가운데 짊어진 꼬리를 말하며, 페키니즈가 대 표적이다.

⑮ 콕트업 테일(Cocked-up Tail) : 등선에 직각으로 구부러져 올려진 꼬리를 말한다.

⑯ 크랭크 테일(Crank Tail) : 짧고 아래를 향한 꼬리로 말단이 위쪽으로 구부러진 꼬리를 말하며, 불독이 대표적이다.

⑰ 크룩 테일(Crook Tail) : 구부러진 꼬리를 말한다.

⑱ 킹크 테일(Kink Tail) : 비틀린 꼬리를 말하며, 프렌치불독이 대표적이다.

⑲ 판 테일(Fan Tail) : 풍부한 모량의 장모꼬리를 등 위로 말아 올리고 있거나 부채를 편 형태의 꼬리를 말하며, 포메라니안이 대표적이다.

⑳ 플래그 테일(Flag Tail) : 깃발형태의 꼬리를 말하며, 잉글리시 세터가 대표적이다.

㉑ 플래그폴 테일(Flagpole Tail) : 등선에 대해 직각으로 올라간 꼬리를 말하며, 비글이 대표적이다.

㉒ 플룸 테일(Plume Tail) : 깃털 모양의 장식 털이 아래로 늘어진 꼬리를 말하며, 잉글리시 세터가 대표적이다.

㉓ 훅 테일(Hook Tail) : 갈고리 모양 꼬리를 말하며, 브리아드, 피레니언 마운틴 독이 대표적이다.

㉔ 휩 테일(Whip Tail) : 곧고 길며 끝이 가늘고 뾰족한 채찍형의 꼬리를 말하며, 잉글리시 포인터가 대표적이다.

12 꼬리 유형과 그 대표견종

꼬리 유형	대표 견종
게이 테일(Gay Tail)	스코티쉬 테리어
랫 테일(Rat Tail)	아이리시 워터 스패니얼
링 테일(Ring Tail)	아프간하운드
밥 테일(Bob Tail)	웰시코기 펨브로크
브러시 테일(Brush Tail)	시베리안허스키
세이버 테일(Saver Tail)	바셋하운드, 저먼셰퍼드
스냅 테일(Snap Tail)	알래스칸 말라뮤트
스쿼럴 테일(Squirrel Tail)	빠삐용
스크류 테일(Screw Tail)	불독, 보스턴 테리어
스턴(Stern)	폭스테리어, 블러드하운드
오터 테일(Otter Tail)	래브라도 리트리버
이렉트 테일(Erect Tail)	스코티쉬 테리어, 폭스 테리어
컬드 테일(Curled Tail)	페키니즈
크랭크 테일(Crank Tail)	불독

킹크 테일(Kink Tail)	프렌치 불독
판 테일(Fan Tail)	포메라니안
플래그 테일(Flag Tail)	잉글리시 세터
플래그폴 테일(Flagpole Tail)	비글
플룸 테일(Plume Tail)	잉글리시 세터
훅 테일(Hook Tail)	브리아드, 피레니언 마운틴 독
휩 테일(Whip Tail)	잉글리시 포인터

Chapter 01
적중예상문제

01 ㉠, ㉡에 들어갈 가장 적절한 것은?

> • (㉠) : 사람의 콧등과 같은 부분으로 비량이라고도 함
> • (㉡) : 두개에서 코 끝 아래쪽으로 경사진 얼굴을 뜻하는 용어

	㉠	㉡
①	모렐라(Molera)	폭시(Foxy)
②	다운 페이스(Down Face)	노우즈 브리지(Nose Bridge)
③	디쉬 페이스(Dish Face)	노우즈 브리지(Nose Bridge)
④	노우즈 브리지(Nose Bridge)	다운 페이스(Down Face)
⑤	노우즈 브리지(Nose Bridge)	디쉬 페이스(Dish Face)

해 노우즈 브리지(Nose Bridge)란 비량이라고도 하는 것으로 사람의 콧등과 같은 부분을 말한다. 다운 페이스(Down Face)는 두개에서 코 끝 아래쪽으로 경사진 얼굴을 의미하며, 디쉬 페이스(Dish Face)는 스톱보다 콧대가 높아 옆에서 보면 코가 휘어진 접시모양으로 다운 페이스와 반대이다.

02 링클(Wrinkle)이란 앞머리부분이나 얼굴이 이완되어 주름진 피부를 말한다. 이에 대표적인 견종은?

① 고든세터   ② 보스턴 테리어

③ 베들링턴 테리어   ④ 블러드하운드

⑤ 시베리안허스키

해 링클(Wrinkle)이란 앞머리부분이나 얼굴이 이완되어 주름진 피부를 말하며, 바센지의 전두부, 샤페이, 블러드하운드 등이 대표적이다.

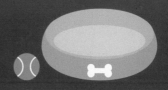

03 다음 중 헤드유형과 그 대표견종의 연결이 옳지 않은 것은?

① 클린 헤드 – 슈나우저

② 블로키 헤드 – 보스턴 테리어

③ 애플 헤드(돔 헤드) – 치와와

④ 밸런스드 헤드 – 고든세터

⑤ 페어 세이프트 헤드 – 베들링턴 테리어

해 클린 헤드란 주름이 없고 앙상한 머리형을 말하며, 드라이 스컬과 같은 의미로 살루키가 대표적이다.

04 ㉠, ㉡에 들어갈 가장 적절한 것은?

- (㉠) : 눈과 눈 사이의 패인 부분으로 액단이라고도 부르는 것
- (㉡) : 두부의 가장 높은 정수리 부분의 두정부를 말함

	㉠	㉡
①	풀 아이(Full Eye)	스컬(Skull)
②	스톱(Stop)	스컬(Skull)
③	스톱(Stop)	크라운(Crown)
④	퍼로우(Furrow)	크라운(Crown)
⑤	아이리드(Eyelid)	블로키 헤드(Blocky Head)

해 스톱(Stop)이란 눈 사이의 패인부분으로 액단이라고도 한다. 크라운(Crown)은 두부의 가장 높은 정수리 부분의 두정부를 말하는 것으로 탑 스컬(Top Skull)이라고도 한다.

답 01 ④   02 ④   03 ①   04 ③

05 스컬 중앙에서 스톱 방향으로 세로로 가로지르는 이마 부분의 세로 주름을 의미하는 용어는?

① 링클(Wrinkle) ② 모렐라(Molera)

③ 스톱(Stop) ④ 다운 페이스(Down Face)

⑤ 퍼로우(Furrow)

해 퍼로우(Furrow)란 스컬 중앙에서 스톱 방향으로 세로로 가로지르는 이마 부분의 세로 주름을 의미한다.

06 반려견의 얼굴에 대한 설명 중 개구리 모양의 얼굴을 말하는 용어는?

① 스니피 페이스 ② 스톱

③ 옥시풋 ④ 와안

⑤ 전안부

해 와안(Frog Face)은 오버샷 등 아래턱이 들어가고 코가 돌출된 얼굴로 개구리 모양의 얼굴을 말한다.

07 폭시(Foxy)란 여우의 표정처럼 전안부가 짧고 코끝이 뾰족한 것을 말하는데 이의 대표적인 견종은?

① 포메라니안 ② 에어데일 테리어

③ 스탠다드 슈나우저 ④ 살루키

⑤ 베들링턴 테리어

해 폭시(Foxy)란 여우의 표정처럼 전안부가 짧고 코끝이 뾰족한 얼굴로 대표적 견종은 포메라니안이다.

08 반려견의 눈으로 튀어나와 볼록하게 보이는 눈을 의미하는 용어는?

① 라운드 아이(Round Eye)　　　　　② 마블 아이(Marble Eye)

③ 벌징 아이(Bulging Eye)　　　　　④ 아몬드 아이(Almond Eye)

⑤ 오벌 아이(Oval Eye)

해 벌징 아이(Bulging Eye)란 튀어나와 볼록하게 보이는 눈을 말한다.

09 다음 중 눈의 유형과 그 대표적 견종의 연결이 잘못된 것은?

① 라운드 아이 – 몰티즈

② 마블 아이 – 웰시코기 카디건

③ 아몬드 아이 – 블루멀 콜리

④ 차이나 아이 – 시베리안 허스키

⑤ 오벌 아이 – 푸들

해 아몬드 아이란 눈 양끝이 뾰족한 아몬드 모양의 눈을 말하며, 저먼 셰퍼드, 도베르만 핀셔가 대표적이다.

10 견체의 치아 유형과 그 의미가 옳게 연결된 것은?

① 손상치 – 후천적으로 상실된 치아

② 실치 – 후천적으로 파손된 치아

③ 결치 – 디스템퍼나 고열에 의해 변색된 치아

④ 과리치 – 표준 치아 수보다 많은 것

⑤ 템퍼치 – 선천적으로 정상 치아 수에 비해 치아 수가 없는 것

해 ①은 실치, ②는 손상치, ③은 템퍼치, ⑤는 결치에 대한 설명이다.

답 **05** ⑤　　**06** ④　　**07** ①　　**08** ③　　**09** ③　　**10** ④

11 아래로 늘어지거나 턱이 밀착되지 않은 입술을 뜻하는 용어는?

① 플루즈(Flews)　　　　　　② 춉(Chop)

③ 조율(Jowel)　　　　　　　④ 리피(Lippy)

⑤ 조(Jaw)

해 리피(Lippy)는 아래로 늘어지거나 턱이 밀착되지 않은 입술을 말한다.

12 이븐바이트(Even Bite)라고도 하며 위턱과 아래턱이 맞물린 것을 가리키는 용어는?

① 부정교합　　　　　　　　② 협상교합

③ 반대교합　　　　　　　　④ 과리교합

⑤ 절단교합

해 절단교합이란 이븐바이트(Even Bite)라고도 하며 위턱과 아래턱이 맞물린 것을 말한다.

13 ㉠, ㉡에 들어갈 가장 적절한 것은?

> • (㉠) : 독수리의 부리모양과 비슷한 매부리코
> • (㉡) : 평소에는 코가 검은색이나 겨울철에 핑크색 줄무늬가 생기는 코

	㉠	㉡
①	리버 노우즈(Liver Nose)	더들리 노우즈(Duddley Nose)
②	로만 노우즈(Roman Nose)	스노우 노우즈(Snow Nose)
③	로만 노우즈(Roman Nose)	프레시 노우즈(Fresh Nose)
④	프레시 노우즈(Fresh Nose)	스노우 노우즈(Snow Nose)
⑤	프레시 노우즈(Fresh Nose)	더들리 노우즈(Duddley Nose)

해 로만 노우즈(Roman Nose)는 독수리의 부리모양과 비슷한 매부리코를 말하며, 보르조이가 대표적이다. 스노우 노우즈(Snow Nose)란 평소에는 코가 검은색이나 겨울철에 핑크색 줄무늬가 생기는 코를 말한다.

14 귀의 안쪽이 보이며 뒤틀려 작게 늘어진 귀를 무엇이라고 하는가?

① 벨 이어(Bell Ear)

② 배트 이어(Bat Ear)

③ 로즈 이어(Rose Ear)

④ 드롭 이어(Drop Ear)

⑤ 버튼 이어(Button Ear)

해 로즈 이어(Rose Ear)란 귀의 안쪽이 보이며 뒤틀려 작게 늘어진 귀를 말하며, 불독, 휘핏이 대표적이다.

15 귀의 유형과 대표견종의 연결이 옳지 않은 것은?

① 드롭 이어(Drop Ear) – 바셋하운드

② 로즈 이어(Rose Ear) – 불독, 휘핏

③ 배트 이어(Bat Ear) – 프렌치 불독, 웰시코기 펨브르크

④ 버튼 이어(Button Ear) – 닥스훈트

⑤ 크롭트 이어(Cropped Ear) – 복서, 도베르만핀셔

해 버튼 이어(Button Ear)란 아래쪽은 직립해 있고 귓불이 두개 앞쪽으로 V자 모양으로 늘어진 귀를 말하며, 보더 테리어, 폭스 테리어가 대표적이다.

16 직립한 귀의 끝부분이 앞으로 기울어진 반직립형의 귀는?

① 캔들 프레임 이어(Candle Flame Ear)

② 파렌 이어(Phalene Ear)

③ 세미프릭 이어(Semiprick Ear)

④ 펜던트 이어(Pendant Ear)

⑤ 배트 이어(Bat Ear)

해 세미프릭 이어(Semiprick Ear)는 직립한 귀의 끝부분이 앞으로 기울어진 반직립형의 귀로서 폭스 테리어, 러프콜리, 그레이하운드가 대표적이다.

답 11 ④   12 ⑤   13 ②   14 ③   15 ④   16 ③

17 프릭이어(Prick Ear)란 앞쪽 끝부분이 뽀족하게 직립한 귀를 말하는데 이에 대표적인 견종이 아닌 것은?

① 복서 ② 저먼셰퍼드

③ 도베르만핀셔 ④ 닥스 훈트

⑤ 그레이트덴

해 프릭이어(Prick Ear)란 앞쪽 끝부분이 뽀족하게 직립한 귀를 말하는데 귀를 잘라서 인위적으로 만든 직립 귀와 자연적인 직립 귀가 있다. 자연적인 직립귀는 저먼셰퍼드가 대표적이며, 인위적인 직립귀는 도베르만핀셔, 복서, 그레이트덴 등이 대표적이다.

18 길게 늘어진 귀 주변의 장식 털을 무엇이라고 하는가?

① 이렉트(Erect) ② 이어 프린지(Ear Fringe)

③ 플레어링 이어(Flaring Ear) ④ 파렌 이어(Phalene Ear)

⑤ 필버트 쉐입 이어(Fillbert Shaped Ear)

해 이어 프린지(Ear Fringe)는 길게 늘어진 귀 주변의 장식털을 말하며 세터가 대표적이다.

19 반려견의 몸통에 관련된 용어의 설명이 적절하지 않은 것은?

① 레인지(Rangy)란 흉심이 얕은 긴 몸통 타입을 말한다.

② 럼프(Rump)란 근육발달이 불충분하여 엉덩이 골반의 경사가 급한 것을 말한다.

③ 다운힐(Downhill)이란 등선이 허리로 갈수록 낮아지는 모양을 말한다.

④ 레이시(Racy)란 긴 다리, 등이 높고 비교적 가는 몸통 타입의 균형 잡히고 세련된 모양을 말한다.

⑤ 로치 백(Roach Back)이란 등선이 허리로 향하여 부드럽게 커브한 모양을 말하며, 잉어 등이라고 한다.

해 ②는 구스 럼프(Goose Rump)에 대한 설명이며, 럼프(Rump)란 골반 상부의 근육이 연결된 부위인 엉덩이를 말한다.

20 심장이나 폐 등을 수용하는 바구니 형태의 골격을 의미하는 용어는?

① 립(Rip)

② 로인(Loin)

③ 립케이지(Ripcage)

④ 듀클로우(Dewclaw)

⑤ 배럴 체스트(Barrel Chest)

해 립케이지(Ripcage)란 심장이나 폐 등을 수용하는 바구니 형태의 골격을 말하며, 흉곽이라고도 한다.

21 어깨 근육이 과도하게 발달해 두꺼운 몸통 타입을 가리키는 용어는?

① 비피(Beefy)

② 버턱(Buttock)

③ 브리스켓(Brisket)

④ 보시(Bossy)

⑤ 백 라인(Back Line)

해 보시(Bossy)는 어깨 근육이 과도하게 발달해 두꺼운 몸통 타입을 가리키는 용어이다.

22 다음 몸통관련 용어의 내용이 틀린 것은?

① 브리스켓(Brisket)이란 몸통 앞쪽의 가슴 아래쪽을 말하며 하흉부라고도 한다.

② 비피(Beefy)란 근육이나 살이 과도하게 발달해 비만인 몸통 타입을 말한다.

③ 버턱(Buttock)이란 엉덩이를 말한다.

④ 숏백(Short Back)이란 라스트 립에서 둔부까지 거리가 짧은 것을 말한다.

⑤ 배럴 체스트(Barrel Chest)는 술통 모양의 가슴을 말한다.

해 ④는 숏 커플드(Short-Coupled)에 대한 설명이며, 숏백(Short Back)이란 기갑의 높이보다 짧은 등을 말한다.

답 17 ④ 18 ② 19 ② 20 ③ 21 ④ 22 ④

23 반려견의 몸통관련 용어의 설명으로 적절하지 않은 것은?

① 스웨이 백(Sway Back) : 캐멀 백의 반대 의미로 등선이 움푹 파인 모양을 말한다.

② 아웃 오브 숄더(Out Of Shoulder) : 견갑골이 뒤쪽으로 길게 경사를 이루어 후방으로 경사진 어깨를 말한다.

③ 캐멀 백(Camel Back) : 어깨 쪽이 낮고 허리부분이 둥글게 올라가고 엉덩이가 내려간 모양을 말하며 낙타등이라고 한다.

④ 언더라인(Underline) : 가슴 아랫부분에서 배를 따라 만들어진 아랫면의 윤곽선을 말한다.

⑤ 스트레이트 숄더(Straight Shoulder) : 어깨가 전방으로 기울어진 것을 말한다.

해 ②는 슬로핑 숄더(Sloping Shoulder)에 대한 설명이고, 아웃 오브 숄더(Out Of Shoulder)란 전구가 매우 넓어진 상태로 두드러지게 벌어진 어깨를 말하며, 불독이 대표적이다.

24 견체 관련 용어 중 슬개골을 뜻하는 말은?

① 위더스(Withers)
② 에이너스(Anus)
③ 파텔라(Patella)
④ 인 숄더(In Shoulder)
⑤ 앵귤레이션(Angulation)

해 파텔라(Patella)는 슬개골(무릎 관절을 보호하는 작은 뼈)을 말한다.

25 반려견의 몸통 관련 용어로 잘못 설명된 것은?

① 커플링(Coupling) : 늑골과 관골 사이를 연결하는 몸통 부위로 요부라고 한다.

② 코비(Cobby) : 몸통이 짧고 간결한 모양의 몸통 타입을 말하며 몰티즈가 대표적이다.

③ 클로디(Cloddy) : 등이 낮고 몸통이 굵어 무겁게 느껴지는 몸통의 타입을 말한다.

④ 턱업(Tuck Up) : 허리 부분에서 복부가 감싸올려진 부위를 말한다.

⑤ 플랭크(Flank) : 목 아래에 있는 어깨의 가장 높은 점을 말한다.

해 ⑤는 위더스(Withers)에 대한 설명이고, 플랭크(Flank)란 라스트 립과 엉덩이 사이의 몸통 측면의 옆구리를 말한다.

26 토끼발처럼 긴 발가락을 뜻하는 용어는?

① 캣 풋(Cat Foot)　　　　　　　② 페이퍼 풋(Paper Foot)

③ 헤어 풋(Hare Foot)　　　　　　④ 듀클로우(Dewclaw)

⑤ 브리스켓(Brisket)

해 헤어 풋(Hare Foot)은 토끼발처럼 긴 발가락을 말한다. 캣 풋(Cat Foot)은 고양이 발을 말하고, 페이퍼 풋(Paper Foot)은 발바닥이 너무 얇아 움직임이 빈약한 것을 말하며, 듀클로우(Dewclaw)는 며느리발톱, 브리스켓(Brisket)은 하흉부를 말한다.

27 반려견의 다리와 관련된 용어 중 앞다리, 앞가슴, 가슴, 어깨, 목 등을 포함한 전반부를 가리키는 프런트의 종류에 대한 설명으로 틀린 것은?

① 내로우 프런트(Narrow Front) : 앞다리의 간격이 좁고 앞가슴 폭이 좁은 프런트로 보르조이가 대표적이다.

② 보우드 프런트(Bowed Front) : 어깨가 높아서 깎아지는 듯한 프런트를 말한다.

③ 스트레이트 프런트(Straight Front) : 일직선상의 프런트로 테리어 프런트라고도 한다.

④ 와이드 프런트(Wide Front) : 앞발 간격이 넓은 프런트로 불독이 대표적이다.

⑤ 피들 프런트(Fiddle Front) : 팔꿈치가 바깥쪽으로 굽은 프런트로 발가락도 밖으로 향해 있다.

해 ②는 스팁 프런트(Steep Front)에 대한 설명이며, 보우드 프런트(Bowed Front)란 팔꿈치가 바깥쪽으로 활처럼 굽은 안짱다리를 말한다.

답 23 ②　24 ③　25 ⑤　26 ③　27 ②

28 다음 중 반려견의 다리와 관련된 용어의 설명으로 틀린 것은?

① 내로우 싸이(Narrow Thigh) : 폭이 좁은 대퇴부를 말한다.

② 다운 인 패스턴(Down In Pastern) : 패스턴이 앞쪽으로 경사진 것을 말하며, 지구력이 결여되는 결점이 있다.

③ 싸이(Thigh) : 후지 엉덩이에서 무릎 관절까지의 대퇴부를 말하며 어퍼 싸이라고도 한다.

④ 스타이플(Stifle) : 대퇴골과 하퇴골을 연결하는 무릎관절을 말한다.

⑤ 배럴 호크(Barrel Hock) : 비절이 낮은 낫 모양의 관절을 말한다.

해 ⑤는 식클 호크(Sickle Hock)에 대한 설명이며, 배럴 호크(Barrel Hock)는 발가락 부분이 안쪽으로 굽어 밖으로 돌아간 비절을 말한다.

29 반려견의 다리와 관련된 용어 중 뒷다리 양쪽이 소처럼 안쪽으로 구부러진 다리를 뜻하는 용어는?

① 배럴 호크(Barrel Hock) 　② 스트레이트 호크(Straight Hock)

③ 식클 호크(Sickle Hock) 　④ 카우 호크(Cow Hock)

⑤ 트위스팅 호크(Twisting Hock)

해 카우 호크(Cow Hock)란 뒷다리 양쪽이 소처럼 안쪽으로 구부러진 다리를 뜻하는 용어이다.

30 반려견의 다리와 관련된 용어에 대한 설명으로 적절하지 않은 것은?

① 엘보우(Elbow)란 팔꿈치를 말한다.

② 스타이플(Stifle)은 대퇴골과 하퇴골과 연결하는 무릎 관절을 말한다.

③ 싸이(Thigh)란 후지 엉덩이에서 무릎 관절까지의 대퇴부를 말한다.

④ 프런트(Front)란 앞다리, 앞가슴, 가슴, 어깨, 목 등을 포함한 개 전반부를 말한다.

⑤ 호크(Hock)란 손의 관절과 손가락 뼈 사이의 부위, 앞다리의 가운데 뼈, 뒷다리의 가운데 뼈를 말한다.

해 ⑤는 패스턴(Pastern)에 대한 내용이고, 호크(Hock)란 아랫다리와 패스턴 사이의 뒷다리 관절을 말하며, 비절이라고도 한다.

31 반려견의 꼬리유형과 그 대표견종의 연결이 옳지 않은 것은?

① 게이 테일(Gay Tail) – 스코티쉬 테리어

② 랫 테일(Rat Tail) – 아이리시 워터 스패니얼

③ 링 테일(Ring Tail) – 아프간하운드

④ 밥 테일(Bob Tail) – 알래스칸 말라뮤트

⑤ 브러시 테일(Brush Tail) – 시베리안허스키

해 밥 테일(Bob Tail)은 선천적으로 꼬리가 없는 것으로 잘린 꼬리라고도 하며, 웰시코기 펨브로크가 대표적이다.

32 반려견의 꼬리유형에 대한 설명으로 적절하지 않은 것은?

① 링 테일(Ring Tail) : 바퀴모양으로 꼬리 뿌리가 높게 올려져 원형을 이루는 꼬리를 말하며, 아프간하운드가 대표적이다.

② 오터 테일(Otter Tail) : 꼬리 뿌리 부분이 두껍고 둥글며 끝이 가는 수달모양의 꼬리를 말하며, 래브라도 리트리버가 대표적이다.

③ 스냅 테일(Snap Tail)은 다람쥐 꼬리를 말하며 빠삐용이 대표적이다.

④ 브러시 테일(Brush Tail)은 여우처럼 길고 늘어진 둥근 브러시 모양의 꼬리로 폭스 브러시라고도 하며 시베리안허스키가 대표적이다.

⑤ 스크류 테일(Screw Tail)은 와인 오프너와 같은 모양의 나선형 꼬리를 말하며 불독, 보스턴 테리어 등이 대표적이다.

해 ③은 스쿼럴 테일(Squirrel Tail)에 대한 내용이며, 스냅 테일(Snap Tail)은 꼬리 끝이 등에 접촉된 낫 모양의 꼬리를 말하며, 알래스칸 말라뮤트가 대표적이다.

33 다음 반려견의 꼬리유형 중 설명이 틀린 것은?

① 크랭크 테일(Crank Tail) : 짧고 아래를 향한 꼬리이며 말단이 위쪽으로 구부러진 꼬리로 불독이 대표적이다.

② 크룩 테일(Crook Tail) : 구부러진 꼬리를 말한다.

③ 킹크 테일(Kink Tail) : 비틀린 꼬리를 말한다.

④ 플룸 테일(Plume Tail) : 깃발형태의 꼬리를 말한다.

⑤ 플래그폴 테일(Flagpole Tail) : 등선에 대해 직각으로 올라간 꼬리를 말하며 비글이 대표적이다.

해 ④는 플래그 테일(Flag Tail)을 설명한 것이며, 플룸 테일(Plume Tail)은 깃털 모양의 장식 털이 아래로 늘어진 꼬리를 말하며 잉글리시세터가 대표적이다.

34 반려견 꼬리의 유형과 그 대표적 견종의 연결이 옳지 않은 것은?

① 휩 테일(Whip Tail) - 잉글리시 포인터

② 훅 테일(Hook Tail) - 비글

③ 판 테일(Fan Tail) - 포메라니안

④ 킹크 테일(Kink Tail) - 프렌치불독

⑤ 플룸 테일(Plume Tail) - 잉글리시 세터

해 훅 테일(Hook Tail)은 갈고리 모양의 꼬리를 말하며, 브리아드, 피레니언 마운틴 독이 대표적이다.

35 다음 중 배럴 체스트(Barrel Chest)의 의미로 옳은 것은?

① 뼈와 뼈가 연결되는 각도

② 귀나 꼬리를 위쪽으로 세운 것

③ 주둥이를 둘러싼 흰색의 띠를 이룬 반점

④ 술통 모양의 가슴

⑤ 등뼈와 평행하지 않은 어깨 끝을 말하며 어깨가 앞으로 나온 모양

해 배럴 체스트(Barrel Chest)는 술통 모양의 가슴을 말한다. ①은 앵귤레이션(Angulation), ②는 이렉트(Erect), ③은 노우즈 밴드 (Nose Band), ⑤는 인 숄더(In Shoulder)에 대한 설명이다.

36 다음 〈보기〉가 설명하는 꼬리유형은?

> **보기**
>
> 꼬리 뿌리 부분이 두껍고 둥글며 끝이 가는 수달모양의 꼬리를 말하며, 래브라도 리트리버가 대표적이다.

① 오터 테일(Otter Tail)

② 이렉트 테일(Erect Tail)

③ 스쿼럴 테일(Squirrel Tail)

④ 컬드 테일(Curled Tail)

⑤ 콕트업 테일(Cocked-up Tail)

해 오터 테일(Otter Tail)은 꼬리 뿌리 부분이 두껍고 둥글며 끝이 가는 수달모양의 꼬리를 말하며, 래브라도 리트리버가 대표적이다. ②의 이렉트 테일(Erect Tail)은 직립꼬리로 위를 향해 선 꼬리를 말한다. ③의 스쿼럴 테일(Squirrel Tail)은 다람쥐 꼬리를 말한다. ④의 컬드 테일(Curled Tail)은 심하게 말려 올라가 등 가운데 짊어진 꼬리를 말한다. ⑤의 콕트업 테일(Cocked-up Tail)은 등선에 직각으로 구부러져 올려진 꼬리를 말한다.

답 33 ④ 34 ② 35 ④ 36 ①

37 세이버 테일(Saver Tail)을 대표하는 견종을 〈보기〉에서 모두 고른 것은?

> **보기**
>
> 가. 시베리안 허스키 나. 바셋하운드
> 다. 포메라니안 라. 저먼셰퍼드

① 가, 나 ② 가, 다
③ 나, 다 ④ 나, 라
⑤ 다, 라

웹 세이버 테일(Saver Tail)은 바셋하운드처럼 부드럽게 커브를 그리며 올라간 형태와 저먼셰퍼드처럼 반원형을 이루며 낮게 유지한 형태가 있다. 시베리안 허스키는 브러시 테일(Brush Tail)이고, 포메라니안은 판 테일(Fan Tail)이다.

38 블로키 헤드(Blocky Head)에 대한 설명으로 옳은 것은?

① 애플 헤드와 동일한 의미이다.
② 서양배 모양의 머리로 베들링턴 테리어가 대표적이다.
③ 주름이 없고 앙상한 머리형으로 살루키가 대표적이다.
④ 두개의 타입을 말한다.
⑤ 두부에 각이 지거나 펑퍼짐하게 퍼져 길이에 비해 폭이 매우 넓은 네모난 모양의 각진 머리형
  을 말한다.

웹 블로키 헤드(Blocky Head)는 두부에 각이 지거나 펑퍼짐하게 퍼져 길이에 비해 폭이 매우 넓은 네모난 모양의 각진 머리형을 말하며 보스턴 테리어가 대표적이다.

39 리피(Lippy)에 대한 설명으로 옳은 것은?

① 아래로 늘어지거나 턱이 밀착되지 않은 입술을 말한다.

② 두터운 입술과 턱을 말하며 촙(Chop)과 같은 말로 대표적 견종은 불독이다.

③ 늘어진 윗입술을 말한다.

④ 뒤틀려 비뚤어진 입을 말한다.

⑤ 턱을 말한다.

해 리피(Lippy)란, 아래로 늘어지거나 턱이 밀착되지 않은 입술을 말한다.

40 뼈와 뼈가 연결되는 각도를 뜻하는 용어는?

① 백 라인(Back Line)

② 배럴 체스트(Barrel Chest)

③ 비피(Beefy)

④ 앵귤레이션(Angulation)

⑤ 보시(Bossy)

해 앵귤레이션(Angulation)이란, 뼈와 뼈가 연결되는 각도를 말한다. ①의 백 라인(Back Line)은 기갑에서 시작해 꼬리 뿌리부분까지 이어지는 등선을 말한다. ②의 배럴 체스트(Barrel Chest)는 술통 모양의 가슴을 말한다. ③의 비피(Beefy)는 근육이나 살이 과도하게 발달해 비만인 몸통 타입을 말한다. ⑤의 보시(Bossy)는 어깨 근육이 과도하게 발달해 두꺼운 몸통 타입을 말한다.

답 37 ④   38 ⑤   39 ①   40 ④

Chapter 01
응용미용

1 푸들의 신체구조 용어

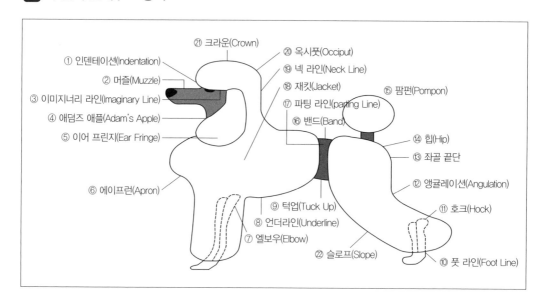

① 인덴테이션(Indentation)	푸들 등에게 스톱에 역V자 모양의 표현을 하는 것이다.
② 머즐(Muzzle)	주둥이를 말한다.
③ 이미지너리 라인(Imaginary Line)	눈 끝에서 귀 뿌리부분까지 설정한 가상의 선을 말한다.
④ 애덤즈 애플(Adam's Apple)	결후, 후골, 목젖을 말한다.
⑤ 이어 프린지(Ear Fringe)	길게 늘어진 귀 주변의 장식 털을 말한다.
⑥ 에이프런(Apron)	가슴 부위의 장식 털을 말한다.
⑦ 엘보우(Elbow)	팔꿈치를 말한다.
⑧ 언더라인(Underline)	가슴 아랫부분에서 배를 따라 만들어진 아랫면의 윤곽선을 말한다.
⑨ 턱업(Tuck Up)	허리 부분에서 복부가 감싸 오른 부위를 말한다.

⑩ 풋 라인(Foot Line)	뒷다리(뒷다리 발목에서 관절까지)선
⑪ 호크(Hock)	아랫다리와 패스턴 사이의 뒷다리 관절을 말한다. 비절이라고도 한다.
⑫ 앵귤레이션(Angulation)	뼈와 뼈가 연결되는 각도를 말한다.
⑬ 좌골 끝단	관골(髖骨)의 뒤 아래쪽을 구성하는 뼈의 끝단
⑭ 힙(Hip)	엉덩이를 말한다.
⑮ 팜펀(Pompon)	꼬리 끝
⑯ 밴드(Band)	클리핑이나 시저링을 통해 띠 모양의 형태를 만드는 작업을 말한다.
⑰ 파팅 라인(Parting Line)	가르마가 되는 부분을 말한다.
⑱ 재킷(Jacket)	몸통 털
⑲ 넥 라인(Neck Line)	목 선
⑳ 옥시풋(Occiput)	양 귀 사이의 주먹 모양의 후두부 뒷부분을 말한다.
㉑ 크라운(Crown)	두부의 가장 높은 정수리 부분의 두정부를 말한다.
㉒ 슬로프(Slope)	다리 곡선기울기

2 푸들의 맨하탄 클립

(1) 의미 및 특징

① 허리와 목 부분에 클리핑 라인을 만드는 미용스타일이다.

② 밴드를 만들고 목 부분을 클리핑하는 미용스타일이다.

③ 통상적으로 허리와 목 부분을 클리핑하지만, 목 부분을 클리핑하지 않고 허리선만 드러나게 하는 경우도 많다.

④ 클리핑 라인이 완벽해야만 전체 커트로 이어지는 라인을 아름답게 표현할 수 있다.

(2) 시저링 방법

① 머리위의 인덴테이션에서 옥시풋까지 둥그스름하게 시저링한다.

② 목 뒷부분의 선은 목 시작부분에서 1~2cm 위에서 경계라인을 시저링한다. 즉 목은 후두부 0.5cm 뒤에서 기갑부 1~2cm 윗부분으로 연결해야 한다.

③ 꼬리부분은 둥그스름하게 시저링한다.

④ 힙(엉덩이) 부분은 약 30도로 시저링한다. 즉 힙의 각도는 30도이고, 등선은 수직이 되어야 한다.

⑤ 앵귤레이션부분은 좌골단에서 아래쪽으로 자연스럽게 시저링한다. 즉 뒷다리 앵귤레이션은 강조하되 무릎 부분의 허리 클리핑 라인에서 풋 라인까지 자연스러운 곡선을 이루도록 하여야 한다.

⑥ 풋 라인(다리 선)을 약 45도로 비절(호크) 방향으로 시저링한다.

⑦ 슬로프 부분은 턱업에서 아래쪽으로 자연스럽게 시저링한다.

⑧ 언더라인은 자연스럽게 시저링한다.

⑨ 에이프런(가슴부위 장식 털)은 둥그스름하게 시저링한다.

⑩ 앞다리의 앞 라인을 자연스럽게 시저링한다. 즉 앞다리는 원통형으로 일직선이 되도록 하고 몸통과 잘 이어져야 한다.

⑪ 이어 프린지(길게 늘어진 귀 주변의 장식털)를 둥그스름하게 시저링한다.

3 푸들의 퍼스트 콘티넨탈 클립

(1) 의미 및 특징

① 로제트, 팜펀, 브레이슬릿 커트의 균형미와 조화가 돋보이는 미용스타일이다.

② 쇼 클립에 가장 가깝다.

③ 클리핑 면적이 넓고 콘티넨탈 클립보다 짧게 커트되어 가정에서도 관리하기가 용이하다.

④ 로제트, 팜펀, 브레이슬릿의 균형미와 조화가 중요하며, 클리핑 라인의 선정이 중요하다.

(2) 시저링 방법

① 탑라인(머리에서 뒷목부분)을 자연스럽게 시저링한다.

② 로제트(등의 후반 꼬리 앞)를 둥그스름하게 시저링한다. / 재킷과 로제트의 경계인 앞 라인은 최종 늑골 1cm 뒤에 위치하여야 하며, 재킷 앞부분은 둥글게 볼륨감을 주고, 허리선은 계란형으로 되어야 한다.

③ 팜펀(꼬리 끝부분)을 둥그스름하게 시저링한다. / 팜펀은 꼬리 시작부분부터 2~2.5cm 정도를 클리핑한다.

④ 브레이슬릿(뒷발목에서 구부러진 호크) 윗부분을 약 45도 각도로 시저링한다.

⑤ 리어 브레이슬릿(뒷다리 앞부분 발목에서 구부러진 호크)을 둥그스름하게 시저링한다./ 리어 브레이슬릿의 클리핑 라인은 비절 1.5cm 위에서 45도 앞으로 기울여야 한다.

⑥ 무릎을 시저링한다.

⑦ 최종 늑골 1~2cm 뒤에 파팅 라인을 만든다.

⑧ 엘보우(앞발 팔꿈치) 라인을 자연스럽게 시저링한다.

⑨ 프런트 브레이슬릿(앞발 발목에서 호크까지)의 둥그스름하게 시저링한다.

⑩ 리어 프런트 브레이슬릿(앞다리 앞부분 발목에서 엘보우 아래까지) 둥그스름하게 시저링한다.

⑪ 에이프런(가슴부위 장식 털)을 둥그스름하게 시저링한다.

4 푸들의 브로콜리 커트

(1) 의미 및 특징

① 몸통은 짧고 다리는 원통형이며, 비숑 프리제의 머리모양 스타일에 머즐 부분만 짧게 커트하는 미용스타일이다.

② 모량이 충분하고 힘이 있어야 하며 전체적으로 둥근 이미지로 표현한다.

(2) 시저링 방법

① 크라운(정수리 부분)에서 이어 프린지(늘어진 귀 주변)으로 자연스럽게 시저링한다. 머리는 비숑 프리제와 유사하지만 머즐은 짧게 커트하여 더욱 귀여운 인상을 주어야 한다.

② 클리퍼를 사용하여 13mm~16mm로 클리핑한다.

③ 팜펀(꼬리의 끝부분)은 자연스럽게 시저링한다.

④ 좌골끝단은 좌골단에서 아래쪽으로 자연스럽게 시저링한다.

⑤ 풋 라인(뒷다리 발목에서 관절까지)을 약 45도 각도로 자연스럽게 시저링한다. 뒷다리는 나팔바지 형태로 볼륨감을 주어야 한다. 일반적으로 다리는 둥근 형태여야 한다.

⑥ 턱업(허리부분에서 복수가 감싸 올려진 부위)에서 아래쪽으로 자연스럽게 시저링한다.

⑦ 앞발 뒷부분은 약 35~45도 각도로 자연스럽게 시저링한다.

⑧ 앞다리의 앞라인을 자연스럽게 시저링한다. 앞다리는 윗부분이 짧고 아래로 내려가면서 둥글게 표현하여야 한다.

⑨ 몸통과 다리 라인을 둥그스름하게 시저링한다.

⑩ 흉골단을 자연스럽게 시저링한다.

⑪ 머즐(주둥이) 부분을 깔끔하게 시저링한다.

⑫ 귀는 적당한 길이와 후두부 뒷면과 자연스럽게 연결되어야 한다.

5 포메라니안의 곰돌이 커트

(1) 의미 및 특징 : 얼굴은 둥글게 몸의 털을 짧게 커트하여 포메라니안 특유의 귀여운 이미지를 연출할 수 있는 미용스타일이다.

(2) 시저링 방법

① 머리 앞부분은 둥그스름하게 시저링한다. 얼굴의 전체적인 이미지는 둥근 형태로 이루어져야 한다.

② 귀를 자연스럽게 시저링한다. 귀는 120도 각도의 둥근 형태이어야 한다.

③ 꼬리를 부채꼴 모양으로 자연스럽게 시저링한다.

④ 힙의 각도를 약 30도로 시저링한다.

⑤ 엉덩이에서 비절까지 자연스럽게 시저링한다.

⑥ 비절 라인을 둥그스름하게 시저링한다.

⑦ 뒷발은 캣 풋 모양으로 시저링한다.

⑧ 언더라인을 자연스럽게 시저링한다.

⑨ 앞다리의 뒷 라인을 자연스럽게 시저링한다.

⑩ 에이프런(가슴부위의 장식 털)을 둥그스름하게 시저링한다.

⑪ 머즐(주둥이) 부분을 깔끔하게 시저링한다.

⑫ 목 선은 짧은 느낌이 들도록 하고 머리에서 등까지 선이 자연스럽게 이어져야 한다.

⑬ 다리는 둥근 고양이 발과 같은 모양이어야 한다. 뒷다리의 뒷부분은 꼬리에서 이어져 비절까지 완만한 경사를 그려야 한다.

6 반려견의 종류별 신체적 특징

(1) 푸들

① 몸의 형태가 짧고 다리와 얼굴이 긴 품종이다.

② 스퀘어 타입이다.

③ 신축성이 좋은 털로 덮여 있다.

④ 여러 종류의 스타일의 창작 미용이 가능하다.

⑤ 모든 부위에서 시저링 라인미용이 가능하여 애견미용의 정점이라고 볼 수 있다.

(2) 포메라니안

① 체구가 작고 목과 머즐이 짧다.

② 더블 코트를 가진 견종이다.

③ 다양한 스타일의 시저링 창작미용이 가능하다.

④ 곰돌이 커트가 대표적인 스타일이다.

(3) 몰티즈

① 길지 않은 모질과 흰색 털을 가진 견종이다.

② 드워프 타입이다.

③ 털의 방향과 가위의 각도를 잘 활용하여 매끄러운 면 처리 미용방법이 필요하다.

7 반려견 모질 종류와 털 관리방법

(1) 장모종

① 긴 오버코트와 촘촘한 언더코트가 같이 자라 보온성이 뛰어나지만 털이 잘 엉키는 단점이 있다.

② 1일 1회 이상 브러시를 사용하여 털 결의 순방향으로 빗질해 준다.

③ 생식기나 입 주변 등은 래핑 처리하여 오염을 방지하고 털을 보호해 준다.

④ **대표적 견종** : 몰티즈, 요크셔테리어, 시츄 등이다.

(2) 단모종

① 털의 길이가 짧은 것으로 발수성이 좋고 털 관리가 용이하다.

② 스무드 코트라고도 한다.

③ 겨울부터 봄까지의 털갈이 시기에는 주기적으로 빗질하여 주는 것이 좋다.

④ 너무 잦은 목욕은 피모를 건조하게 하므로 주의하여야 한다.

⑤ **대표적 견종** : 닥스훈트, 치와와, 미니어처 핀셔, 비글 등이다.

(3) 환모기가 없는 권모종

① 오버코트와 언더코트가 자연스럽게 서로 얽혀 새끼줄 모양으로 된 털이다.

② 털이 자라는 속도가 빠르기 때문에 주기적인 손질이 필요하다.

③ 슬리커 브러시를 이용하여 귀를 제외한 부분은 털 결의 역방향으로 빗질하여 준다.

④ 귓속의 털이 너무 많아 자라지 않도록 정기적으로 제거한다.

⑤ 털을 너무 오래 방치하면 심하게 뭉칠 수도 있으므로 주의가 필요하다.

⑥ 대표적 견종 : 푸들, 비숑 프리제, 베들링턴 테리어 등이다.

8 개체별 미용스타일

(1) 푸들의 스포팅 클립 스타일

① 다리털을 남겨두고 몸 전체를 짧게 클리핑하는 스타일이다.

② 다리 부분의 클리핑 라인을 조절해 준다.

③ 몸의 굴곡을 살리면서 강약을 조절하여 클리핑을 하여야 한다.

④ 다리 부분의 클리핑 라인을 너무 내려 다리가 짧아 보이지 않도록 해야 한다.

(2) 몰티즈의 판타롱 스타일

① 몸을 클리핑하고 다리의 털을 살려서 커트하므로 가정에서 선호하는 스타일이다.

② 머리를 밴드로 묶어서 생기발랄한 느낌을 줄 수 있다.

③ 털이 자라난 방향대로 누워 있는 형태가 많다.

④ 전신 커트 시 털의 방향과 가위 방향이 일치하도록 작업하여야 한다.

(3) 비숑 프리제의 펫 스타일 커트

① 얼굴을 둥그스름하게 커트하여 주는 스타일이다.

② 몸을 짧게 클리핑하고 다리 부분을 원통형으로 시저링한다.

③ 다른 견종의 썸머 커트와 마찬가지로 가정에서 선호하는 스타일이다.

④ 다리의 아랫부분을 좀 더 넓게 하면서 균형미를 연출해 준다.

9 미용스타일(맨하탄 클립의 변형미용)

(1) 밍크칼라 클립

① 맨하탄 클립에서 허리와 목 부분에 파팅 라인을 넣어 체형의 단점을 보완하는 미용방법이다.

② 머리와 목의 재킷을 분리하는 칼라를 넣어 주면 목이 길어 보이는 미용스타일이 가능하다.

(2) 볼레로 클립

① 볼레로란 짧은 상의를 의미하는데, 이는 맨하탄의 변형 클립 중 하나이다.

② 다리에 브레이슬릿을 만드는 클립으로 앞다리의 엘보우를 포함하는 브레이슬릿을 만드는 것이 특징이다.

10 미용스타일 연출(아트미용)과 도구 및 재료

(1) 아트미용

① 개성 있는 미용스타일을 연출하기 위해 사용한다.

② 작업자의 창작력과 숙련된 기술로 개성을 표현하는 기술이다.

③ 자연의 동 · 식물 및 사물의 형태와 색체를 표현하는 방법과 기술을 말한다.

(2) 도구 및 재료

① 헤어스프레이 : 머리 위 털이나 등 털을 세워주는 세팅 작업용으로 사용하며, 눈과 호흡기, 피부에 닿지 않도록 주의한다.

② 글리터 젤 : 털과 장식 털 등에 포인트를 주어 화사한 이미지를 표현하며, 글리터 젤을 사용한 후 헤어스프레이를 사용하면 고정시키는 효과가 있다.

11 미용스타일의 완성

(1) 여러 가지 액세서리와 의상

① 헤어 핀 : 반려견의 털의 양이나 스타일에 따라 다양한 스타일 연출도구로 사용된다.

② 목걸이 : 반려견의 미용스타일과 의상 콘셉트에 맞게 활용하며 이름표로도 활용된다.

③ 봄 · 가을 의상 : 보온성과 반려견의 미용스타일을 고려하여 선택한다.

④ 겨울 의상 : 대부분 보온목적으로 활용한다.

(2) 유사시 필요한 용품

① 하네스(Harness) : 안전벨트 형식의 용구로 목줄을 불편해하는 개에게 사용한다.(주로 산책 시 사용)

② 스누드(Snood) : 얼굴 주변의 털이 길거나 귀가 늘어져 있는 경우 오염방지를 위한 용도로 주로 사용된다.

③ 매너 벨트(Manner Belt) : 수컷의 생식기에 소변을 흡수하는 패드를 쉽게 붙일 수 있도록 도와주는 용도로 사용된다.

④ 드라이빙 키트(Driving Kit) : 차 안에서 편안하고 안전하게 개의 이동을 도와주는 용도로 사용한다.

(3) 완성한 미용스타일 체크방법

① 콤으로 균형미를 체크하는 방법

② 신체 부위별 균형미를 체크하는 방법 : 풋 라인 및 다리부분, 몸 전체, 얼굴 및 목 부분, 꼬리 부분 등

③ 풋 라인의 원형 상태, 앞다리의 엘보우 안쪽, 뒷다리의 턱업 안쪽을 마무리 빗질하며 체크한다.

④ 엉덩이 부분에서 등선부분, 가슴 아랫부분에서 배 부분을 주의 깊게 빗질하며 체크한다.

⑤ 장모종은 털의 힘이 약해 처지므로 빗질의 힘 조절을 약하게 하여 빗질하여야 하며, 털의 결 방향을 고려해 피부에서 털 끝부분까지 완전히 빗질하여야 한다.

⑥ 권모종은 털의 힘이 좋고 웨이브가 있는 견종으로 잘못된 부분이 없는지 빗질하면서 체크한다.

⑦ 전체적으로 커트한 털의 흐름을 고려하여 털 깊숙이 빗질하고 면 처리가 고르게 되었는지를 확인한다.

(4) 스타일 완성 후 고객 피드백에 대응하는 방법

① 스타일 완성 후 고객으로부터 피드백을 받을 것

② 수정이 필요한 경우나 미용으로 상해가 발생한 경우 : 고객과 충분히 협의한 후 절차대로 진행할 것

12 미용스타일 구상 시의 유의사항

- 작업 전에 반드시 반려견의 건강상태와 특이사항 등을 파악할 것
- 반려견의 개체별 특성을 숙지할 것
- 작업 장소는 청결하고 통풍이 잘될 것
- 작업 장소는 반려견의 탈출경로가 차단되어 있을 것
- 반려견이 휴식을 취할 수 있는 장소를 제공할 것
- 작업자는 고객의 요구사항을 정확히 이해하고 소통하면서 작업할 것
- 미용스타일을 구상할 때는 반려견의 안전을 가장 먼저 고려할 것
- 이전 미용스타일에 따른 제약을 이해하고 현재 적용할 미용스타일의 표현이 가능하도록 구상할 수 있을 것
- 최신 유행을 이해하고 고객이 만족하는 미용스타일을 구상할 수 있을 것

Chapter 01
적중예상문제

01 다음 〈보기〉가 설명하는 미용스타일은?

> **보기**
>
> 가. 허리와 목 부분에 클리핑 라인을 만드는 미용스타일이다.
> 나. 밴드를 만들고 목 부분을 클리핑하는 미용스타일이다.
> 다. 클리핑 라인이 완벽해야 전체 커트로 이어지는 라인을 아름답게 표현할 수 있다.

① 푸들의 맨하탄 클립
② 푸들의 퍼스트 콘티넨탈 클립
③ 포메라니안의 곰돌이 커트
④ 푸들의 브로콜리 커트
⑤ 몰티즈의 판타롱 스타일

해 푸들의 맨하탄 클립 스타일은 허리와 목 부분에 클리핑 라인을 만드는 미용스타일이며, 밴드를 만들고 목 부분을 클리핑하는 미용스타일이다. 인덴테이션에서 옥시풋까지 둥근 원형의 모양이고, 몸통은 자연스럽고 균형미 있는 둥근 원형이 되어야 한다. 또한 힙의 각도는 30도이고, 풋 라인에서 호크까지는 45도 각도로 올라가는 연결라인이다. 최종 늑골 0.5~1cm 뒤에서 파팅 라인을 잡는 것이 바람직하다.

02 푸들의 퍼스트 콘티넨탈 클립으로 바르지 않은 것은?

① 쇼 클립에 가장 가깝다.
② 로제트, 팜펀, 브레이슬릿 커트의 균형미와 조화가 돋보이는 미용스타일이다.
③ 클리핑 면적이 넓고 콘티넨탈 클립보다 짧게 커트되어 가정에서도 관리하기가 용이하다.
④ 로제트, 팜펀, 브레이슬릿의 균형미와 조화가 중요하며, 클리핑 라인의 선정이 중요하다.
⑤ 얼굴은 둥글게, 몸의 털은 짧게 커트하여 귀여운 이미지를 연출할 수 있는 미용스타일이다.

해 ⑤는 포메라니안의 곰돌이 커트에 대한 설명이다. 푸들의 퍼스트 콘티넨탈 클립은 쇼 클립의 콘티넨탈 클립과 유사한 클립이다. 따라서 쇼 클립과 가장 가깝게 보이는 펫 클립이라고 할 수 있다.

답 01 ①　　02 ⑤

03 다음 중 푸들의 브로콜리 커트에 관한 설명으로 적절하지 않은 것은?

① 앞발 뒷부분은 약 35~45도 각도로 자연스럽게 시저링한다.

② 앞다리는 윗부분이 짧고 아래로 내려가면서 둥글게 표현하여야 한다.

③ 풋 라인을 약 90도 각도로 자연스럽게 시저링하고, 뒷다리는 나팔바지 형태로 볼륨감을 주어야 한다.

④ 클리퍼를 사용하여 13mm~16mm로 클리핑한다.

⑤ 머리는 비숑 프리제와 유사하지만 머즐은 짧게 커트하여 더욱 귀여운 인상을 주어야 한다.

해 브로콜리 커트는 풋 라인을 약 45도 각도로 시저링한다.

04 다음 장모종의 반려견 털의 특징 및 관리방법으로 적절하지 않은 것은?

① 긴 오버코트와 촘촘한 언더코트가 같이 자라 보온성이 뛰어나다.

② 오버코트와 언더코트의 성질 차이로 구분되어 잘 엉키지 않는다.

③ 1일 1회 핀 브러시를 사용하여 털 결의 순방향으로 빗질해 준다.

④ 생식기나 입 주변 등은 래핑 처리하여 오염을 방지하고 털을 보호해준다.

⑤ 대표적인 견종은 몰티즈, 요크셔테리어, 시츄 등이다.

해 장모종 반려견의 털은 보온성이 뛰어나지만 잘 엉켜 매일 핀 브러시로 빗질을 해주는 것이 좋다.

05 단모종 반려견의 털의 특징과 관리방법에 대한 내용으로 적절하지 않은 것은?

① 길이가 짧은 털로 스무드 코트라고도 한다.

② 발수성이 좋고 관리가 용이하다.

③ 겨울부터 봄까지의 털갈이 시기에는 주기적으로 빗질하여 주는 것이 좋다.

④ 대표적인 견종은 닥스훈트, 치와와, 미니어처 핀셔, 비글 등이다.

⑤ 털이 짧아 자주 목욕을 시킬수록 피부가 안전하고 촉촉해져 건강에 좋다.

해 너무 잦은 목욕은 피모를 건조하게 하므로 주의하여야 한다.

06 푸들의 신체적 특징으로 잘못 설명된 것은?

① 스퀘어 타입이다.

② 몸의 형태가 짧고 다리와 얼굴이 긴 품종이다.

③ 신축성이 좋은 털로 덮여 있어 여러 스타일의 창작 미용이 가능하다.

④ 모든 부위에서 시저링 라인 미용이 가능하여 애견미용의 정점이라고 할 수 있다.

⑤ 털의 형태가 자라난 방향대로 누워 있으므로, 전신 커트 시 털의 방향과 가위 방향이 일치하 도록 작업하여야 한다.

해 ⑤는 몰티즈에 대한 미용방법이다.

답 03 ③   04 ②   05 ⑤   06 ⑤

07 다음 〈보기〉가 설명하는 반려견의 신체적 특징에 해당하는 견종은?

> **보기**
>
> 가. 더블 코트를 가진 견종이다.
> 나. 다양한 스타일의 시저링 창작미용이 가능하다.

① 푸들
② 몰티즈
③ 치와와
④ 포메라니안
⑤ 비숑 프리제

해 포메라니안은 체구가 작고 목과 머즐이 짧으며, 더블 코트를 가진 견종이다. 다양한 스타일의 시저링 창작미용이 가능하며 곰돌이 커트가 대표적인 스타일이다.

08 비숑 프리제의 펫 스타일 커트에 대한 내용으로 적절하지 않은 것은?

① 펫 스타일 커트는 몸을 짧게 클리핑하고 다리 부분을 원통형으로 시저링한다.
② 얼굴은 둥그스름하게 커트하여 주는 스타일이다.
③ 다른 견종의 썸머 커트와 마찬가지로 가정에서 선호하는 스타일이다.
④ 몸을 짧게 클리핑하지만, 큰 얼굴의 둥그스름한 이미지를 강조해 준다.
⑤ 다리는 원통형으로 커트하되 아래 부분을 좀 더 좁게 하면서 균형미를 연출해준다.

해 다리는 원통형으로 커트하되, 아래 부분을 좀 더 넓게 하면서 균형미를 연출해준다.

09 몰티즈의 판타롱 스타일에 대한 내용으로 적절하지 않은 것은?

① 머리를 밴드로 묶어서 생기발랄한 느낌을 줄 수 있다.

② 전신 커트 시 털의 방향과 가위 방향이 일치하도록 작업하여야 한다.

③ 털이 자라난 방향과 반대로 누워 있는 형태가 많다.

④ 몸을 클리핑하고 다리의 털을 살려서 커트하는 미용스타일이다.

⑤ 가정에서 선호하는 스타일이다.

圖 판타롱 스타일은 털이 자라난 방향대로 누워 있는 형태가 많다.

10 맨하탄 클립에서 허리와 목 부분에 파팅 라인을 넣어 체형의 단점을 보완하는 미용방법은?

① 밍크칼라 클립　　　　　　　　　② 푸들의 퍼스트 콘티넨탈 클립

③ 포메라니안의 곰돌이 커트　　　　④ 푸들의 브로콜리 커트

⑤ 몰티즈의 판타롱 스타일

圖 밍크칼라 클립이란 맨하탄 클립에서 허리와 목 부분에 파팅 라인을 넣어 체형의 단점을 보완하는 미용방법으로 머리와 목의 재킷을 분리하는 칼라를 넣어 주면 목이 길어 보이는 미용스타일이며, 볼레로 클립은 다리에 브레이슬릿을 만드는 클립으로 앞다리의 엘보우를 포함하는 브레이슬릿을 만드는 것이 특징이다.

답 07 ④　　08 ⑤　　09 ③　　10 ①

11 아트미용 및 그 도구 등에 대한 설명으로 적절하지 않은 것은?

① 아트미용이란 개성 있는 미용스타일을 연출하기 위해서 활용한다.

② 아트미용은 작업자의 창작력과 숙련된 기술로 개성을 표현하는 기술이다.

③ 헤어스프레이는 머리 위 털이나 등 털을 세워주는 세팅 작업용으로 사용한다.

④ 헤어스프레이를 한 후 글리터 젤을 사용하면 털을 고정시키는 효과가 크다.

⑤ 아트미용은 자연의 동 · 식물 및 사물의 형태와 색채를 표현하는 방법과 기술을 말한다.

해 글리터 젤을 사용한 후 헤어스프레이를 사용하면 고정시키는 효과가 있다.

12 얼굴주변의 털이 길거나 귀가 늘어져 있는 개에게 털이 오염되는 것을 방지하기 위한 용도로 얼굴에 씌워 사용하는 용품은?

① 목걸이   ② 스누드(Snood)

③ 글리터 젤   ④ 헤어스프레이

⑤ 헤어 핀(Hair Pin)

해 스누드(Snood)란 얼굴주변의 털이 길거나 귀가 늘어져 있는 개에게 털이 오염되는 것을 방지하기 위한 용도로 얼굴에 씌워 사용하는 용품이다.

13 완성한 미용스타일을 체크하는 방법으로 적당하지 않은 것은?

① 전체적으로 커트한 털의 흐름을 고려하여 털 깊숙이 빗질하고 면 처리가 고르게 되었는지를 확인한다.

② 장모종은 털의 힘이 약해 처지므로, 빗질의 힘 조절을 강하게 하여 빠르게 빗질한다.

③ 풋 라인의 원형 상태, 앞다리의 엘보우 안쪽, 뒷다리의 턱업 안쪽을 마무리 빗질하며 체크한다.

④ 엉덩이 부분에서 등선부분, 가슴 아랫부분에서 배 부분을 주의 깊게 빗질하며 체크한다.

⑤ 권모종은 털의 힘이 좋고 웨이브가 있는 견종으로 잘못된 부분이 없는지 빗질하면서 체크한다.

해 장모종은 털의 힘이 약해 처지므로 빗질의 힘 조절을 약하게 하여 빗질하여야 하며, 털의 결 방향을 고려해 피부에서 털 끝부분까지 완전히 빗질하여야 한다.

14 다음 〈보기〉가 설명하는 미용스타일은?

> **보기**
>
> 클리핑 면적이 넓고 콘티넨탈 클립보다 짧게 커트되어 가정에서도 관리가 용이하다.

① 푸들의 퍼스트 콘티넨탈 클립   ② 비숑 프리제의 펫 스타일 커트

③ 푸들의 스포팅 클립   ④ 포메라니안의 곰돌이 커트

⑤ 푸들의 맨하탄 클립

해 푸들의 퍼스트 콘티넨탈 클립 스타일은 클리핑 면적이 넓고 콘티넨탈 클립보다 짧게 커트되어 가정에서도 관리가 용이하다.

답 11 ④   12 ②   13 ②   14 ①

15 미용스타일 구상 시의 유의 사항으로 적절하지 않은 것은?

① 작업 전에 반드시 반려견의 건강상태와 특이사항 등을 파악한다.

② 반려견의 개체별 특성을 숙지한다.

③ 작업 장소는 청결하고 통풍이 잘 되어야 한다.

④ 작업 장소는 반려견의 탈출 경로가 차단되지 않아야 한다.

⑤ 작업자는 고객의 요구사항을 정확히 이해하고 소통하면서 작업해야 한다.

해 작업 장소는 반려견의 탈출경로가 차단되어 있어야 한다.

답 15 ④

Chapter 02
염색

1 염색준비

(1) 피부 트러블

① 염색작업 전 피부 트러블 가능성 확인 : 자극에 대한 이상반응 여부, 과거 트러블 이력사항 확인, 클리핑 후 또는 샴푸 교체, 드라이 온도에 따른 이상반응 여부 확인

② 염색작업 후 피부 트러블 확인 : 염색 후 피부 이상반응 확인, 반려견의 염색 후 이상행동 관찰

(2) 염색 전 털 엉킴 및 오염제거 : 털 엉킴제거, 오염제거

(3) 염색제 선택 : 일회성 염색제, 지속성 염색제

(4) 기타

① 보색대비와 유사대비

② 이염 : 염색작업 시 염료가 염색해야 할 부위가 아닌 다른 곳이 물드는 것을 말함

2 염색제

(1) 일회성 염색제

① 튜브형 용기에 담긴 겔 타입의 염색제 : 튜브형으로 수분감이 있어 적은 양으로도 뭉침 없이 얇게 염색할 수 있다.

② 분말로 된 초크형 염색제 : 지속성 염색제를 쓰기 전에 초벌용으로 사용한다.

(2) 지속성 염색제

① 목욕으로 제거되지 않고 영구적이며, 겔 타입이다.

② 염색 후에는 제거가 어렵고, 염색부위를 제거하려면 가위로 커트한다.

3 이염 방지제 및 이염 방지방법

(1) 이염 방지 크림

① 수분감이 거의 없는 크림 타입이다.

② 이염 방지 크림은 목욕으로 제거할 수 있다.

(2) 이염 방지 테이프

① 발, 다리, 꼬리 부위에 사용하기 편리하다.

② 털에는 접착이 잘 되지 않으며, 물에 닿으면 쉽게 제거된다.

(3) 부직포

① 일회성 및 간단한 염색에 사용하기 좋다.

② 목욕이 필요 없는 염색작업에 권장된다.

(4) 이염 방지 방법

① 염색하기 전 이염 방지 크림을 염색할 부위가 아닌 곳에 도포한다.

② 염색을 방지할 부분에 이염 방지 테이프를 감싸준다.

③ 염색을 방지할 부분에 적당한 크기의 부직포를 씌운다.

④ 염색제가 염색할 부위가 아닌 곳에 묻었을 때는 알칼리 성분의 샴푸를 사용하여 닦아낸다.

⑤ 알코올 소독 패드는 소독과 이물질 제거에 사용하며, 일회성 염색제 사용 시 컬러를 교체할 때마다 붓을 닦아 주면 위생적이다.

4 투 톤 등의 염색방법

(1) 투 톤 염색

① 투 톤 염색이란 두 가지 컬러가 한 부위에 동시에 발색되는 것을 말한다.

② 피부와 가까운 부위의 염색이 더 진하게 나오므로 피부와 가까운 곳에 더 연한 컬러로 염색하는 것이 좋다.

③ 보색대비보다는 유사대비 컬러의 발색이 더 좋다.

④ 보색대비 염색작업 시에는 경계선을 만들어 이염 방지 작업을 철저히 하여야 한다.

(2) 그러데이션 염색

① 두 가지 컬러의 염색제로 한 부위에 동시에 발색하는 것으로 두 가지 컬러 이상의 색 번짐과 겹침을 이용하는 것이다.

② 유사대비 컬러의 활용을 권장한다.

(3) 블리치 염색(부분 염색)

① 원하는 부위에 부분적으로 컬러 포인트를 주는 방법이다.

② 염색 시 피부와 1cm 정도 떨어진 곳에서부터 시작한다.

③ 컬러의 발색을 미리 보기 위해 테스트용으로도 활용할 수 있다.

④ 염색을 하고 싶은데 피부가 예민한 애완동물에게 하면 좋다.

⑤ 염색작업 후 컬러의 발색이 마음에 들지 않으면 염색한 털만 커트해 준다.

5 염색제 도포 후 작용시간

- 자연 건조 상태로 기다리거나 드라이 작업을 하여 가온한다.

- 자연 건조 상태로 기다리는 시간은 20~25분 정도이다.

- 드라이어로 가온하면 시간을 단축할 수 있다.

- 염색제를 도포한 털의 양과 길이에 따라 시간의 차이가 있다.

- 작용시간을 기다리는 시간 동안 애완동물을 지켜보며 보정한다.

6 염색도구

(1) 블로우펜

① 일회성 염색제이며 펜을 입으로 불어서 사용한다.

② 분사량과 분사거리에 따라 발색력이 다르게 나타난다.

③ 작업 후 목욕으로 제거할 수 있고, 털의 길이가 길면 쉽게 활용할 수 있다.

(2) 초크

① 수분을 흡수해주며 겔 타입과 펜 타입 염색제와 함께 사용한다.

② 지속성 염색제를 쓰기 전에 초벌용으로 사용한다.

③ 발림성과 발색력이 좋으며 작업 후 목욕으로 제거할 수 있다.

(3) 페인트펜

① 일회성 염색제로 펜 타입이다.

② 원하는 부위에 정교한 작업이 가능하다.

③ 발림성과 발색력이 좋고 사용이 용이하다.

(4) 글리터 젤

① 장식용 반짝이로 손쉬운 장식 및 활용이 가능하다.

② 젤 타입으로 되어 있다.

③ 반짝이 가루의 날림이 적고 접착력이 있는 것이 특징이다.

7 스탬프와 장식

(1) 스탬프 효과

① **스탬프** : 고무도장에 잉크 등을 도포해서 찍는 작업이다.

② **스텐실** : 도안을 만들고 오려낸 후 물감 등으로 칠하는 작업이다.

③ **도안지** : 도안지는 물감에 흡수되지 않게 코팅이 된 종이가 좋다.

(2) 장식

① 염색작업 후 구슬진주, 반쪽진주, 리본이나 목걸이와 핀 등으로 장식을 연출할 수 있다.

② 반려견의 이름을 넣어 만든 액세서리 핀을 이름표로 활용할 수도 있다.

8 염색작업 후 목욕시키는 방법

귀의 세척	귀 세척 시 귓속에 물이 들어가지 않게 한 손은 계속 보정하며, 물이 흐르는 상태에서 귀 안쪽이 보이게 뒤집지 않는다. 물소리가 너무 크게 들리면 애완동물이 놀랄 수 있다.
꼬리의 세척	꼬리세척 시 항문 속으로 이물질이 들어가지 않도록 하여, 꼬리 끝을 욕조 바닥으로 향하게 한다.
발과 다리의 세척	발 세척 시 발바닥이 모두 지면에 닿은 상태에서 세척하며, 한쪽씩 천천히 세척한다.
볼의 세척	볼 세척 시 부드러운 천을 조금만 적셔서 닦아낸다.

9 염색작업 후 샴핑과 린싱을 해야 하는 경우

(1) 염색작업 후 샴핑을 해야 하는 경우

① 세척 후에도 염색제 찌꺼기가 남아 있는 경우

② 이염 방지제를 지나치게 많이 사용했을 경우

③ 염색작업 과정에서 이물질이 묻었을 경우

(2) 염색작업 후 린싱을 해야 하는 경우

① 샴핑 후에도 털이 거친 경우

② 염색제가 제거되지 않아 여러 번 샴핑했을 경우

③ 물로 세척한 후에 털이 거칠 때에는 샴핑을 하지 않고 린싱만 한다.

10 영양 보습제

(1) 크림 타입

① 피모가 많아 건조한 경우 효과적이다.

② 목욕과 타월링한 후 드라이하기 전에 수분이 남아 있는 상태에서 고르게 펴서 발라주거나, 드라이한 후에 건조된 상태에서 발라준다.

(2) 로션 타입

① 크림보다 수분함량이 많아 발림성이 좋으므로 목욕과 드라이한 후 발라준다.

② 피모에 수분기가 없더라도 흡수력이 빠르다.

(3) 액상 타입

① 액상타입은 주로 스프레이가 많으며, 수시로 분사해주어 털의 엉킴과 정전기를 방지해 준다.

② 미용 전·후에 가볍게 쓰는 타입으로 건조한 피모에 수시로 분사한다.

11 염색 작업 시 안전·유의사항

- 염색제 사용 시 이염이 되면 잘 제거되지 않으므로 미리 방지하고 주의하여야 한다.
- 이염이 진행된 경우에는 빠른 조치를 취하지 않으면 오랫동안 제거되지 않으므로 주의한다.
- 테이핑 작업 시 너무 당기면 반려견이 불쾌할 수 있으므로 주의하여야 한다.
- 반려견이 염색작업으로 스트레스를 받으면 사나워지거나 우울해질 수 있으므로 주의한다.
- 고무 밴드 사용 시 너무 당기면 염색제를 도포한 부위에 피가 안 통할 수 있으므로 주의한다.
- 이염을 방지하기 위해 도안 작업을 한다.
- 블로우펜으로 작업할 때에는 미리 다른 곳에 분사해서 컬러의 농도를 체크한다.
- 블로우펜으로 작업할 때에는 반려견이 놀라지 않도록 피모에 미리 바람을 불어보고 작업한다.
- 스텐실과 페인팅 작업을 할 때에는 염색제가 너무 차갑지 않도록 주의한다.
- 염색용 붓을 사용할 때 여러 컬러를 자주 교체할 경우에는 알코올 패드로 닦아내면서 작업한다.

Chapter 02
적중예상문제

01 염색관련 용어의 해설로 적절하지 않은 것은?

① 투 톤 염색이란 두 가지 컬러의 염색제로 한 부위에 동시에 발색하는 것을 말한다.

② 유사대비란 색상환에서 반대되는 색상끼리 배색 되었을 때 얻어지는 조화이다.

③ 일회성 염색제는 염색 후 1~2회 목욕으로 제거할 수 있다.

④ 지속성 염색제는 염색 후 목욕으로 제거되지 않으며 반영구적이다.

⑤ 이염이란 염색작업 시 염료가 염색해야 할 부위가 아닌 다른 곳에 물드는 것을 말한다.

해 유사대비란 색상환에서 근접해 있는 색상끼리 배색되었을 때 얻어지는 조화이며, 보색대비란 반대되는 색상끼리 배색 되었을 때 얻어지는 조화이다.

02 이염 방지제 중 이염 방지 크림에 대한 설명으로 적절하지 않은 것은?

① 수분감이 거의 없는 크림타입이다.

② 이염 방지 크림은 목욕으로 제거할 수 있다.

③ 염색할 부분에 이염제가 조금이라도 묻어 있으면 염색이 되지 않는다.

④ 수분이 많으면 크림이 염색제가 도포될 부분까지 흘러내려 작업에 지장을 주게 된다.

⑤ 알코올 소독 패드로 염색을 방지할 부분에 도포한다.

해 알코올 소독 패드는 탈지면에 알코올이 적셔져 있어서 소독과 이물질 제거에 사용한다.

03 **투 톤 염색에 대한 설명으로 적절하지 않은 것은?**

① 투 톤 염색이란 두 가지 컬러가 한 부위에 동시에 발색되는 것이다.

② 피부와 가까운 곳에는 더 진한 컬러로 염색하는 것이 좋다.

③ 염색이 오래된 경우에도 컬러가 자연스럽다.

④ 보색대비보다는 유사대비 컬러의 발색이 더 좋다.

⑤ 보색대비 염색작업 시에는 경계선을 만들어 이염 방지 작업을 철저히 하여야 한다.

🎯 피부와 가까운 부위의 염색이 더 진하게 나오므로 피부와 가까운 곳에 더 연한 컬러로 염색하는 것이 좋다.

04 **블리치 염색에 대한 설명으로 옳은 것은?**

① 몸 전체를 염색하는 방법이다.

② 컬러의 발색을 미리 보기 위해 테스트용으로도 활용할 수 있다.

③ 염색 시 피부와 멀리 떨어진 곳에서부터 시작한다.

④ 피부가 예민한 애완동물에게 하면 안 된다.

⑤ 염색 후 발색이 마음에 들지 않으면 주변부까지 모두 잘라내야 한다.

🎯 블리치 염색은 원하는 부위에 부분적으로 컬러 포인트를 주는 방법으로, 염색 시 피부와 1cm 정도 떨어진 곳에서부터 시작해야 한다. 피부가 예민한 애완동물에게 하면 좋으며 염색 후 발색이 마음에 들지 않으면 염색한 털만 커트해 준다.

답 01 ②　02 ⑤　03 ②　04 ②

05 다음 중 그러데이션 염색에 대한 설명으로 옳은 것은?

① 원하는 부위에 부분적으로 컬러 포인트를 주는 방법이다.

② 두 가지 컬러 이상의 색 번짐과 겹침을 이용한다.

③ 보색대비 컬러의 활용을 권장한다.

④ 여러 부위에 같은 색을 발색하는 방법이다.

⑤ 한 부위에 한 가지 컬러로 염색하는 방법이다.

해 그러데이션 염색은 두 가지 컬러의 염색제로 한 부위에 동시에 발색하는 것으로 두 가지 이상의 색 번짐과 겹침을 이용하는 방법이며 유사대비 컬러의 활용을 권장한다.

06 다음 〈보기〉가 설명하는 염색제는?

> **보기**
>
> 가. 지속성 염색제를 쓰기 전에 초벌용으로 사용한다.
> 나. 발림성과 발색력이 좋으며 작업 후 목욕으로 제거할 수 있다.

① 블로우펜 ② 초크

③ 페인트펜 ④ 글리터 젤

⑤ 스탬프

해 초크는 수분을 흡수해주며 지속성 염색제를 쓰기 전에 초벌용으로 사용한다.

07 염색작업 중 도안을 만들고 오려낸 후 물감 등으로 칠하는 작업은?

① 스텐실   ② 스탬프

③ 글리터   ④ 페인트펜

⑤ 블로우펜

해 스텐실이란 도안을 만들고 오려낸 후 물감 등으로 칠하는 작업을 말한다.

08 염색작업 후 목욕방법에 대한 설명으로 적절하지 않은 것은?

① 꼬리를 세척할 경우 꼬리 끝을 위로 향하게 하여 세척하는 것이 좋다.

② 귀를 세척할 경우 귓속에 물이 들어가지 않게 한 손으로 보정하면서 세척한다.

③ 물이 흐르는 상태에서 귀 안쪽을 뒤집어서 세척하지 않는다.

④ 발바닥이 모두 지면에 닿은 상태에서 시작하고 뗄 때에는 천천히 올려야 한다.

⑤ 물을 이용하여 볼을 세척할 때에는 부드러운 천으로 조금씩 적셔서 닦아낸다.

해 꼬리 세척 시 꼬리를 흔들거나 올리면 다른 부위에 이염될 수 있으므로 꼬리 끝을 욕조 바닥으로 향하게 한다.

09 다음 〈보기〉 중 염색작업 후 샴핑을 하여야 하는 경우를 모두 고른 것은?

> **보기**
>
> 가. 세척 후에도 염색제 찌꺼기가 남아 있는 경우
> 나. 이염 방지제를 지나치게 많이 사용했을 경우
> 다. 물로 세척한 후에 털이 거칠은 경우
> 라. 염색작업 과정에서 이물질이 묻었을 경우

① 가, 나, 다   ② 가, 나, 라

③ 가, 다, 라   ④ 나, 다, 라

⑤ 가, 나, 다, 라

해 염색작업 후 샴핑을 해야 하는 경우로는 세척 후에도 염색제 찌꺼기가 남아 있을 때, 이염 방지제를 지나치게 많이 사용했을 때, 염색작업 과정에서 이물질이 묻었을 때 등이다.

10 다음 〈보기〉 중 염색작업 후 린싱을 해야 하는 이유를 모두 고른 것은?

> **보기**
>
> 가. 샴핑 후에도 털이 거친 경우
> 나. 물로 세척한 후에 털이 거칠 때
> 다. 염색제가 제거되지 않아 여러 번 샴핑했을 경우
> 라. 이염 방지제를 지나치게 많이 사용했을 경우

① 가, 나, 다   ② 가, 나, 라

③ 가, 다, 라   ④ 나, 다, 라

⑤ 가, 나, 다, 라

해 염색작업 후 린싱을 해야 하는 경우로는 샴핑 후에도 털이 거친 경우, 물로 세척한 후에 털이 거칠 때, 염색제가 제거되지 않아 여러 번 샴핑했을 경우 등이다.

11 영양 보습제는 건조하고 푸석한 피모, 손상된 코트에 영양과 수분을 공급해주고, 피모의 정전기를 방지하는 역할을 하는데 피모가 많이 건조한 경우 효과적인 타입은?

① 액상 타입

② 분말 타입

③ 로션 타입

④ 크림 타입

⑤ 고형 타입

해 크림 타입은 피모가 많이 건조한 경우 효과적이며, 목욕과 타월링한 후에 드라이하기 전에 수분이 남아 있는 상태에서 고르게 펴서 발라 주거나 드라이한 후에 건조된 상태에서 발라준다.

12 염색작업 마무리 단계의 유의사항으로 적절하지 않은 것은?

① 타월링할 때 타월에 염색제가 묻어 나와야 발색이 잘된 것으로 판정된다.

② 과도한 브러싱은 피모를 손상시킬 수 있다.

③ 낮은 온도의 약한 바람으로 드라이하는 것이 적합하다.

④ 애완동물이 불편해하는 장식은 피해야 한다.

⑤ 마무리 작업 직후에는 재염색을 피한다.

해 타월링할 때 타월에 염색제가 묻어나지 않아야 한다.

13 염색작업 시 유의사항으로 적절한 것은?

① 이염을 방지를 위한 도안 작업은 필요없다.

② 이염이 진행된 경우에는 빠른 조치를 취하지 않으면 오랫동안 제거되지 않으므로 주의한다.

③ 테이핑 작업 시 단단히 당겨 작업해야 한다.

④ 염색제 사용 시 이염이 되면 제거가 쉽다.

⑤ 고무 밴드 사용 시에는 꽉 당기는 것이 좋다.

해 이염이 진행된 경우에는 빠른 조치를 취하지 않으면 오랫동안 제거되지 않으므로 주의해야 한다. 이염을 방지하기 위해 도안 작업을 해야 하며, 고무 밴드 사용 시나 테이핑 작업 시 너무 당기지 않도록 한다.

14 영양 보습제 중 '로션 타입'에 대한 설명을 〈보기〉에서 모두 고른 것은?

> **보기**
>
> 가. 크림보다 수분함량이 많아 발림성이 좋다.
> 나. 피모에 수분기가 없더라도 흡수력이 빠르다.
> 다. 주로 스프레이가 많다.
> 라. 피모가 많아 건조한 경우에 효과적이다.

① 가, 나   ② 가, 다

③ 나, 다   ④ 다, 라

⑤ 가, 라

해 영양 보습제 중 로션 타입은 영양크림보다 수분함량이 많아 발림성이 좋으므로 목욕과 드라이한 후 발라준다. 피모에 수분기가 없더라도 흡수력이 빠르다. '다'는 액상 타입에 대한 설명이며, '라'는 크림 타입에 대한 설명이다.

15 염색 도구에 대한 설명으로 옳지 않은 것은?

① 블로우펜 : 분사량과 분사거리에 따라 발색력이 다르게 나타난다.

② 초크 : 수분을 흡수해주며 겔 타입과 펜 타임 염색제와 함께 사용한다.

③ 블로우펜 : 작업 후 목욕으로 제거할 수 있고, 털의 길이가 길면 쉽게 사용할 수 있다.

④ 글리터 젤 : 장식용 반짝이로 손쉬운 장식 및 활용이 가능하다.

⑤ 페인트펜 : 지속성 염색제를 쓰기 전에 초벌용으로 사용한다.

해 초크에 대한 설명이다. 페인트펜은 원하는 부위에 정교한 작업이 가능하게 만든 일회성 염색제로 발림성과 발색력이 좋고, 사용이 용이하다.

Ⅲ 1급

Chapter 01
피부와 털

1 피부와 털에 관련된 용어

(1) 관련 용어

① 더블 코트(Double Coat) : 오버코트와 언더코트의 이중모 구조의 털을 말한다. 반면에 싱글 코트(Single Coat)는 한 겹의 털을 말한다.

② 러프(Ruff) : 목 주위의 풍부한 장식 털을 말하며, 콜리가 대표적이다.

③ 롱 코트(Long Coat) : 긴 털을 말하며 장모라고도 한다. 반면에 스무드 코트(Smooth Coat)란 짧은 털을 말하며 단모라고도 한다.

④ 머스타쉬(Moustache) : 입술과 턱 측면에서 난 수염을 말한다.

⑤ 머즐 밴드(Muzzle Band) : 주둥이 주위의 하얀 반점을 말한다.

⑥ 메인 코트(Main Coat) : 몸의 중심이 되는 털을 말한다.

⑦ 몰팅(Molting) : 자연스러운 계절적인 환모를 말한다.

⑧ 블론(Blown) : 환모기의 털을 말한다.

⑨ 비어드(Beard) : 입 주위의 털을 말한다.

⑩ 새들(Saddle) : 등 부분에 넓은 안장 같은 반점을 말한다.

⑪ 섀기(Shaggy) : 올드잉글리시 쉽독과 같은 덥수룩한 털을 말한다.

⑫ 스커트(Skirt) : 에이프런 아랫부분의 긴 장식 털을 말한다.

⑬ 아이래시(Eyelash) : 속눈썹을 말한다.

⑭ 아이브로우(Eyebrow) : 눈썹 부의의 털을 말한다.

⑮ 언더코트(Undercoat) : 아래털 또는 하모, 부모라고도 하며 체온을 유지하고 조절하며 방수성이 있으며 부드럽고 촘촘하게 나 있다. 반면에 오버코트(Overcoat)는 위 털 또는 상모, 주모라고도 하며 외부환경으로부터 신체를 보호하며 언더코트보다 굵고 길다.

⑯ 에이프런(Apron) : 가슴 부위의 장식 털을 말한다.

⑰ 역모 : 털 결에서 반대로 자란 털을 말하며, 주로 목이나 항문에 있다.

⑱ 코트(Coat): 털을 말하며, 외부 온도 변화와 외상으로부터 피부를 보호하며, 품종에 따라 모

색, 강도, 털의 성질이 다양하다.

⑲ 큐로트(Culotte) : 뒷다리의 긴 장식 털을 말한다.

⑳ 타셀(Tassel) : 귀 끝에 남긴 장식 털을 말하며, 베들링턴 테리어가 대표적이다.

㉑ 탑 노트(Top Knot) : 정수리 부분의 긴 장식 털을 말한다.

㉒ 트라우저스(Trousers) : 다량의 긴 털이 뒷다리에 자라난 헐렁헐렁한 판타롱을 말하며, 아프간 하운드가 대표적이다.

㉓ 팁(Tip) : 꼬리 끝의 하얀색을 말한다.

㉔ 파일(Pile) : 두껍고 많은 언더코트를 말한다.

㉕ 페더링(Feathering) : 귀, 다리, 꼬리, 몸통 등에 있는 깃털 모양의 장식 털을 말하며 프린지라 고도 한다.

㉖ 펠트(Felt) : 털이 엉켜 굳은 상태를 말한다.

㉗ 폴(Fall) : 정수리에서 안면부로 늘어져 내린 털을 말하며, 아프간하운드, 스카이 테리어 등이 대표적이다.

㉘ 프릴(Frill) : 목 아래와 가슴의 길고 풍부한 털을 말하며, 러프콜리가 대표적이다.

㉙ 플럼(Plume) : 깃발 모양 꼬리의 장식 털을 말하며, 잉글리시세터가 대표적이다.

㉚ 피부(Skin) : 외부 병원체로부터 신체를 보호하는 촉각, 온각, 냉각, 통각, 압각 등의 감각기관 을 말한다.

㉛ 피셔헤어(Fesher-hair) : 스코티쉬 테리어의 머리, 귀 주변에 남겨진 장식 털을 말한다.

(2) 털 유형

① 스탠드 오프 코트(Stand off Coat) : 꼿꼿하게 선 모양의 털을 말하며, 개립모라고도 하며, 스피 츠, 포메라니안 등이 대표적이다.

② 스테어링 코트(Staring Coat) : 건조하고 거칠며 상태가 나빠진 털을 말하며, 질병이 있거나 영 양상태가 안 좋을 경우 나타난다.

③ 스트레이트 코트(Straight Coat) : 털이 구불거리지 않은 직선의 털을 말하며, 직립모라고도 한다.

④ **실키 코트(Silky Coat)** : 부드럽고 광택이 있으며 실크와 같은 긴 모질을 말한다.

⑤ **아웃 오브 코트(Out of Coat)** : 모량이 부족하거나 탈모된 상태를 말한다.

⑥ **와이어 코트(Wire Coat)** : 뻣뻣하고 강한 형태의 모질로, 상모는 단단하고 바삭거리는 모질이다.

⑦ **울리 코트(Woolly Coat)** : 양모상의 털을 말하며, 북방 견종에게 많이 나타나며, 워터독의 코트에는 방수효과가 있다.

⑧ **웨이비 코트(Wavy Coat)** : 상모에 웨이브가 있는 털을 말하며, 파상모라고도 한다.

⑨ **위스커(Whisker)** : 주둥이 볼 양쪽과 아래턱의 길고 단단한 수염을 말하며, 미니어처 슈나우저가 대표적이다.

⑩ **컬리 코트(Curly Coat)** : 곱슬거리는 털을 말하며, 권모라고도 한다.

⑪ **코디드 코트(Corded Coat)** : 언더코트와 오버코트가 자연스럽게 얽혀 새끼줄 모양으로 된 털을 말하며, 코몬도르, 폴리 등이 대표적이다.

⑫ **하쉬 코트(Harsh Coat)** : 거칠고 단단한 와이어 코트를 말한다.

2 피부와 털의 유형별 대표견종

피부와 털의 유형	대표 견종
러프(Ruff)	콜리
스탠드 오프 코트(Stand off Coat)	스피츠, 포메라니안
위스커(Whisker)	미니어처 슈나우저
코디드 코트(Corded Coat)	코몬도르, 폴리
타셀(Tassel)	베들링턴 테리어
트라우저스(Trousers)	아프간하운드
폴(Fall)	아프간하운드, 스카이 테리어
프릴(Frill)	러프콜리
플럼(Plume)	잉글리시세터

Chapter 01
적중예상문제

01 반려견의 피부와 털에 관련된 용어의 설명으로 적절하지 않은 것은?

① 더블 코트(Double Coat) : 오버코트와 언더코트의 이중모 구조의 털을 말한다.

② 오버 코트(Overcoat) : 위 털, 상모, 주모라고도 하며, 외부환경으로부터 신체를 보호하며 언더코트보다 굵고 길다.

③ 언더코트(Undercoat) : 아래 털, 하모, 부모라고도 하며, 체온을 유지하고 조절하며 방수성이 있으며 부드럽고 촘촘하게 나 있다.

④ 스무드 코트(Smooth Coat) : 짧은 털을 말하며, 단모라고도 한다. 반대는 롱 코트(Long Coat)이다.

⑤ 스탠드 오프 코트(Stand off Coat) : 건조하고 거칠며 상태가 나빠진 털을 말하며, 질병이 있거나 영양상태가 안 좋을 경우 나타난다.

해 ⑤는 스테어링 코트(Staring Coat)에 대한 설명이며, 스탠드 오프 코트(Stand off Coat)란 꼿꼿하게 선 모양의 털을 말하며 개립모라고도 하며, 스피츠, 포메라니안 등이 대표적이다.

02 다음 반려견의 피부와 털에 관한 용어의 설명이 적절하지 않은 것은?

① 러프(Ruff)란 목 주위의 풍부한 장식 털을 말하며 콜리가 대표적이다.

② 머스타쉬(Moustache)란 입술과 턱 측면에 난 수염을 말한다.

③ 몰팅(Molting)이란 자연스러운 계절적인 환모를 말한다.

④ 새들(Saddle)이란 올드잉글리시 쉽독과 같은 덥수룩한 털을 말한다.

⑤ 블론(Blown)이란 환모기의 털을 말한다.

해 ④는 섀기(Shaggy)에 대한 설명이며, 새들(Saddle)이란 등 부분에 넓은 안장 같은 반점을 말한다.

 **답** **01** ⑤ **02** ④

03 **반려견의 피부와 털에 대한 용어의 설명으로 적절하지 않은 것은?**

① 실키 코트(Silky Coat) : 부드럽고 광택이 있으며, 실크와 같은 긴 모질을 말한다.

② 아웃 오브 코트(Out of Coat) : 모량이 부족하거나 탈모된 상태를 말한다.

③ 와이어 코트(Wire Coat) : 뻣뻣하고 강한 형태의 모질을 말하며, 상모는 단단하고 바삭거리는 모질이다.

④ 웨이비 코트(Wavy Coat) : 주둥이 볼 양쪽과 아래턱의 길고 단단한 수염을 말하며 미니어처 슈나우저가 대표적이다.

⑤ 컬리 코트(Curly Coat) : 곱슬거리는 털을 말하며, 권모라고도 한다.

해 ④는 위스커(Whisker)의 내용이며, 웨이비 코트(Wavy Coat)는 상모에 웨이브가 있는 털을 말하며 파상모라고도 한다.

04 **다음 〈보기〉가 설명하는 반려견의 털에 관한 용어는?**

> **보기**
>
> 가. 양모상의 털을 말한다.
> 나. 주로 북방 견종에게 많이 나타난다.
> 다. 워터 독의 코트에는 방수효과가 있다.

① 울리 코트(Woolly Coat)　　　　② 코디드 코트(Corded Coat)

③ 하쉬 코트(Harsh Coat)　　　　④ 컬리 코트(Curly Coat)

⑤ 큐로트(Culotte)

해 ②의 코디드 코트(Corded Coat)란 언더코트와 오버코트가 자연스럽게 얽혀 새끼줄 모양으로 된 털을 말하며 승상모 또는 로프 코트라고도 하며 코몬도르, 폴리 등이 대표적이며, ③의 하쉬 코트(Harsh Coat)란 거칠고 단단한 와이어 코트를 말하며, ④의 컬리 코트(Curly Coat)란 곱슬거리는 털을 말하며, 권모라고도 하며, ⑤의 큐로트(Culotte)란 뒷다리의 긴 장식 털을 말한다.

05 다음 반려견의 털에 관한 것으로 귀 끝에서 남긴 장식 털을 무엇이라고 하는가?

① 탑 노트(Top Knot)　　　　　　② 타셀(Tassel)

③ 트라우저스(Trousers)　　　　　④ 팁(Tip)

⑤ 폴(Fall)

해 타셀(Tassel)이란 귀 끝에 남긴 장식 털을 말하며, 베들링턴 테리어가 대표적이다.

06 반려견의 피부와 털에 관한 것으로 털이 엉켜 굳은 상태를 무엇이라고 하는가?

① 파일(Pile)　　　　　　　　　　② 페더링(Feathering)

③ 펠트(Felt)　　　　　　　　　　④ 프릴(Frill)

⑤ 플럼(Plume)

해 펠트(Felt)란 털이 엉켜 굳은 상태를 말한다. ①의 파일(Pile)은 두껍고 많은 언더코트를 말하며, ②의 페더링(Feathering)은 귀, 다리, 꼬리, 몸통 등에 있는 깃털 모양의 장식 털을 말하며, 프린지라고도 하고, ④의 프릴(Frill)은 목 아래와 가슴의 길고 풍부한 털을 말하며 러프콜리가 대표적이고, ⑤의 플럼(Plume)은 깃발 모양 꼬리의 장식 털을 말하며 잉글리시세터가 대표적이다.

07 다음 〈보기〉가 설명하는 용어는?

> **보기**
>
> 가. 목 주위의 풍부한 장식 털을 말한다.
> 나. 콜리가 대표적이다.

① 러프(Ruff) 　　　　　　　　　② 머스타쉬(moustache)

③ 몰팅(Molting) 　　　　　　　　④ 새들(Saddle)

⑤ 블론(Blown)

📝 러프(Ruff)는 목 주위의 풍부한 장식 털을 말하며, 콜리가 대표적이다. ②의 머스타쉬(moustache)란 입술과 턱 측면에 난 수염을 말하며, ③의 몰팅(Molting)이란 자연스러운 계절적인 환모를 말하고, ④의 새들(Saddle)이란 등 부분에 넓은 안장 같은 반점을 말하며, ⑤의 블론(Blown)이란 환모기의 털을 말한다.

08 건조하고 거칠며 상태가 나빠진 털을 말하며, 질병이 있거나 영양상태가 안 좋은 경우 나타나는 털은?

① 스탠드 오프 코트(Stand off Coat)

② 스트레이트 코트(Straight Coat)

③ 스테어링 코트(Staring Coat)

④ 아웃 오브 코트(Out of Coat)

⑤ 웨이비 코트(Wavy Coat)

📝 ①의 스탠드 오프 코트(Stand off Coat)는 꼿꼿하게 선 모양의 털을 말하며, ②의 스트레이트 코트(Straight Coat)는 털이 구불거리지 않는 직선의 털을 말하며, ④의 아웃 오브 코트(Out of Coat)는 모량이 부족하거나 탈모된 상태를 말하며, ⑤의 웨이비 코트(Wavy Coat)는 상모에 웨이브가 있는 털을 말한다.

09 개의 체온을 유지하고 조절하며 방수성이 있으며 부드럽고 촘촘하게 나 있는 털은?

① 오버코트(Overcoat)　　　　　　　② 언더코트(Undercoat)

③ 스무드 코트(Smooth Coat)　　　　④ 메인 코트(Main Coat)

⑤ 더블 코트(Double Coat)

해 언더코트(Undercoat)란 체온을 유지하고 조절하며 방수성이 있으며 부드럽고 촘촘하게 나 있는 털을 말하며, 오버코트 (Overcoat)는 외부환경으로부터 신체를 보호하며, 언더코트보다 굵고 길다.

10 주둥이 볼 양쪽과 아래턱의 길고 단단한 수염을 무엇이라고 하는가?

① 역모　　　　　　　　　　　　　　② 에이프런(Apron)

③ 큐로트(Culotte)　　　　　　　　　④ 위스커(Whisker)

⑤ 타셀(Tassel)

해 ①의 역모란 털 결에서 반대로 자란 털을 말하며, ②의 에이프런(Apron)은 가슴 부위의 장식털을 말하며, ③의 큐로트 (Culotte)는 뒷다리의 긴 장식 털을 말하며, ⑤의 타셀(Tassel)은 귀 끝에 남긴 장식 털을 말한다.

답　07 ①　　08 ③　　09 ②　　10 ④

11 피부와 털의 유형별 대표견종이 옳게 짝지어진 것은?

① 프릴(Frill) : 코몬도르

② 타셀(Tassel) : 아프간하운드

③ 코디드 코트(Corded Coat) : 러프콜리

④ 러프 : 포메라니안

⑤ 플럼(Plume) : 잉글리시세터

해 ①의 프릴(Frill)은 러프콜리, ②의 타셀(Tassel)은 베드링턴 테리어, ③의 코디드 코트(Corded Coat)는 코몬도르, 폴리, ④의 러프(Ruff)는 콜리가 대표적이다.

12 귀 끝에 남긴 장식털을 타셀(Tassel)이라고 하는데 이의 대표적 견종은?

① 미니어처 슈나우저

② 코몬도르

③ 폴리

④ 배들링턴 테리어

⑤ 콜리

해 타셀(Tassel)이란 귀 끝에 남긴 장식 털을 말하는데 배들링턴 테리어가 대표적이다.

13 다음 중 코디드 코트(Corded Coat)와 거리가 먼 것은?

① 승상모라고도 한다.

② 로프 코트(Rope Coat)라고도 한다.

③ 언더코트와 오버코트가 자연스럽게 얽혀 새끼줄 모양으로 된 털을 말한다.

④ 코몬도르, 폴리가 대표적이다.

⑤ 곱슬거리므로 권모라고도 한다.

해 곱슬거리는 털로 권모라고도 하는 것은 컬리 코트(Curly Coat)이다.

14 다음 반려견의 털에 관한 용어로 연결이 틀린 것은?

① 언더코트 – 아래털, 하모, 부모

② 오버코트 – 위 털, 상모, 주모

③ 웨이비 코트 – 역모

④ 컬리 코트 – 권모

⑤ 코디드 코트 – 승상모, 로프 코트

해 웨이비 코트란 상모에 웨이브가 있는 털로 파상모라고도 하며, 역모는 털 결에서 반대로 자란 털을 말하며 주로 목이나 항문에 있다.

15 입술과 턱 측면에 난 수염을 가리키는 용어는?

① 머스타쉬(Moustache)　　　　② 러프(Ruff)

③ 블론(Blown)　　　　　　　　④ 섀기(Shaggy)

⑤ 비어드(Beard)

해 ②의 러프(Ruff)는 목 주위의 풍부한 장식 털을 말하며, ③의 블론(Blown)은 환모기의 털을 말하며, ④의 섀기(Shaggy)는 덥수룩한 털을 말하며, ⑤의 비어드(Beard)는 입 주위의 털을 말한다.

16 반려견의 털에 대한 설명으로 적절하지 않은 것은?

① 타셀(Tassel) : 귀 끝에 남긴 장식 털

② 큐로트(Culotte) : 뒷다리의 긴 장식 털

③ 에이프런(Apron) : 정수리에서 인면부로 늘어져내린 털

④ 플럼(Plume) : 깃발 모양 꼬리의 장식 털

⑤ 스커트(Skirt) : 에이프런 아랫부분의 긴 장식 털

해 ③의 에이프런(Apron)은 가슴 부위의 장식 털을 말한다.

17 다음 〈보기〉가 설명하는 털의 용어는?

> **보기**
>
> 귀, 다리, 꼬리, 몸통 등에 있는 깃털 모양의 장식털을 말하며, 다른 말로 프린지(Fringe)라고도 한다.

① 플럼(Plume) ② 폴(Fall)

③ 탑 노트(Top Knot) ④ 페더링(Feathering)

⑤ 프릴(Frill)

해 페더링(Feathering)은 귀, 다리, 꼬리, 몸통 등에 있는 깃털 모양의 장식털로 프린지(Fringe)라고도 한다. ①의 플럼(Plume)은 깃발 모양 꼬리의 장식 털을 말하며, ②의 폴(Fall)은 정수리에서 안면부로 늘어져내린 털을 말하며, ③의 탑 노트(Top Knot)는 정수리 부분의 긴 장식 털을 말하며, ⑤의 프릴(Frill)은 목 아래와 가슴의 길고 풍부한 털을 말한다.

18 플럼(Plume)이란 깃발 모양 꼬리의 장식털을 말하는데 이를 가진 대표적 견종은?

① 잉글리시세터 ② 러프콜리

③ 아프간하운드 ④ 스카이테리어

⑤ 스코티쉬 테리어

해 플럼(Plume)이란 깃발 모양 꼬리의 장식털을 말하는데 이를 가진 대표적 견종으로는 잉글리시세터이다.

19 반려견의 털의 유형과 그에 관련된 대표견종의 연결이 옳지 않은 것은?

① 스탠드 오프 코트(Stand off Coat) : 스피츠, 포메라니안

② 위스커(Whisker) : 베들링턴 테리어

③ 트라우저스(Trousers) : 아프간하운드

④ 페셔헤어(Fesher-hair) : 스코티쉬 테리어

⑤ 프릴(Frill) : 러프콜리

해 위스커(Whisker)란 주둥이 볼 양쪽과 아래턱의 길고 단단한 수염을 말하는 것으로 이에는 미니어처 슈나우저가 대표적이다.

20 다음 털과 관련된 용어의 설명으로 적절하지 않은 것은?

① 탑 노트(Top Knot)란 정수리 부분의 긴 장식 털을 말한다.

② 와이어 코트(Wire Coat)란 뻣뻣하고 강한 형태의 모질로 언더코트(하모)는 단단하고 바삭거리는 모질이다.

③ 스테어링 코트(Staring Coat)란 건조하고 거칠며 상태가 나빠진 털을 말한다.

④ 코디드 코트(Corded Coat)란 언더코트와 오버코트가 자연스럽게 얽혀 새끼줄 모양으로 된 털을 말한다.

⑤ 페더링(Feathering)이란 귀, 다리, 꼬리, 몸통 등에 있는 깃털 모양의 장식 털을 말한다.

해 와이어 코트(Wire Coat)란 뻣뻣하고 강한 형태의 모질로 오버코트(상모)는 단단하고 바삭거리는 모질이다.

Chapter 02
모색

1 모색에 관한 용어

(1) 모색 유형

① 골드(Gold) : 황금색을 말한다.

② 골든 버프(Golden Buff) : 금색에 빨강이 있는 담황색을 말한다.

③ 그레이(Gray) : 어두운 회색부터 밝은 색까지 다양한 회색을 말한다.

④ 그루즐(Gruzzle) : 흑색 계통 털에 회색이나 적색이 섞인 색을 말한다.

⑤ 데드 그래스(Dead Grass) : 엷은 다갈색으로 마른 풀색을 말하며, 데드 리프라고도 한다.

⑥ 레드(Red) : 마른 나뭇잎 색, 황갈색, 적색을 말한다.

⑦ 레몬(Lemon) : 레몬색을 말한다.

⑧ 루비(Ruby) : 진한 밤색을 말한다.

⑨ 리버(Liber) : 진한 적갈색, 붉은 간장색을 말한다.

⑩ 마우스 그레이(Mouse Gray) : 쥐색을 말한다.

⑪ 마호가니(Mahogany) : 체스트너트 레드, 적갈색을 말한다.

⑫ 머스터드(Mustard) : 겨자색, 황색을 말한다.

⑬ 멀(Merle) : 검정, 블루, 그레이의 배색을 말한다.

⑭ 배저(Badger) : 그레이, 진회색, 화이트가 섞인 모색을 말한다.

⑮ 버프(Buff) : 부드럽고 연한 느낌의 담황색을 말한다.

⑯ 브라운(Brown) : 갈색, 다갈색을 말한다.

⑰ 브론즈(Bronze) : 전체적으로 어두운 녹색에 털끝이 약간 붉은색을 말한다.

⑱ 블루(Blue) : 검은 것 같은 청색으로 농도의 폭이 넓다.

⑲ 비버(Beaver) : 브라운과 그레이가 섞인 색을 말한다.

⑳ 샌드(Sand) : 모래색을 말한다.

㉑ 셀프 컬러(Self Color) : 솔리드 컬러(Solid Color), 단일색, 몸 전체 모색이 같은 것을 말한다.

㉒ 스팟(Spot) : 흰색 바탕에 검정이나 리버 스팟이 전신에 있는 무늬를 말하며, 달마시안이 대표

적이다.

㉓ 알비노(Albino) : 선천적 색소 결핍증을 말한다.

㉔ 알비니즘(Albinism) : 백화현상, 색소 결핍증, 피부, 털, 눈 등에 색소가 발생하지 않는 이상현상으로 유전적 원인에 의해 발생한다.

㉕ 울프 그레이(Wolf Gray) : 회색, 어두운 정도의 색깔 혼합 비율이 다양하다.

㉖ 칼라(Collar) : 목 주변을 감싸는 폭 넓은 흰색 반점을 말하며, 콜리가 대표적이다.

㉗ 캡(Cap) : 캡을 쓴 것 같은 두개 위의 어두운 반점을 말하며, 알래스칸 말라뮤트가 대표적이다.

㉘ 키스 마크(Kiss Mark) : 검은 모색의 견종의 볼에 있는 진회색 반점을 말하며, 도베르만핀셔, 로트와일러 등이 대표적이다.

㉙ 타이거 브린들(Tiger Brindle) : 금색의 바탕에 호랑이 무늬가 있는 것을 말한다.

㉚ 트라이 컬러(Tri-Color) : 흰색, 갈색, 검은색의 3가지가 섞인 색을 말한다.

㉛ 트레이스(Trace) : 폰 색의 등줄기를 따른 검은 선을 말하며, 퍼그의 등줄기 색을 말한다.

㉜ 티킹(Ticking) : 흰색 바탕에 한 가지나 두 가지의 명확한 독립적인 반점이 있는 것을 말하며, 브리타니가 대표적이다.

㉝ 파울 컬러(Faul Color) : 폴트 컬러, 부정 모색, 바람직하지 못한 반점이나 모색을 말한다.

㉞ 파티컬러(Parti-Color) : 두 가지 색의 구분된 반점의 색깔을 말하며, 보통 흰 바탕에 윤곽이 뚜렷한 갈색 또는 검은색 반점이 있다.

㉟ 페퍼 앤 솔트(Pepper and Salt) : 검은색과 흰색의 혼합을 말한다.

㊱ 포인츠(Points) : 안면, 귀, 사지 및 꼬리의 모색, 보통은 흰색, 검은색, 탄 등을 말한다.

㊲ 피그멘테이션(Pigmentation) : 피모의 멜라닌 색소 과립 침착 상태를 말한다.

㊳ 하운드 마킹(Hound Marking) : 흰색, 검은색, 황갈색의 반점을 말한다.

㊴ 할리퀸(Harlequin) : 흰색 바탕에 검은색이나 그레이의 불규칙한 반점이 있는 것을 말하며, 순백색 바탕에 찢긴 것 같은 검은 반점무늬가 있다.

㊵ 화운(Faun) : 금색에 검은색이 조금 섞인 색을 말한다.

㊶ 휘튼(Wheaten) : 옅은 황색의 털, 황색이 스민 것 같이 보이는 색을 말한다.

(2) 기타

① 대플(Dapple) : 특별히 도드라지는 색 없이 여러 가지 색의 불규칙한 반점을 말한다.

② 러스트 탄(Rust Tan) : 녹슨 색의 탄을 말한다.

③ 론(Roan) : 흰색 털과 유색의 털이 섞여 있는 것을 말한다. 또는 검은 바탕에 흰색의 털이 섞인 것을 말한다. 유색모에 색상에 따라 블루 론, 오렌지 론, 레몬 론, 리버 론, 레드 론 등으로 나뉜다.

④ 마스크(Mask) : 이마 및 주둥이 부위가 검은 것으로 블랙 마스크라고 하며, 마스티프, 복서, 페키니즈 등이 대표적이다.

⑤ 마킹(Marking) : 부위에 따라 분포와 크기가 다양한 반점을 말한다.

⑥ 맨틀(Mantle) : 어깨, 등, 몸통 양쪽에 망토를 걸친 듯한 크고 진한 반점이 있는 것을 말하며, 세인트버나드가 대표적이다.

⑦ 머즐 밴드(Muzzle Band) : 주둥이 주위의 흰색 반점이 있는 것을 말하며, 보스턴 테리어, 세인트버나드 등이 대표적이다.

⑧ 배저 마킹(Badger Marking) : 목, 귀에 탄이나 다른 색의 반점이 있는 것을 말하며, 그레이, 진회색, 화이트가 섞인 오소리 색 반점이다.

⑨ 벨튼(Bellton) : 흰색 바탕에 옅은 반점이 흩어져 있는 것을 말하며, 모색에 따라 블루 벨튼, 오렌지 벨튼, 리버 벨튼, 레몬 벨튼 등이 있다.

⑩ 브랭킷(Blanket) : 목, 꼬리 사이의 등, 몸통 쪽에 넓게 있는 모색을 말하며, 아메리칸폭스하운드가 대표적이다.

⑪ 브로큰 컬러(Broken Color) : 단일색인 모색이 파괴된 것을 말한다.

⑫ 브리칭(Breeching) : 검은색 개의 대퇴부 안쪽과 후방의 탄 반점을 말하며, 맨체스터 테리어, 로트와일러 등이 대표적이다.

⑬ 브린들(Brindle) : 바탕색에 다른 색의 무늬가 존재하는 털을 말하며, 스코티쉬 테리어가 대표적이다.

⑭ 블랙 마스크(Black Mask) : 주둥이 부분이 검은 것을 말한다.

⑮ 블랙 앤드 탄(Black and Tan) : 검은 바탕에 양 눈 위, 귀 안쪽, 주둥이 양측, 목, 아랫다리, 항문 주위에 탄이 있는 것을 말한다.

⑯ 블레이즈(Blaze) : 양 눈과 눈 사이에 중앙을 가르는 가늘고 긴 백색의 선을 말하며, 빠삐용이 대표적이다.

⑰ 블루 마블(Blue Marble) : 블루멀, 검정, 블루, 그레이가 섞인 대리석 색을 말한다.

⑱ 블루 블랙(Blue Black) : 블루에 털끝이 검은 털을 말한다.

⑲ 삭스(Socks) : 유색견이 흰색 양말을 신은 것 같은 무늬를 말하며, 이비전하운드가 대표적이다.

⑳ 새들(Saddle) : 말안장을 얹은 것 같은 검은색 반점을 말하며, 에어데일 테리어가 대표적이다.

㉑ 설반 : 반점이 있는 혀를 말하며, 차우차우가 대표적이다.

㉒ 섬 마크(Thumb Mark) : 패스턴에서 볼 수 있는 검은색 반점을 말하며, 맨체스터 테리어, 토이 맨체스터 테리어 등이 대표적이다.

㉓ 세이블(Sable) : 황색 또는 황갈색 바탕에 털끝이 검은색을 말한다. 즉 연한 기본 모색에 검은색 털이 섞여 있거나 겹쳐 있는 것이다.

㉔ 셀프 마크드(Self Marked) : 가슴, 발가락, 꼬리 끝에 흰색이나 청색 반점을 가진 한 가지 색으로 보통 검은색을 말한다.

㉕ 스모크(Smoke) : 거무스름한 옅은 흑색의 연기색을 말한다.

㉖ 스틸 블루(Steel Blue) : 푸른 동색, 청동색을 말한다.

㉗ 슬레이트 블루(Slate Blue) : 검은 회색의 블루, 회색이 있는 청색을 말하며, 오스트레일리안 실키 테리어가 대표적이다.

㉘ 실버(Silver) : 밝은 회색, 은색을 말한다.

㉙ 실버 그레이(Silver Gray) : 마우스 그레이보다 밝은 은색이 도는 회색을 말하며, 와이마리너가 대표적이다.

㉚ 실버 버프(Silver Buff) : 은색의 하얀색 같은 담황색을 말하며, 전체적으로 희게 보이며 은색을 띤다.

㉛ 실버 블랙(Silver Black) : 검은 털 속에 은색 털이 섞인 것을 말하며, 스코티쉬 체리어가 대표적이다.

㉜ 애프리코트(Apricot) : 밝은 적황갈색, 살구색을 말한다.

㉝ 옐로우(Yellow) : 노란색을 말하며, 여우색부터 크림색까지 범위가 매우 다양하다.

㉞ 오렌지(Orange) : 오렌지색을 말한다.

㉟ 이사벨라(Isabela) : 연한 밤색을 말한다.

㊱ 제트 블랙(Jet Black) : 순수한 검은색을 말한다.

㊲ 체스넛(Chestnut) : 밤색, 적갈색을 말한다.

㊳ 초콜릿(Chocolate) : 초콜릿색, 검은 적갈색을 말한다.

㊴ 카페오레(Cafe au lait) : 커피우유색을 말한다.

㊵ 크림(Cream) : 크림색을 말한다.

㊶ 탄(Tan) : 황갈색을 말하며, 짙은 것은 리치 탄, 엷은 것은 라이트 탄이라고 한다.

㊷ 팰로(Fallow) : 담황색을 말한다.

㊸ 페퍼(Pepper) : 후추색을 말하며, 어두운 푸른 계통의 검은색에서 밝은 은회색까지 다양하다.

㊹ 펜실링(Penciling) : 맨체스터 테리어의 발가락에 있는 검은 선을 말한다.

㊺ 퓨스(Puce) : 암갈색을 말한다.

㊻ 허니(Honey) : 벌꿀색, 연한 적황갈색을 말한다.

㊼ 화이트(White) : 흰색, 화이트 컬러 종은 눈, 입술, 코, 패드, 항문이 검은색이며, 이것으로 알비노(선천적 색소 결핍증)가 아님을 증명한다.

2 모색에 따른 대표견종 정리

모색의 유형 또는 반점의 특징	대표 견종
마스크(Mask)	마스티프, 복서, 페키니즈
맨틀(Mantle)	세인트버나드
머즐 밴드(Muzzle Band)	보스턴 테리어, 헤인트버나드
브랭킷(Blanket)	아메리칸폭스하운드
브리칭(Breeching)	맨체스터 테리어, 로트와일러
브린들(Brindle)	스코티쉬 테리어, 그레이트덴
블레이즈(Blaze)	빠삐용
삭스(Socks)	이비전하둔드
새들(Saddle)	에어데일 테리어
설반	차우차우
섬 마크(Thumb Mark)	맨체스터 테리어, 토이 맨체스터 테리어
스팟(Spot)	달마시안
슬레이트 블루(Slate Blue)	오스트레일리안 실키 테리어
실버 그레이(Silver Gray)	와이마리너
실버 블랙(Silver Black)	스코티쉬 테리어
칼라(Collar)	콜리

캡(Cap)	알래스칸 말라뮤트
키스 마크(Kiss Mark)	도베르만핀셔, 로트와일러
티킹(Ticking)	브리타니

Chapter 02
적중예상문제

01 다음 〈보기〉가 설명하는 반려견의 모색과 관련된 용어의 설명으로 적절한 것은?

> **보기**
>
> 가. 흰색 털과 유색의 털이 섞여 있는 것을 말한다.
> 나. 검은 바탕에 흰색의 털이 섞인 것을 말한다.

① 골든 버프(Golden Buff)　　　　② 그루즐(Gruzzle)

③ 대플(Dapple)　　　　④ 리버(Liver)

⑤ 론(Roan)

해 론(Roan)에 대한 설명이며, 유색모의 색상에 따라 블루 론, 오렌지 론, 레몬 론, 리버 론, 레드 론 등으로 나뉜다. ①의 골든 버프(Golden Buff)란 금색에 빨강이 있는 담황색을 말하고, ②의 그루즐(Gruzzle)은 흑색 계통 털에 회색이나 적색이 섞인 색을 말하며, ③의 대플(Dapple)이란 특별히 도드라지는 색 없이 여러 가지 색의 불규칙한 반점을 말하며, ④의 리버(Liver)는 진한 적갈색, 붉은 간장색을 말한다.

02 반려견의 모색과 관련된 용어 중 설명이 틀린 것은?

① 브리칭(Breeching) : 패스턴에서 볼 수 있는 검은색 반점을 말하며, 맨체스터 테리어, 토이 맨체스터 테리어 등이 대표적이다.

② 새들(Saddle) : 말 안장을 얹은 것 같은 검은색 반점을 말하며, 에어데일 테리어가 대표적이다.

③ 벨튼(Belton) : 흰색 바탕에 옅은 반점이 흩어져 있는 것을 말하며, 모색에 따라 블루 벨튼, 오렌지 벨튼, 리버 벨튼, 레몬 벨튼 등이 있다.

④ 머즐 밴드(Muzzle Band) : 주둥이 주위의 흰색 반점을 말하며, 보스턴 테리어, 세인트버나드 등이 대표적이다.

⑤ 맨틀(Mantle) : 어깨, 등, 몸통 양쪽에 망토를 걸친 듯한 크고 진한 반점이 있는 것을 말하며, 세인트버나드가 대표적이다.

해 ①은 섬 마크(Thumb Mark)에 대한 설명이며, 브리칭(Breeching)이란 검은색 개의 대퇴부 안쪽과 후방의 탄 반점을 말하며, 맨체스터 테리어, 로트와일러 등이 대표적이다.

03 모색과 그 대표적 견종의 연결이 적절하지 않은 것은?

① 브랭킷(Blanket) – 아메리칸폭스하운드

② 블레이즈(Blaze) – 보스턴 테리어

③ 맨틀(Mantle) – 세인트버나드

④ 삭스(Socks) – 이비전하운드

⑤ 새들(Saddle) – 에어데일 테리어

해 블레이즈(Blaze)는 양 눈과 눈 사이에 중앙을 가르는 가늘고 긴 백색의 선을 말하며 빠삐용이 대표적이다.

04 반려견의 모색과 관련된 용어로 틀린 것은?

① 스팟(Spot)이란 반점, 흰색바탕에 검정이나 리버 스팟이 전신에 있는 무늬를 말하며, 달마시안이 대표적이다.

② 알비노(Albino)란 백화현상, 색소 결핍증, 피부, 털, 눈 등에 색소가 발생하지 않는 이상 현상을 말한다.

③ 티킹(Ticking)이란 흰색 바탕에 한 가지나 두 가지의 명확한 독립적인 반점이 있는 것을 말하며, 브리타니가 대표적이다.

④ 파울 컬러(Foul Color)란 폴트 컬러, 부정모색, 바람직하지 못한 반점이나 모색을 말한다.

⑤ 파티컬러(Parti-Color)란 두 가지 색의 구분된 반점의 색깔을 말한다.

해 ②의 설명은 알바니즘(Albinism)에 대한 내용이며, 알비노(Albino)란 선천적 색소 결핍증을 말한다.

답 01 ⑤   02 ①   03 ②   04 ②

05 흰색 바탕에 검은색이나 그레이의 불규칙한 반점이 있는 것을 말하며, 순백색 바탕에 찢긴 것 같은 검은 반점 무늬가 있는 것을 가리키는 용어는?

① 하운드 마킹(Hound Marking) ② 펜실링(Pencilling)

③ 포인츠(Points) ④ 할리퀸(Harlequin)

⑤ 피그멘테이션(Pigmentation)

해 ①의 하운드 마킹(Hound marking)이란 흰색, 검은색, 황갈색의 반점을 말하며, ②의 펜실링(Pencilling) 맨체스터 테리어의 발가락에 있는 검은 선을 말하고, ③의 포인츠(Points)란 안면, 귀, 사지 및 꼬리의 모색, 보통은 흰색, 검은색, 탄 등을 말하며, ⑤의 피그멘테이션(Pigmentation)은 피모의 멜라닌 색소 과립 침착상태를 말한다.

06 검은 모색의 견종의 볼에 있는 진회색 반점인 키스 마크(Kiss Mark)를 가진 대표적인 견종으로 묶인 것은?

① 도베르만핀셔, 로트와일러 ② 알래스칸 말라뮤트, 콜리

③ 브리타니가, 스코타쉬 테리어 ④ 오스트레일리안 실키 테리어, 와이마리너

⑤ 달마시안, 맨체스터 테리어

해 검은 모색의 견종의 볼에 있는 진회색 반점인 키스 마크(Kiss Mark)를 가진 대표적인 견종으로는 도베르만핀셔, 로트와일러 등이 대표적이다.

07 다음 중 반점과 관련된 용어와 거리가 먼 것은?

① 대플(Dapple) ② 마킹(Marking)

③ 머즐밴드(Muzzle Band) ④ 플럼(Plume)

⑤ 배제 마킹(Badger Marking)

해 ④의 플럼(Plume)은 깃발 모양 꼬리의 장식 털을 말한다. ①의 대플(Dapple)은 특별히 도드라지는 색 없이 여러 가지 색의 불규칙한 반점을 말하며, ②의 마킹(Marking)은 부위에 따라 분포와 크기가 다양한 반점을 말하며, ③의 머즐밴드(Muzzle Band)주둥이 주위의 흰색 반점을 말하며, ⑤의 배저 마킹(Badger Marking)은 목, 귀에 탄이나 다른 색의 반점이 있는 것을 말한다.

08 다음 〈보기〉가 설명하는 반점을 뜻하는 용어는?

> **보기**
>
> 어깨, 등, 몸통 양쪽에 망토를 걸친 듯한 크고 진한 반점이 있는 것을 말한다.

① 벨튼(Belton) ② 브리칭(Breeching)
③ 맨틀(Mantle) ④ 론(Roan)
⑤ 대플(Dapple)

해 맨틀(Mantle)이란 어깨, 등, 몸통 양쪽에 망토를 걸친 듯한 크고 진한 반점이 있는 것을 말하며, 세인트버나드가 대표적이다.

09 브리칭(Breeching)이란 검은색 개의 대퇴부 안쪽과 후방의 탄 반점을 말하는데 이를 가진 대표적 견종은?

① 빠삐용 ② 아메리칸폭스하운드
③ 그레이트덴 ④ 베들링턴 테리어
⑤ 로트와일러

해 브리칭(Breeching)이란 검은색 개의 대퇴부 안쪽과 후방의 탄 반점을 말하는데 이를 가진 대표적 견종으로는 맨체스터 테리어, 로트와일러 등이다.

10 모색에 관한 용어 중 설명이 틀린 것은?

① 멀(Merle)이란 검정, 블루, 그레이의 배색을 말한다.
② 버프(Buff)란 부드럽고 연한 느낌의 담황색을 말한다.
③ 마호가니(Mahogany)란 그레이, 진회색, 화이트가 섞인 오소리 색 반점이다.
④ 블루 마블(Blue Marble)이란 블루멀, 검정, 블루, 그레이가 섞인 대리석 색을 말한다.
⑤ 리버(Liver)란 진한 적갈색, 붉은 간장색을 말한다.

해 ③의 마호가니(Mahogany)란 체스트너트 레드, 적갈색을 말한다.

답 05 ④ 06 ① 07 ④ 08 ③ 09 ⑤ 10 ③

11 목, 꼬리 사이의 등, 몸통 쪽에 넓게 있는 모색을 무엇이라고 하는가?

① 브랭킷(Blanket)   ② 브린들(Brindle)

③ 브리칭(Breeching)   ④ 배저(Badger)

⑤ 벨튼(Belton)

해 브랭킷(Blanket)이란 목, 꼬리 사이의 등, 몸통 쪽에 넓게 있는 모색을 말하며, 아메리칸폭스하운드가 대표적이다.

12 다음 〈보기〉가 설명하는 특징을 가진 대표적 견종은?

> **보기**
>
> 유색견이 흰색 양말을 신은 것 같은 무늬를 말한다.

① 에어테일 테리어   ② 이비전하운드

③ 맨체스터테리어   ④ 토이 맨테스터 테리어

⑤ 달마시안

해 유색견이 흰색 양말을 신은 것 같은 무늬를 삭스(Socks)라고 하는데 이의 특징을 가진 대표적 견종은 이비전하운드이다.

13 모색과 관련된 용어의 설명과 그 대표적 견종의 연결이 옳지 않은 것은?

① 실버 블랙(Silver Black)이란 검은 털 속에 은색 털이 섞인 것을 말하며, 스코티쉬 테리어가 대표적이다.

② 실버 그레이(Silver Gray)란 마우스 그레이보다 밝은 은색이 도는 회색을 말하며, 와이마리너가 대표적이다.

③ 슬레이트 블루(Slate Blue)란 검은 회색의 블루, 회색이 있는 청색을 말하며, 오스트레일리안 실키 테리어가 대표적이다.

④ 새들(Saddle)이란 말안장을 얹은 것 같은 검은색 반점을 말하며, 에어데일 테리어가 대표적이다.

⑤ 설반이란 반점이 있는 혀를 말하며, 이를 가진 대표적 견종은 빠삐용이다.

해 설반이란 반점이 있는 혀를 말하며, 차우차우가 대표적이다.

14 다음 〈보기〉가 설명하는 모색관련 용어는?

> **보기**
>
> 가. 황색 또는 황갈색 바탕에 털끝이 검은색을 말한다.
> 나. 연한 기본 모색에 검은색 털이 섞여 있거나 겹쳐 있는 것이다.

① 세이블(Sable)
② 알비노(Albino)
③ 이사벨라(Isabela)
④ 스모크(Smoke)
⑤ 섬 마크(Thumb Mark)

해 세이블(Sable)은 황색 또는 황갈색 바탕에 털끝이 검은색을 말한다. ②의 알비노(Albino)란 선천적 색소 결핍증을 말하며, ③의 이사벨라(Isabela)는 연한 밤색을 말하며, ④의 스모크(Smoke)는 거무스름한 옅은 흑색의 연기색을 말하며, ⑤의 섬 마크(Thumb Mark)는 패스턴에서 볼 수 있는 검은색 반점을 말한다.

15 폰 색의 등줄기를 따른 검은 선을 무엇이라고 하는가?

① 키스 마크(Kiss Mark)
② 파울 컬러(Foul Color)
③ 트레이스(Trace)
④ 퓨스(Puce)
⑤ 탄(Tan)

해 트레이스(Trace)란 폰 색의 등줄기를 따른 검은 선을 말하며, 퍼그의 등줄기 색을 말한다.

16 다음 중 반점과 관련된 용어가 아닌 것은?

① 섬 마크(Thumb Mark)
② 대플(Dapple)
③ 마킹(Marking)
④ 블레이즈(Blaze)
⑤ 새들(Saddle)

해 ④의 블레이즈(Blaze)란 양 눈과 눈 사이에 중앙을 가르는 가늘고 긴 백색의 선을 말한다.

답 11 ① 12 ② 13 ⑤ 14 ① 15 ③ 16 ④

17 다음 〈보기〉가 설명하는 용어는?

> **보기**
>
> 가. 흰색 바탕에 검은색이나 그레이의 불규칙한 반점이 있는 것을 말한다.
> 나. 순백색 바탕에 찢긴 것 같은 검은 반점무늬가 있다.

① 휘튼(Wheaten)   ② 화운(Faun)
③ 퓨스(Puce)   ④ 펜실링(Penciling)
⑤ 할리퀸(Harlequin)

해 ①의 휘튼(Wheaten)은 옅은 황색의 털, 황색이 스민 것 같이 보이는 색을 말하며, ②의 화운(Faun)은 금색에 검은색이 조금 섞인 색을 말하며, ③의 퓨스(Puce)는 암갈색을 말하며, ④의 펜실링(Penciling)은 맨체스터 테리어의 발가락에 있는 검은 선을 말한다.

18 파울 컬러(Foul Color)와 무관한 설명은?

① 두 가지 색의 구분된 반점의 색깔   ② 폴트 컬러(Fault Color)
③ 부정모색   ④ 바람직하지 못한 모색
⑤ 바람직하지 못한 반점

해 ①의 두 가지 색의 구분된 반점의 색깔은 파티컬러(Parti-Color)이며, 파울 컬러(Foul Color)란 폴트 컬러, 부정모색, 바람직하지 못한 반점이나 모색을 말한다.

19 티킹(Ticking)이란 흰색 바탕에 한 가지나 두 가지의 명확한 독립적인 반점이 있는 것을 말하는데 이의 특징을 갖는 대표적 견종은?

① 도베르만핀셔   ② 브리타니
③ 로트와일러   ④ 그레이하운드
⑤ 맨체스터 테리어

해 티킹(Ticking)이란 흰색 바탕에 한 가지나 두 가지의 명확한 독립적인 반점이 있는 것을 말하는데 이의 대표적 견종은 브리타니이다.

20 다음 중 용어 설명이 잘못된 것은?

① 칼라(Collar)란 목 주변을 감싸는 폭 넓은 흰색 반점을 말하며, 콜리가 대표적이다.

② 캡(Cap)이란 두개 위의 어두운 반점을 말하며, 알래스칸 말라뮤트가 대표적이다.

③ 새들(Saddle)이란 말안장을 얹은 것 같은 검은색 반점을 말하며, 에어데일 테리어가 대표적이다.

④ 브리칭(Breeching)이란 검은색 개의 대퇴부 안쪽과 후방의 탄 반점을 말하며, 맨체스터 테리어, 로트와일러가 대표적이다.

⑤ 맨틀(Mantle)이란 이마 및 주둥이 부위가 검은 것으로 마스티프, 복서, 페키니즈 등이 대표적이다.

해 맨틀(Mantle)이란 어깨, 등, 몸통 양쪽에 망토를 걸친 듯한 크고 진한 반점이 있는 것을 말하며, 세인트버나드가 대표적이다. ⑤는 마스크(Mask)에 대한 설명이다.

Chapter 01
쇼미용

1 도그쇼의 의미 및 역사

- 도그쇼란 견종별 표준에 가장 가까운 구성과 성격 및 기질을 보여주는 개를 뽑는 대회이다.
- 세계 최초 공식적인 도그쇼는 1859년 영국의 뉴캐슬에서 개최된 '스포팅 도그쇼'이다.
- 처음 도그쇼 목적은 귀족들이 사냥 후 자신들의 사냥견을 서로 평가하기 위해 만든 자리였다.

2 도그쇼의 목적

- 다음 세대를 위한 혈통번식의 평가를 쉽게 하기 위해서이다.
- 견종의 표준에 따른 '완벽한' 이미지에 가장 가까운 개를 뽑는 것이다.
- 견종의 이상적인 모습을 정한 견종표준에 부합하는 더 우수한 개를 생산하는 것이다.
- 개를 사랑하는 이들이 즐길 수 있는 최고의 스포츠이다.
- 도그쇼에 출진하는 것은 견주나 출진견 모두에게 즐거운 취미, 보람이 될 수 있다.

3 도그쇼의 구성원

(1) 브리더(Breeder)

① 일반적으로 번식한 자견의 모견 소유를 말한다.

② 각 견종의 견종 표준에 부합하는 우수한 개를 브리딩하는 것이 목적이다.

(2) 핸들러(Handler)

① 핸들러는 심사위원 앞에서 평가를 받는 자이다.

② 핸들러는 브리더 오너 핸들러와 사례를 받고 핸들링을 위탁 받는 전문 핸들러로 나눌 수 있다.

(3) 심사위원(Judge)

① 출진견들을 검토하고 평가한다.

② 각 견종의 표준에 맞는 완벽한 이미지에 가장 가까운 개를 뽑는다.

4 도그쇼 미용 및 미용작업 방법/도그쇼 견종별 표준미용 규정

(1) 도그쇼 미용

① 견종의 가장 이상적인 쇼 독(Show Dog)을 만드는 것이다.

② 견종의 표준을 정확히 이해하고 친숙해야 한다.

③ 쇼 독은 견종표준에 맞는 미용과 관리가 필요하다.

④ 견종의 특성과 출진견의 장점을 부각하는 것이다.

(2) 미용작업방법

① 밴딩 라인은 주기적으로 변화를 주어 밴딩 경계 부분의 털 빠짐을 방지한다.

② 스프레이를 많이 분사하면 털이 인위적으로 굳을 수 있으므로 최대한 적은 양으로 자연스럽게 세팅할 수 있도록 한다.

③ 초크나 파우더를 사용할 때에는 주변 털에 이염될 수 있으니 유의한다.

④ 스프레이와 같은 세팅 제품을 사용한 후에는 가급적 빠른 시간 안에 목욕으로 성분을 제거해주어 피모의 손상을 막는다.

⑤ 스프레이 작업 시에는 필요한 곳 외의 주변 부위를 손으로 가려준다. 특히 얼굴 부위를 작업할 때에는 눈에 스프레이 입자가 들어가지 않도록 주의한다.

(3) 견종별 표준미용 규정

① 견종별 표준미용 규정은 주최하는 단체의 견종표준을 따른다.

② 가장 일반적인 미용견인 푸들의 미국애견협회 미용규정을 보면 12개월 미만의 강아지는 퍼피클럽으로 출진할 수 있다.

③ 12개월 이상의 개들은 잉글리시 새들 클럽, 콘티넨탈 클럽으로만 출진할 수 있다.

④ 모견이나 종견 클래스에는 스포팅 클럽으로 출진할 수도 있다.

5 도그쇼의 행사규정

(1) 참가절차

① 출진할 단체에 출진견과 출진자를 등록하는 것이 가장 중요하다.

② 출진자의 등록은 해당 단체에 회원가입을 함으로써 가능하다.

③ 출진견 등록은 개의 혈통을 단체에 등록하여야 한다.

④ 출진자와 출진견의 등록이 끝나면, 해당 도그쇼의 출진신청에 관한 사항을 단체의 홈페이지 등에서 참고한다.

> **참고** **혈통서**
>
> 혈통서란 개에 대한 기본정보와 조상견이 기재된 등록 증명서이다.

(2) 도그쇼 진행

① 도그쇼 행사장에 도착하면 먼저 접수처에서 대회의 프로그램을 확인한다.

② 심사는 링 안에서 일정한 동작을 통해 판정을 받는다.

③ 심사위원은 먼저 순서대로 개체심사를 한다.

④ 심사위원은 다운 앤드백, 트라이앵글, 라운딩 등을 요청하여 출진견의 움직임을 확인한다.

⑤ 비교심사를 통해 가장 표준에 가까운 출진견을 최우수 출진견으로 선택한다.

(3) 도그쇼 진행 방법

① 다운 앤 백(업 앤 다운) : 말 그대로 위아래로 움직이는 것으로, 출발하기 전 목표 지점을 정해 직선을 흐트리지 않고 나아가며 되돌아 올 때에는 회전을 하고, 개를 정지시킬 위치를 확인하여 심사위원과 적당한 거리를 두고 정지시킨다.

② 트라이앵글 : 링을 삼각형으로 사용하여 보행하는 것을 말하며, 링의 한 변을 곧장 나아가서 제1코너에서 90도로 돈 후 제2코너에서 회전하여 심사위원을 향해 돌아온다.

③ 라운딩 : 원의 형태로 보행하는 것을 말하며 시계 반대 방향으로 돌고 개는 핸들러의 왼쪽에 위치한다. 선두에 있을 때에는 뒷사람들이 준비된 것을 확인한 후 출발하며 뒷사람은 충분한 간격을 유지하여 출발한다.

(4) 기타 참고사항

① 견종그룹의 분류와 클래스 및 수상방식은 나라와 단체별로 조금씩 다르게 운영된다.

② 견종 1위 견은 베스트 오브 브리드이다. 즉 해당 견종의 모든 클래스를 통틀어 뽑힌 1위 견이다.

③ 위너스 독과 어워드 오브 메리트는 각 견종에서 선발된다.

④ 베스트 인 그룹은 견종별 베스트 오브 브리드 견들이 경합하여 선발되는 그룹 1위 견이다.

⑤ 베스트 인 쇼는 각 그룹의 베스트 인 그룹 견들이 경합하여 선발되는 도그쇼 최고의 견이다.

6 미국애견협회(AKC : American Kennel Club)의 견종분류

(1) 스포팅 그룹(Sporting Group)

① 사냥꾼을 도와 사냥을 하는 사냥개이다.

② 사냥감을 지목하는 견종 : 포인터와 세터

③ 새를 날리는 견종 : 스페니얼

④ 땅 또는 물 위의 사냥감을 회수하는 견종 : 리트리버

(2) 하운드 그룹(Hound Group)

① 스스로 사냥을 하고 사냥감을 궁지에 몰아 사냥꾼이 올 때까지 기다리거나 후각을 이용해 사냥감의 위치를 알아낸다.

② 시각형 하운드는 시각을 이용해 사냥하고, 후각형 하운드는 뛰어난 후각을 이용해 사냥감을 추적한다.

(3) 워킹 그룹(Working Group)

① 대체적으로 총명하고 강한 체력을 가지고 있으며, 집과 가축을 지키고 수레를 끌며 경찰견, 군견으로 다양한 힘든 일을 해낸다.

② 대표적인 견종 : 맬러뮤트, 복서, 도베르만핀셔, 그레이트 덴, 사모예드 등

(4) 테리어 그룹(Terrier Group)

① 쥐와 여우 등의 사냥감을 찾아 땅속을 움직이기에 충분히 작고 적합해야 한다.

② 지면 또는 땅이라는 라틴어 '테라'라는 이름을 가지게 되었으며 확고하고 용감한 기질을 가지고 있다.

(5) 토이 그룹(Toy Group)

① 사람의 반려동물로서 만들어진 그룹이다.

② 생기가 넘치고 활기차며 보통 그들의 조상견의 모습을 닮았다.

(6) 논스포팅 그룹(Nonsporting Group) : 다른 그룹에 포함되지 않으면서 굉장히 다양한 특성을 가진 나머지 견종들로 구성된다.

(7) 목축그룹(Herding Group)

목동과 농부를 도와 가축을 다른 장소로 움직이도록 이끌고 감독한다.

7 세계애견연맹(FCI : Federation Cynologique International)의 견종분류

1그룹	목양견과 목축견
2그룹	핀셔, 슈나우저, 몰로시안, 스위스캐틀독
3그룹	테리어
4그룹	닥스훈트 견종
5그룹	스피츠와 프라이미티브 견종
6그룹	후각형 수렵견종(세인트하운드 견종)
7그룹	조렵견종(포인팅 견종)
8그룹	영국 총렵견종(레트리버, 플러싱 도그, 워터 도그 견종)
9그룹	반려견과 애완견종
10그룹	시각형 수렵견종(사이트하운드 견종)

8 테이블 매너 훈련

(1) 개의 훈련방법

① 절대적으로 1회 훈련을 너무 오랜시간 무리하게 시키지 않는다.

② 훈련의 규칙은 일관성이 있어야 하며, 즐겁게 하여야 한다.

(2) 애견과의 친화과정 상태관찰

① 미용사와 충분한 교감과정을 통해 심리적 안정을 취하도록 한다.

② 미용을 하기에 적당한 컨디션인지 확인 및 관찰하는 과정 또한 훈련의 일부가 된다.

③ 개와 눈을 맞추어 개가 심리적으로 안정을 취할 수 있도록 한다.

④ 클램프가 단단히 고정되어 있는지 확인한다.

⑤ 부드러운 터치로 개를 먼저 안정시킨 후, 개의 상태를 손으로 만져보며 확인한다.

(3) 스태그(Stag)

① 완벽한 스태그 자세는 금방이라도 앞으로 나아갈 것 같지만 움직이지 않는 안정된 자세를 말

한다.

② 개의 시선은 전방에 무엇인가를 주시하는 모습이어야 한다.

③ 앞발과 뒷발의 체중이 각각 6:4정도를 이루는 것이 좋다.

④ 머리는 알맞은 높이로 쳐든 모습이 좋다.

⑤ 개의 긴장을 풀어 준 후 스태그 자세를 취하도록 다리 위치를 조정한다.

9 쇼미용 커트

(1) 골격의 이해

① **얼굴 부위** : 안면(앞 얼굴), 하악골(아래턱뼈), 경추(목뼈), 두개골(머리뼈)

② **어깨 부위** : 견관절(어깨관절), 견갑골(어깨뼈)

③ **앞발 부위** : 상완골(위팔뼈), 주관절(앞다리굽이관절), 요골(노뼈), 척골(자뼈), 중수골(앞발허리뼈), 지골(발가락뼈)

④ **몸통 부위** : 흉골(복장뼈), 늑골궁(갈비뼈활), 흉추(등뼈), 흉곽(가슴우리), 늑골(13번째 갈비뼈), 요추(허리뼈)

⑤ **엉덩이 부위** : 골반골(골반뼈), 천골(엉치뼈), 대퇴관절(엉덩이관절), 대퇴골(넓적다리뼈)

⑥ **뒷다리 부위** : 슬관절(무릎관절), 경골(정강뼈), 비골(종아리뼈), 비절관절(뒷발목관절), 중족골(뒷발허리뼈)

⑦ **꼬리 부위** : 미추(꼬리뼈)

(2) 밸런스의 이해

① **머리** : 미용견 두상 모양의 장·단점 파악 후 보완, 주둥이의 두께와 미간의 폭, 귀의 위치 등을 털의 형태와 커트로 보완

② **몸** : 견종표준 이해, 이상적인 몸의 길이와 둘레 등의 반려견 밸런스를 미용으로 보완

③ **다리** : 털의 길이와 간격을 조절하여 단점 보완

④ **꼬리** : 꼬리의 형태 또한 털의 길이나 모양으로 더 나은 시각적인 효과 창출

10 쇼미용 스트리핑

(1) 스트리핑(Stripping)의 의미

① 스트리핑(Stripping)이란 주로 거칠고 뻣뻣한 털을 가진 견종의 털이 빠지고 자라나는 과정을 도와 최적의 털 상태를 유지할 수 있도록 하는 작업이다.

② 스트리핑은 테리어를 비롯한 많은 견종에 사용하는 적절한 손질방법이다.

(2) 핸드 스트리핑 수행

① 털이 잘리지 않고 반드시 뿌리까지 뽑히도록 한다.

② 살짝 잡아당겼을 때 피부의 당겨짐 없이 쉽게 뽑히는 것이 정상이다.

③ 만약 개의 피부에 상처가 있거나 불안정해 보인다면 스트리핑 작업을 무리해서 진행하지 않도록 한다.

④ 손이 미끄러진다면 파우더, 초크 또는 손가락 고무장갑 등을 사용할 수 있다.

⑤ 한 번에 많은 양의 털을 잡아당기는 것은 개의 피부에 자극이 갈뿐더러, 뽑지 않아야 할 털까지 뽑게 되므로 주의하여야 한다.

(3) 스트리핑 나이프 잡는 방법

① 어깨, 무릎, 손가락의 관절에 힘을 주어서는 안 된다.

② 왼손으로 개의 피부를 충분히 지탱하고 엄지손가락으로 손을 조금 반대로 띄어 나이프와 엄지손가락 사이에 털 끝을 잡고 털의 결 방향대로 나이프를 움직여 털을 뽑아 준다.

③ 나이프 손잡이를 집게손가락부터 네 개의 손가락으로 가볍게 움켜쥔다.

④ 스트리핑 나이프를 피부면과 평행하게 유지하고 흔들림이 없어야 한다.

⑤ 스트리핑 나이프는 명칭이 나이프지만 털을 잘라내는 데 있지 않고 털을 뿌리째 뽑아낼 수 있도록 쉽게 잡을 수 있도록 도와주는 도구이다.

11 스트리핑 관련 용어

(1) 플러킹(Plucking) : 주로 손을 이용해 적은 양의 털을 뽑는 행위 자체의 스트리핑 방법으로 손끝이나 트리밍 나이프를 사용해 털을 뽑는 작업을 말한다.

(2) 레이킹(Raking) : 트리밍 나이프나 콤 등을 이용해 피부에 자극을 주어 가며 죽은 털이나 두꺼운 언더코트를 제거해 새로운 털이 잘 자랄 수 있게 촉진시켜 주는 작업이다.

(3) 롤링(Rolling) : 털을 양호한 상태로 유지하기 위해 주기적으로 부드러운 털이나 떠 있는 털, 긴 털을 나이프나 손가락을 이용해 뽑아 라인을 정리하는 작업으로서 코트워크(Coat Work)와 동의어이다.

(4) 스테이지 스트리핑(Stage Stripping)

① 단계를 나누어 진행하는 스트리핑 방법의 순서로써, 털이 자라나는 주기를 계산하여 완성모

습을 미리 설정하여 계획하는 것이 매우 중요하다.

② 주로 도그쇼에 맞춰 완성될 기간을 설정하고 스트리핑할 부분을 구분하여 기간의 간격을 두고 순서대로 작업한다.

(5) 풀 스트리핑(Full Stripping)

① 새로운 털의 발모를 재촉하기 위해 피부가 보일 정도까지 털을 뽑아주는 작업이다.

② 특정 견종에 있어 좋은 털, 즉 뻣뻣한 털로 만드는데 그 목적이 있다.

(6) 블렌딩(Blending) : 스트리핑한 털의 경계가 뚜렷이 나지 않도록 길이를 조금씩 바꿔 자연스럽게 보이도록 하는 작업이다.

12 쇼미용 메이크업

(1) 컬러 전문 샴푸

① 색을 강조하기 위해 일반적으로 염색을 하기도 하지만, 손상을 최소화하며 자연스럽게 색을 강조할 수 있는 방법으로 평상시 컬러 전용 샴푸를 사용하여 관리할 수 있다.

② 대부분 컬러 샴푸는 제품을 골고루 바른 후 일정시간이 지나야 더 나은 효과를 기대할 수 있다.

(2) 컬러 초크

① 분필을 사용하는 것처럼 바를 수 있다.

② 털이 상해서 색이 바랜 경우에 털색을 더욱 선명하게 하기 위해 사용한다.

(3) 컬러 파우더

① 도그쇼에서 이상적인 색감을 표현하기 위해 사용할 수 있다.

② 일반적으로 컬러 초크보다 입자가 곱고 점착력이 우수하여 더 오랜 시간을 유지할 수 있다.

(4) 밴드 : 주로 고무, 실리콘 또는 라텍스 재질의 밴드이며 크기도 다양하다.

(5) 스프레이

① 도그쇼 미용실에서 털의 모양을 고정시키고자 할 때 사용한다.

② 볼륨, 고정, 컬러, 광택 등의 용도에 따라 선택하여 사용한다.

(6) 콜레스테롤 크림 : 보통 쇼미용에서 컬러 초크나 파우더의 접착을 쉽게 하기 위해서 소량 사용할 수 있다.

01 도그쇼에 대한 내용으로 적절하지 않은 것은?

① 도그쇼란 견종표준에 가장 가까운 신체구성, 성격, 기질 등을 지니고 있는 개를 뽑는 대회이다.

② 도그쇼의 가장 기본적인 목적은 다음 세대를 위한 혈통 번식의 평가를 하는 것이다.

③ 도그쇼는 귀족들이 사냥 후 자신들의 사냥견을 서로 평가하기 위해 시행하는 쇼이다.

④ 도그쇼에 출진하는 것은 견주나 출진견 모두에게 즐거운 취미가 될 수 있다.

⑤ 1859년 영국의 뉴캐슬에서 개최된 '스포팅 도그쇼'가 세계 최초의 공식적인 도그쇼이다.

해 도그쇼는 개를 사랑하는 이들이 즐길 수 있는 최고의 스포츠이기도 한 것이다. 귀족들이 사냥 후 자신들의 사냥견을 서로 평가하기 위해 만든 자리는 과거 사냥개 품평회의 역사인 것이다.

02 도그쇼를 이끌어가는 주요 구성원으로만 옳게 묶여진 것은?

보기	
가. 브리더(Breeder)	나. 핸들러(Handler)
다. 심사위원(Judge)	라. 캣(Cat)

① 가, 나, 다   ② 가, 나, 라

③ 가, 다, 라   ④ 나, 다, 라

⑤ 가, 나, 다, 라

해 도그쇼를 이끌어가는 주요 구성원은 크게 브리더, 핸들러, 심사위원으로 나눌 수 있다.

03 도그쇼와 관련하여 일반적으로 번식한 자견의 모견 소유자를 무엇이라고 하는가?

① 브리더(Breeder)　　　　　　　　② 핸들러(Handler)

③ 심사위원(Judge)　　　　　　　　④ 스튜어드(Steward)

⑤ 스테이저(Stager)

해 브리더(Breeder)란 일반적으로 번식한 자견의 모견 소유자를 말하며, 진정한 브리더라면 브리딩을 결정하기 앞서 그 개의 장점과 단점을 공정히 평가한 후 브리딩을 결정해야 하며, 각 견종의 견종 표준에 부합하는 우수한 개를 브리딩 하는 것을 목적으로 한다.

04 도그쇼 구성원의 하나인 '핸들러(Handler)'에 대한 내용이 아닌 것은?

① 도그쇼에 출진하는 모든 개는 핸들러에 의해 심사위원 앞에서 평가를 받는다.

② 본인이 번식하거나 소유한 개를 출진시키는 자는 브리더 오브 핸들러이다.

③ 사례를 받고 핸들링을 위탁받는 자는 전문 핸들러이다.

④ 핸들러의 역할은 도그쇼 출진개의 미용담당이다.

⑤ 핸들러는 도그쇼에서의 승리를 하는데에 그 목적이 있다.

해 핸들러의 역할은 경마장에서 말을 타는 기수와 비슷하다고 볼 수 있으며 승리를 하는 데에 그 목적이 있다. 미용을 담당하는 자는 아니다.

답 01 ③　　02 ①　　03 ①　　04 ④

05 도그쇼에서의 라운딩(Rounding)에 대한 내용으로 적절하지 않은 것은?

① 전원의 선두에 있을 때에는 뒷사람들이 준비된 것을 확인한 후 출발한다.

② 앞에 출진자가 있을 때에는 충분한 간격을 유지하고 출발한다.

③ 속도가 필요하면 앞 출진자가 출발하고 몇 초의 간격을 두고 출발한다.

④ 심사위원이 개인별로 라운딩을 지시할 때에는 다른 보행 패턴과 동일한 방법으로 보행을 한다.

⑤ 시계방향으로 돌고 개는 핸들러의 오른쪽에 위치한다.

해 라운딩은 시계 반대방향으로 돌며, 개는 핸들러의 왼쪽에 위치하여야 한다.

06 도그쇼의 참가절차에 관한 설명으로 틀린 것은?

① 도그쇼에 출진하기 위해서는 해당국의 허가와 입회비를 납부하여야 한다.

② 출진자의 등록은 해당 단체에 회원가입을 함으로써 가능하다.

③ 출진견의 등록은 개의 혈통을 단체에 등록함으로써 공식적으로 혈통을 인정받는 것이다.

④ 모두 등록이 되었다면 해당 도그쇼의 출진신청에 관한 사항을 단체의 홈페이지 등에서 참고한다.

⑤ 혈통서는 개에 대한 기본정보와 조상견이 기재된 등록증명서로, 혈통서를 발행하는 것은 순수혈통의 보존과 유지를 위해 필요한 절차이다.

해 도그쇼에 출진하기 위해서는 먼저 출진할 단체에 출진견과 출진자를 등록하는 것이 가장 중요하다.

07 도그쇼 행사규정에 대한 설명으로 옳지 않은 것은?

① 견종그룹의 분류와 클래스 및 수상방식은 나라와 단체에 구분없이 동일한 방식으로 운영된다.

② 견종 1위 견은 베스트 오브 브리드이다. 즉 해당 견종의 모든 클래스를 통틀어 뽑힌 1위 견이다.

③ 위너스 독과 어워드 오브 메리트는 각 견종에서 선발된다.

④ 베스트 인 그룹은 견종별 베스트 오브 브리드 견들이 경합하여 선발되는 그룹 1위 견이다.

⑤ 베스트 인 쇼는 각 그룹의 베스트 인 그룹 견들이 경합하여 선발되는 도그쇼 최고의 견이다.

해 견종그룹의 분류와 클래스 및 수상방식은 나라와 단체별로 조금씩 다르게 운영된다.

08 도그쇼 미용에 관한 설명으로 적절하지 않은 것은?

① 도그쇼의 가장 첫 단계는 견종의 가장 이상적인 쇼 독을 만드는 일이다.

② 자신이 원하는 견종의 표준에 대해 정확히 이해하고 친숙해야 한다.

③ 쇼 독은 견종이 가지고 있는 출진자의 성향과 관심에 맞추어 관리하는 것이 필요하다.

④ 쇼미용의 궁극적인 목표는 견종의 특성과 출진견의 장점을 부각하는 것이다.

⑤ 출진견을 각각 최고의 컨디션으로 관리하여 도그쇼에서 가장 좋은 모습을 보여주는 것이다.

해 쇼 독은 견종표준에 맞는 미용과 관리가 필요하다.

09 미국애견협회(AKC)의 견종분류로 사냥꾼을 도와 사냥을 하는 사냥견 그룹은?

① 스포팅 그룹(Sporting Group)　　　　② 하운드 그룹(Hound Group)

③ 워킹 그룹(Working Group)　　　　　④ 테리어 그룹(Terrier Group)

⑤ 토이 그룹(Toy Group)

해 스포팅 그룹(Sporting Group)은 사냥꾼을 도와 사냥을 하는 사냥개로 에너지가 넘치며 안정된 기질을 가지고 있다. 포인터와 세터는 사냥감을 지목하고, 스패니얼은 새를 날리며, 리트리버는 땅 또는 물위의 사냥감을 회수한다.

10 미국애견협회(AKC)의 견종분류인 '워킹 그룹'에 속하는 견종과 거리가 먼 것은?

① 알래스칸 맬러뮤트　　　　　　　　② 복서

③ 도베르만 핀셔　　　　　　　　　　④ 그레이트 덴

⑤ 슈나우저

해 워킹그룹의 예는 알래스칸 맬러뮤트, 복서, 도베르만 핀셔, 그레이트 덴, 사모예드 등이다.

11 미국애견협회(AKC)의 견종분류 그룹 중 확고하고 용감한 기질을 가지고 있어 사냥감을 쫓아 땅속 등의 사냥에 적합한 그룹은?

① 스포팅 그룹(Sporting Group)　　　　② 하운드 그룹(Hound Group)

③ 워킹 그룹(Working Group)　　　　　④ 테리어 그룹(Terrier Group)

⑤ 토이 그룹(Toy Group)

해 테리어 그룹(Terrier Group)은 쥐와 여우 등의 사냥감을 쫓아 땅속을 움직이기에 충분히 작고 적합해야 하며, 그 때문에 지면 또는 땅이라는 라틴어의 '테라'에서 이름을 따 테리어라는 이름을 가지게 되었다.

12 세계애견연맹(FCI)의 견종분류는 10그룹으로 나뉘는데 그 중 반려견과 애완견종의 그룹은?

① 1그룹   ② 4그룹

③ 6그룹   ④ 8그룹

⑤ 9그룹

해 세계애견연맹(FCI)의 견종분류 상 반려견과 애완견종은 9그룹에 속한다.

13 도그쇼 미용을 위한 견종 표준서를 분석하는 과정에 대한 내용으로 적절하지 않은 것은?

① 미용하고자 하는 개의 견종 표준서를 확인한다.

② 미용하고자 하는 개의 구조와 특징을 관찰한다.

③ 해당 견종의 도그쇼 사진 및 동영상을 참고하여 비교해 본다.

④ 견종표준서를 읽고 머릿속에 미용형태를 그려보며 이해한다.

⑤ 머릿속에 그린 이미지와 해당 견종의 도그쇼 사진 등의 이미지를 비교하며 이상적인 미용형태를 결정한다.

해 미용하고자 하는 개의 구조와 특징을 관찰하는 것은 견종표준서와의 비교단계이다.

14 개의 스태그(Stag) 자세로 적절한 것은?

① 개가 긴장한 상태로서 절대로 움직이지 않는 자세이다.

② 개가 가장 편하게 네 다리로 서 있는 자세를 말한다.

③ 개의 시선은 살짝 고개를 숙여 무언가를 주시하는 모습이어야 한다.

④ 금방이라도 앞으로 튀어 나갈 것 같지만 움직이지 않은 안정된 자세이다.

⑤ 머리의 방향은 전면, 앞발과 뒷발의 체중비율은 50:50의 균형을 이룬 자세를 말한다.

해 스태그(Stag)란 금방이라도 앞으로 나아갈 것 같지만 움직이지 않는 안정된 자세를 말한다. 머리는 알맞은 높이로 쳐든 모습이 좋으며, 앞발과 뒷발의 체중이 각각 6:4정도를 이루는 것이 좋다.

답 09 ①   10 ⑤   11 ④   12 ⑤   13 ②   14 ④

15 쇼미용과 관련하여 개의 밸런스 이해내용으로 적절하지 못한 것은?

① 머리의 경우 개마다 두상의 형태는 다르므로 미용견 두상 모양의 장·단점을 파악하여 보완해야 할 미용을 결정한다.

② 주둥이의 두께와 미간의 폭, 귀의 위치 등을 털의 형태와 커트로 보완한다.

③ 몸의 경우 견종표준을 이해하고 이상적인 몸의 길이와 둘레 등의 반려견의 밸런스를 미용으로 보완한다.

④ 다리의 경우 장식이나 염색으로만 단점을 보완 할 수 있다.

⑤ 꼬리의 경우 밸런스에 맞추어 조절할 수 있으며, 꼬리의 형태 또한 털의 길이나 모양으로 더 나은 시각적인 효과를 기대할 수 있다.

해 다리의 경우도 털의 길이와 간격을 조절함으로써 단점을 보완한다.

16 ㉠, ㉡에 들어갈 가장 적절한 것은?

> • (㉠) : 스트리핑과 관련된 용어로 손 끝이나 트리밍 나이프를 사용해 털을 뽑아내는 작업
> • (㉡) : 스트리핑과 관련된 용어로 스트리핑한 털의 경계가 뚜렷하게 나지 않도록 길이를 조금씩 바꿔 자연스럽게 보이도록 하는 작업

	㉠	㉡
①	플러킹(Plucking)	블렌딩(Blending)
②	플러킹(Plucking)	레이킹(Raking)
③	블렌딩(Blending)	플러킹(Plucking)
④	블렌딩(Blending)	롤링(Rolling)
⑤	레이킹(Raking)	블렌딩(Blending)

해 플러킹(Plucking)은 손끝이나 트리밍 나이프를 사용해 털을 뽑아내는 작업으로, 주로 손을 사용해 적은 양의 털을 뽑는 행위 자체의 스트리핑 방법이다. 블렌딩(Blending)이란 스트리핑한 털의 경계가 뚜렷하게 나지 않도록 길이를 조금씩 바꿔 자연스럽게 보이도록 하는 작업을 말한다.

17 스트리핑과 관련된 용어로 좋은 털, 즉 뻣뻣한 털로 만들고 털의 발모를 재촉하기 위해 피부가 보일 정도까지 털을 뽑아 주는 작업을 뜻하는 용어는?

① 플러킹(Plucking)

② 레이킹(Raking)

③ 롤링(Rolling)

④ 블렌딩(Blending)

⑤ 풀 스트리핑(Full Stripping)

해 풀 스트리핑(FullStripping)은 좋은 털, 즉 뻣뻣한 털로 만들고 털의 발모를 재촉하기 위해 피부가 보일 정도까지 털을 뽑아 주는 작업을 말한다.

18 스테이지 스트리핑(Stage Stripping)에 대한 설명으로 틀린 것은?

① 코트 워크와 같은 의미이다.

② 단계를 나누어 진행하는 스트리핑 방법이다.

③ 주로 도그쇼에 맞추어 완성될 기간을 설정하여 작업한다.

④ 스트리핑할 부분을 구분하여 기간의 간격을 두고 순서대로 작업한다.

⑤ 털이 자라나는 주기를 계산하여 완성모습을 미리 설정하여 계획하는 것이 매우 중요하다.

해 코트워크와 같은 의미는 롤링(Rolling)이다. 스테이지 스트리핑(Stage Stripping)은 단계를 나누어 진행하는 스트리핑 방법의 순서이다. 주로 도그쇼에 맞추어 완성될 기간을 설정하고 스트리핑할 부분을 구분하여 기간의 간격을 두고 순서대로 작업하며, 털이 자라나는 주기를 계산하여 완성모습을 미리 설정하여 계획하는 것이 매우 중요하다.

답 15 ④   16 ①   17 ⑤   18 ①

19 쇼미용 메이크업에서 염색 대신 선택할 수 있는 방법으로 손상을 최소화하여 자연스럽게 색을 더 강조할 수 있는 제품은?

① 컬러 전문 샴푸   ② 컬러 초크

③ 컬러 파우더   ④ 스프레이

⑤ 헤어 크림

해 색을 강조하기 위해서는 일반적으로 염색을 하기도 하지만, 염색은 코트와 피부에 많은 손상을 줄 수 있으므로 컬러 전문 샴푸를 사용하여 손상을 최소화하고 자연스럽게 색을 강조할 수 있는 방법이다.

20 다음 〈보기〉가 설명하는 쇼미용 메이크업 용품은?

> **보기**
>
> 도그쇼에서 이상적인 색감을 표현하기 위해 사용할 수 있으며, 일반적으로 컬러 초크보다 입자가 곱고 점착력이 우수하여 더 오랜 시간을 유지할 수 있다.

① 컬러 전문 샴푸   ② 콜레스테롤 크림

③ 컬러 파우더   ④ 스프레이

⑤ 헤어 크림

해 컬러 파우더는 도그쇼에서 이상적인 색감을 표현하기 위해 사용할 수 있으며, 일반적으로 컬러 초크보다 입자가 곱고 점착력이 우수하여 더 오랜 시간을 유지할 수 있다.

답 19 ①　　20 ③

Chapter 02
장모관리

1 **장모종의 브러싱 관련 제품종류**

(1) 브러싱 컨디셔너

① 털의 정전기로 인한 마찰손상을 줄여주고 브러싱을 쉽도록 도와준다.

② 손상된 코트에 보습효과를 주어 피모의 손상을 빨리 회복시켜준다.

③ 코트가 건강한 상태로 유지되도록 도움을 준다.

(2) 워터리스 샴푸

① 물을 사용하지 않고 코트 부위에 직접 뿌리고 드라이어로 말리거나 수건으로 닦아서 사용하는 샴푸이다.

② 물이 필요 없으므로 목욕 시설이 없는 야외에서도 샴핑이 가능하다.

(3) 정전기 방지 컨디셔너

① 정전기로 코트에 날리는 현상을 해결해 준다.

② 목욕 후 완전히 수분이 건조되지 않은 상태의 코트에 직접 뿌려 사용하기도 한다.

③ 코트가 완전히 말라 브러싱이 필요한 상태에 사용하여 코트를 보호할 수 있다.

④ 정전기를 예방해 준다.

(4) 엉킴제거 제품

① 모질 손상이 적고 엉킨 털을 쉽게 풀 수 있게 도와주는 제품이다.

② 사용 후 일정시간 후에 엉킴을 제거한다.

2 **장모관리용 브러시의 종류 및 사용방법**

(1) 슬리커 브러시(Slicker Brush)

① 엉킨 털을 풀거나 드라이를 위한 빗질 등에 사용한다.

② 금속 또는 플라스틱 재질의 판에 고무 쿠션이 붙어 있고 그 위에 구부러진 핀이 촘촘하게 박혀 있다.

③ 크기와 길이는 사용목적에 따라 알맞은 것을 선택하여 사용한다.

④ 엄지손가락과 집게손가락으로 손잡이를 쥐고, 나머지 세 손가락으로 손잡이를 받친 다음 슬리커 브러시가 흔들리지 않도록 고정한다.

⑤ 브러시를 잡지 않은 손으로 개체의 보정 및 털과 피부를 고정시키고 스냅을 이용해서 빗질한다.

(2) 브리슬 브러시(천연모 브러시)

① 동물의 털로 만든 빗으로 오일이나 파우더 등을 바르거나 피부를 자극하는 마사지 용도로 사용한다.

② 말, 멧돼지, 돼지 등 여러 동물의 털이 이용된다.

③ 크기와 길이는 사용목적에 따라 알맞은 것을 선택하여 사용한다.

④ 실키 코트를 사용하며, 털과 피부의 노폐물 제거와 오일 브러싱에 사용한다.

⑤ 나일론 브러시는 정전기가 발생하여 털이 손상될 수 있으므로 천연모로 된 브리슬 브러시를 사용한다.

⑥ 털의 노폐물 제거를 위한 빗질 : 피부 깊숙한 곳에서부터 털의 바깥쪽으로 빗어주며, 브러시를 잡지 않은 손으로 빗질이 잘 될 수 있도록 개체를 보정하고 털과 피부를 고정시킨다.

⑦ 털 관리용 오일을 바를 때 : 털 관리용 오일을 브러시에 뿌리고 한곳에 많이 도포되지 않도록 주의하며 털에 발라주고, 브러시를 잡지 않은 손으로 빗질이 잘 될 수 있도록 개체를 보정하고 털과 피부를 고정시킨다.

(3) 핀 브러시(Pin Brush)

① 장모종의 엉킨 털 및 오염물을 제거하는 데 사용한다.

② 플라스틱 또는 나무판 위에 고무쿠션이 붙어 있고 둥근 침 모양의 핀이 박혀 있다.

③ 크기와 길이는 사용목적에 따라 알맞은 것을 선택하여 사용한다.

④ 핀 브러시가 흔들리지 않도록 고정하여 가볍게 쥐고 핀 브러시의 면 전체를 사용하여 빗질한다.

⑤ 브러시를 잡지 않은 손으로 개체의 보정 및 털과 피부를 고정시키고 손목의 탄력을 이용해서 빗질한다.

(4) 콤(Comb)

① 엉킨 털 및 죽은 털의 제거, 가르마, 코밍 등의 다양한 용도로 사용된다.

② 긴 금속 막대 위에 끝이 굵은 둥근 빗살이 꽂혀 있다.

③ 가볍고 탄력이 있어 털의 손상을 줄여주는 장점이 있다.

④ 크기, 굵기, 길이, 중량 등이 다양하므로 견종과 미용의 용도 등 사용목적에 따라 알맞은 것을 선택하여 사용한다.

⑤ 콤을 흔들리지 않도록 고정하여 가볍게 잡는다.

⑥ 브러시를 잡지 않은 손으로 개체의 보정 및 털과 피부를 고정시키고 손목의 탄력을 이용해서 빗질한다.

3 장모종의 목욕

(1) 볼륨 목욕제품

① 털에 볼륨을 주어 모량이 풍성하게 보이게 하며 미용 시 스타일 완성이 쉽다.

② 제품선택 시 피부와 모질의 건강, 털 빠짐의 감소, 수월한 모질관리, 볼륨효과를 높일 수 있는 제품을 선택한다.

③ 푸들이나 비숑 프리제 등의 견종 및 볼륨이 필요한 테리어 종에도 적당한 제품이다.

(2) 딥 클렌징 목욕제품

① 충분한 딥 클렌징을 하여 빌드업 현상을 제거하는 데 사용한다.

② 모발이나 모공에 축적되어 있는 이물질을 제거해 주는 제품이다.

③ 모발에 필요한 수분과 유용한 오일 성분까지 함께 제거하지 않는 제품을 선택하는 것이 중요하다.

(3) 실키코트 목욕제품

① 털을 차분하고 부드럽게 하여 모질의 광택 유지 및 관리가 용이하도록 도와주는 제품이다.

② 모질의 윤기, 정전기와 엉킴방지, 차분한 털의 결 유지에 좋은 제품을 선택한다.

③ 몰티즈, 요크셔 테리어 등과 같은 견종에 적당한 제품이다.

(4) 화이트닝 목욕제품

① 하얀색의 모색을 더욱 하얗게 보이도록 하기 위한 제품이다.

② 오래된 얼룩이나 먼지는 깨끗하게 제거하면서 모질손상이 적은 제품을 선택한다.

(5) 장모종 목욕 전 준비물

① 작업자 : 작업화, 작업복

② 목욕실 내 준비물 : 샴푸, 린스, 트리트먼트, 타월, 콤 등

③ 드라이실 내 준비물 : 타월, 핀 브러시, 슬리커 브러시, 고무 밴드, 브러싱 스프레이 등

4 장모 관리용품

브러싱 스프레이	브러싱할 때 생기는 마찰로 인한 모발의 손상을 줄여 쉽게 브러싱을 하는데 사용한다.
워터리스 샴푸	물 없이 오염을 제거하는데 사용하며, 액상과 파우더 형태가 있으며 용도와 상황에 따라 적절한 제품을 선택하여 사용한다.
정전기 방지 컨디셔너	정전기로 코트가 날리는 현상을 줄여주어 모질 손상을 방지하는 데 사용한다.
엉킴 제거제품	엉킨 털을 쉽게 풀 수 있도록 하는 데 사용한다.
래핑지	장모종 개의 털을 보호하기 위해 사용하며, 종이 또는 비닐재질 등 소재가 다양하다. 털의 성질에 따라 두께나 소재를 선택하여 사용한다.
고무 밴드	동물의 털을 묶거나 래핑지를 고정시키는 등의 용도로 사용하며, 사용용도에 따라 밴드의 재질이나 크기가 매우 다양하므로 알맞은 제품을 선택한다.

5 장모종의 드라잉

(1) 모질의 특징

① 싱글코트 : 상모와 하모 중에 상모만을 가진 일중모의 구조로 되어 있어 환모가 없고 털의 빠짐이 적고, 피부가 얇기 때문에 추위에 약하고 장모종인 경우에는 털이 엉키기 쉽다. 대표적 견종으로는 푸들, 몰티즈, 요크셔 테리어 등이다.

② 더블코트 : 상모와 하모의 이중모의 구조로 되어 있어, 피모를 보호하는 얇고 거친 털인 상모와 부드럽고 촘촘하고 추위에 강한 하모로 구성되어 있으며, 환모기가 있어 하모의 털이 많이 빠진다. 대표적 견종은 슈나우저, 포메라니안, 시베리안허스키 등이다.

(2) 펫 타월

① 습식타월 : 딱딱한 타월을 물에 적셔서 부드러워지면 타월의 물기를 짜서 사용하며, 한 장의 타월로 여러 번 짜서 쓰며 물기를 제거할 수 있다. 재질이 매끈하여 수건에 털이 붙지 않으며, 세탁 후 젖은 상태에서 접어서 보관한다.

② 건식타월 : 흡수력이 뛰어나기 때문에 물기를 제거하는 데 효과적이며, 젖은 수건은 다른 수건으로 교체해서 사용해야 하므로 여러 장의 수건이 필요하다.

③ 드라이 작업 조건 : 풍량조절, 온도조절

6 장모종의 래핑과 밴딩

(1) **래핑** : 모질의 손상을 최소화하고 모색의 변질을 막기 위해 래핑지로 털을 감싸고 묶는 작업이다.

(2) **밴딩** : 밴드를 이용하여 털의 끊어짐과 오염을 방지하는 것으로 털의 구겨짐이 없다.

(3) **밴딩 작업의 순서**

　① 고무줄을 이용하여 밴딩을 한다.

　② 꼬리빗을 사용하여 밴딩할 부위를 구분짓는다.

　③ 밴딩할 부분의 털을 빗으로 빗어 정리한다.

　④ 한 손으로 털을 고정한 상태에서 다른 손의 엄지손가락과 집게손가락 사이에 고무줄을 끼운다.

　⑤ 고무줄 크기에 따라 3~4번 고무줄을 돌려 묶는다.

　⑥ 밴딩한 부분을 개가 불편해 하지 않는지 확인하고 필요하면 느슨하게 조절한다.

Chapter 02
적중예상문제

01 장모종의 브러싱 관련 제품 중 브러싱 컨디셔너에 대한 설명으로 적절하지 않은 것은?

① 털의 정전기로 인한 마찰손상을 줄여준다.

② 브러싱이 쉽도록 도와준다.

③ 엉킨 털을 쉽게 풀 수 있도록 도와준다.

④ 손상된 코트에 보습효과를 주어 피모의 손상을 빨리 회복시켜준다.

⑤ 코트가 건강한 상태로 유지되도록 도움을 준다.

해 브러싱 컨디셔너는 털의 정전기로 인한 마찰손상을 줄여주고, 브러싱이 쉽도록 도와주며, 손상된 코트에 보습효과를 주어 피모의 손상을 빨리 회복시켜 주며, 코트가 건강한 상태로 유지되도록 도움을 준다.

02 엉킨 털을 풀거나 드라이를 위한 빗질 등에 사용하는 브러시는?

① 슬리커 브러시   ② 핀 브러시

③ 콤   ④ 꼬리 빗

⑤ 오발 빗

해 슬리커 브러시는 엉킨 털을 풀거나 드라이를 위한 빗질 등에 사용하며, 금속 또는 플라스틱 재질의 판에 고무 쿠션이 붙어 있고 그 위에 구부러진 핀이 촘촘하게 박혀 있다.

03 장모종의 엉킨 털 및 오염물을 제거하는 데 사용하는 브러시는?

① 오발 빗   ② 핀 브러시

③ 포크 콤   ④ 꼬리 빗

⑤ 브리슬 브러시

해 핀 브러시는 장모종의 엉킨 털 및 오염물을 제거하는 데 사용하는 브러시로 플라스틱 또는 나무판 위에 고무 쿠션이 붙어 있고 둥근 침 모양의 핀이 박혀 있다. ③의 오발빗은 포크 콤이라고도 부른다.

04 동물의 털로 만든 빗으로 오일이나 파우더 등을 바르거나 피부를 자극하는 마사지 용도로 사용하는 브러시는?

① 슬리커 브러시　　　　　　　　　② 핀 브러시

③ 브리슬 브러시　　　　　　　　　④ 꼬리 빗

⑤ 오발 빗

> 해 브리슬 브러시는 동물의 털로 만든 빗으로 오일이나 파우더 등을 바르거나 피부를 자극하는 마사지 용도로 사용하는 브러시로 말, 멧돼지, 돼지 등 여러 동물의 털이 이용된다.

05 털을 차분하고 부드럽게 하여 모질의 광택 유지 및 관리가 용이하도록 하는 장모종 목욕제품은?

① 볼륨 목욕제품　　　　　　　　　② 딥 클렌징 목욕제품

③ 실키코트 목욕제품　　　　　　　④ 브러싱 스프레이

⑤ 컬러샴푸 목욕제품

> 해 실키코트 목욕제품은 털을 차분하고 부드럽게 하여 모질의 광택 유지 및 관리가 용이하도록 하는 장모종 목욕제품이다.

06 장모종의 목욕제품 중 하얀색의 모색을 더욱 하얗게 보이도록 하기 위한 제품은?

① 엉킴제거 제품　　　　　　　　　② 워터리스 샴푸

③ 실키코트 목욕제품　　　　　　　④ 화이트닝 목욕제품

⑤ 컬러샴푸 목욕제품

> 해 화이트닝 목욕제품은 하얀색의 모색을 더욱 하얗게 보이도록 하기 위한 제품으로 오래된 얼룩이나 먼지는 깨끗하게 제거하면서 모질 손상이 적은 제품을 선택한다.

답　01 ③　　02 ①　　03 ②　　04 ③　　05 ③　　06 ④

07 장모종의 목욕제품으로 모발이나 모공에 축적되어 있는 이물질을 제거해주는 제품으로 빌드업 현상을 제거하는 데 사용하는 제품은?

① 볼륨 목욕제품   ② 딥 클렌징 목욕제품

③ 화이트닝 목욕제품   ④ 실키코트 목욕제품

⑤ 브러싱 컨디셔너

🔟 딥 클렌징 목욕제품은 모발이나 모공에 축적되어 있는 이물질을 제거해 주는 제품으로 충분한 딥 클렌징을 하여 빌드업 현상을 제거하는 데 사용한다. 모발에 필요한 수분과 유용한 오일 성분까지 함께 제거하지 않는 제품을 선택하는 것이 중요하다.

08 싱글코트에 대한 내용으로 적절하지 않은 것은?

① 오버코트와 언더코트 중 오버코트만을 가진 일중모의 구조로 되어 있다.

② 환모기가 없고 털의 빠짐이 적다.

③ 피모가 얇기 때문에 추위에 약하다.

④ 장모종의 경우에는 털이 엉키기 쉽다.

⑤ 대표적인 견종으로는 슈나우저, 포메라니안 등이다.

🔟 싱글코트의 대표견종은 푸들, 몰티즈, 요크셔 테리어 등이다. 슈나우저, 포메라니안 등은 더블코트의 대표적 견종이다.

09 더블코트에 대한 내용으로 적절하지 않은 것은?

① 오버코트와 언더코트의 이중모의 구조로 되어 있다.

② 오버코트는 피모를 보호하며, 얇고 거칠다.

③ 언더코트는 부드럽고 촘촘하다.

④ 환모기가 있어 오버코트(상모)의 털이 많이 빠진다.

⑤ 대표적 견종으로는 슈나우저, 포메라니안, 시베리안허스키 등이다.

해 더블코트는 환모기가 있어 언더코트(하모)의 털이 많이 빠진다.

10 정전기 방지 컨디셔너에 대한 적절한 설명을 〈보기〉에서 모두 고른 것은?

> **보기**
>
> 가. 정전기로 코트에 날리는 현상을 해결해 준다.
> 나. 목욕 후 완전히 수분이 건조되지 않은 상태의 코트에 직접 뿌려 사용하면 안 된다.
> 다. 코트가 완전히 말라 브러싱이 필요한 상태에 사용하여 코트를 보호할 수 있다.
> 라. 정전기를 예방해 준다.

① 가, 나, 다   ② 가, 다, 라

③ 가, 나, 라   ④ 나, 다, 라

⑤ 가, 나, 다, 라

해 목욕 후 완전히 수분이 건조되지 않은 상태의 코트에 직접 뿌려 사용하기도 한다.

IV 실전모의고사

01 다음 중 미용 숍의 작업장 및 작업자 관련 안전수칙 등에 관한 내용으로 적당한 것은?

① 작업자는 작업에만 집중하며, 안전사고 방지를 위해 뛰거나 장난치지 않는다.

② 작업자는 본인의 안전만을 고려하면 된다.

③ 미용 숍을 방문하는 고객은 사전에 안전 교육을 받을 필요는 없다.

④ 작업장 안에 있는 작업 도구는 생각날 때 잘 점검해주면 된다.

⑤ 작업자는 가능한 활동과 행동의 편의를 위해 간편한 자율복을 착용하여야 한다.

02 ㉠, ㉡에 들어갈 것으로 적절한 것은?

> • (㉠) : 곰팡이 감염으로 인한 피부 질환으로 오염된 미용 기구, 목욕조 등의 접촉으로 감염된다.
> • (㉡) : 동물의 배설물 등에 의해 옮겨지며 주로 입으로 감염되어 질병을 일으킨다.

	㉠	㉡
①	광견병	개선충
②	백선증	광견병
③	백선증	지알디아
④	지알디아	개선충
⑤	지알디아	백선증

03 피부의 손상정도에 따라 화상의 구분으로 적당하지 않은 것은?

① 0도 화상 : 표피층에 대한 자극으로 약간 놀라는 정도이며, 심한 경우 경기를 일으키기도 한다.

② 1도 화상 : 표피층의 손상 및 손상부의 발적이 일어나며, 수포는 생기지 않고 통증은 일반적으로 3일 정도 지속된다.

③ 2도 화상 : 진피층의 손상 및 손상부위에 수포가 발생하고 통증과 흉터가 남을 수 있다.

④ 3도 화상 : 피부 전체층의 손상 및 피부변화가 일어나고 피부 신경이 손상되면 통증이 없을 수도 있다.

⑤ 4도 화상 : 피부 전체층과 근육, 인대 또는 뼈가 손상되고 피부가 검게 변한다.

04 다음 〈보기〉가 설명하는 화학적 소독제는?

> **보기**
>
> 가. 냄새가 강하고 금속을 부식시키며, 원액은 피부를 손상시킨다.
> 나. 보통 비눗물과 50%로 혼합한 비누액으로 사용하거나 3~5%의 농도로 기구나 배설물 소독에 사용한다.
> 다. 대부분의 세균을 불활성화시킨다.

① 계면활성제   ② 과산화물

③ 차아염소산나트륨   ④ 페놀류(석탄산)

⑤ 크레졸

05 다음 〈보기〉가 설명하는 피부소독제는?

> **보기**
>
> 일상적인 손 소독과 상처소독 모두에 사용이 가능한 넓은 범위의 소독제로, 동물의 귀, 눈 부위에 사용해서는 안 되고 0.5%의 농도가 되도록 물 또는 식염수에 희석하여 사용하며 4% 이상의 농도는 피부에 자극을 줄 수 있다.

① 알코올
② 클로르헥시딘
③ 과산화수소
④ 포비돈
⑤ 크레졸

06 다음 〈보기〉 중 동물의 배설물 등에 옮겨지고 주로 입으로 감염되어 사람과 동물에게 소화기 질병을 일으키는 인수공통 전염병은?

> **보기**
>
> 가. 회충 나. 지알디아
> 다. 캠필로박터 라. 살모넬라균
> 마. 대장균

① 가, 나, 다, 라
② 가, 나, 라, 마
③ 가, 다, 라, 마
④ 나, 다, 라, 마
⑤ 가, 나, 다, 라, 마

07 화상에 의한 안전사고 대처방법에 대한 설명으로 적당하지 않은 것은?

① 화상부위를 미지근한 물 또는 약간 따끈한 물로 30분 이상 통증이 호전될 때까지 적셔준다.

② 얼굴, 관절, 생식기 부위, 넓은 범위의 화상은 화상 전문 병원으로 이동하여 치료를 받는다.

③ 통증이 호전되면 깨끗한 거즈로 상처부위를 살짝 덮어 보호한다.

④ 습윤 드레싱 밴드를 이용하면 편리하고 안전하게 화상 부위를 관리할 수 있다.

⑤ 화상 후 2일째까지는 삼출물이 많이 나오므로 거즈를 두껍게 대주는 것이 좋다.

08 계면활성제에 대한 설명으로 틀린 것은?

① 분자 안에 친수성기와 소수성기를 모두 가지고 있다.

② 물과 기름 모두에 잘 녹는다.

③ 음이온계면활성제는 비누, 샴푸, 세제와 같은 용도로 사용된다.

④ 양이온계면활성제는 살균, 소독용으로 사용되며, 녹농균, 결핵균, 아포 등에도 효과가 있다.

⑤ 올바른 비율로 희석한 후 뿌려주거나 일정시간을 담가서 손, 피부점막, 식기, 금속기구, 식품 등을 소독한다.

09 접촉에 의한 주요 인수공통전염병으로서 곰팡이 감염으로 인한 피부질환은?

① 개선충 ② 광견병
③ 캠필로박터 ④ 회충
⑤ 백선증

10 자외선 멸균법에 대한 설명으로 적당하지 않은 내용은?

① 2,500~2,650Å의 자외선을 조사하여 멸균하는 방법이다.

② 소독대상의 변화가 거의 없다.

③ 균의 내성이 생기는 단점을 가진다.

④ 자외선 소독기에 넣고 거리가 10cm 내에서는 1~2분 정도 노출시킨다.

⑤ 자외선 소독기에 넣고 거리가 50cm 내에서는 10분 정도 노출시킨다.

11 텐텐가위(Tenten Scissors)에 대한 설명으로 적당하지 않은 것은?

① 요술가위라고도 한다.

② 초벌 및 숱을 치는 데 사용한다.

③ 가윗날의 발수와 홈에 따라 절삭률이 달라진다.

④ 가윗날의 모양이 휘어져 있어 곡선부분을 커트할 때에도 유용하다.

⑤ 크기와 길이는 사용목적에 따라 알맞은 것을 선택하여 사용한다.

12 클리퍼 날에 대한 설명으로 옳은 것은?

① 클리퍼 날은 클리퍼에 부착하여 남아 있는 털의 길이를 조절한다.

② 클리퍼의 윗날의 두께에 따라 클리핑 길이가 결정된다.

③ 클리퍼의 아랫날은 털을 자르는 역할을 한다.

④ 날에 표기된 mm는 동물의 털을 순방향 클리핑 시에 잘라지는 털의 길이이다.

⑤ 클리퍼의 날에는 번호가 적혀 있는데 제조사마다 약간씩 편차가 있다.

13 다음 〈보기〉가 설명하는 빗(Comb)은?

> **보기**
>
> 장모종의 엉킨 털 및 오염물을 제거하는 데 사용하는 빗으로 플라스틱 또는 나무판 위에 고무 쿠션이 있고 둥근 침 모양의 핀이 박혀 있다.

① 슬리커 브러시(Slicker Brush)　　② 핀 브러시(Pin Brush)

③ 브리슬 브러시(Bristle Brush)　　④ 오발빗(5-toothed Comb)

⑤ 꼬리빗(Pointed Comb)

14 다음 〈보기〉가 설명하는 미용도구는?

> **보기**
>
> 가. 귓속의 털을 뽑거나 다듬는 데 사용한다.
> 나. 직선, 곡선, 무구 등의 다양한 종류가 있다.
> 다. 크기와 길이는 사용목적에 따라 알맞은 것을 선택하여 사용한다.

① 코트 킹(Coat King)　　② 겸자(Mosquito Forceps)

③ 발톱깎이(Nail Clipper)　　④ 발톱갈이(Nail File)

⑤ 밴딩가위(Banding Scissors)

15 가위관리의 방법에 관한 설명으로 적당하지 않은 것은?

① 볼트의 조절은 본인이 힘을 주지 않고 가위를 잡고 상·하로 가위질할 때 너무 가볍거나 무겁지 않다고 느껴지는 상태가 바람직하다.

② 가위는 엉킨 털 또는 굵고 억센 털을 마구 자르면 가윗날이 마모되거나 가위의 수명이 단축되므로 가능하면 조금씩 잡고 가볍게 커트하는 것이 바람직하다.

③ 가위는 날의 바닥면을 날의 끝쪽에서 날의 손잡이 쪽으로 밀어 닦아주면서 관리하면 이물질 제거 및 날의 예리함을 오랫동안 유지할 수 있으며, 잘 닦기 위해서 날을 왕복해서 닦아주면 좋다.

④ 가위 손상 시에는 숙련된 전문가에게 의뢰하여 가능하면 빨리 A/S를 받는 것이 좋다.

⑤ 가위 보관 시 가윗날은 항상 닫힌 상태로 보관하여야 한다.

16 미용소모품에 대한 설명으로 적당하지 않은 것은?

① 소독제는 작업자의 손이나 작업복, 미용도구, 기자재, 작업장 등의 소독에 사용한다.

② 윤활제는 미용도구, 기자재 등의 관리에 사용한다.

③ 냉각제는 미용도구를 장시간 사용할 때 열이 발생하는데 이때 도구의 냉각에 사용한다.

④ 이어클리너는 귓속의 털을 뽑을 때 털이 잘 잡히도록 하기 위해 사용한다.

⑤ 지혈제는 발톱 관리 중 출혈이 생겼을 때 지혈하는 데 사용한다.

17 다음 〈보기〉 중 염색용품은?

보기	
가. 컬러믹스	나. 이염 방지제
다. 블로우펜	라. 래핑지

① 가, 나, 다   ② 가, 나, 라

③ 가, 다, 라   ④ 나, 다, 라

⑤ 가, 나, 다, 라

18 미용장비 중 온수기에 대한 설명이 적당하지 않은 것은?

① 온수기란 온수를 공급하는 장치이다.

② 온수기는 전기온수기와 가스온수기를 주로 사용한다.

③ 전기온수기는 설치가 간편하고 물을 데우는 데 시간이 적게 걸린다.

④ 가스온수기는 설치방법이 까다롭다.

⑤ 가스온수기는 설치비가 비싸다는 단점이 있다.

19 미용 숍 대기환경으로 옳지 않은 것은?

① 애완동물의 배변, 배뇨처리를 위한 배변봉투와 위생용품은 잘 보이는 곳에 비치한다.

② 간식 및 놀이를 통해 미용 숍을 긍정적으로 기억하도록 돕는다.

③ 대기장소에 미용 스타일북, 반려견 관련 정보지 등을 비치한다.

④ 환경조성을 위해 사용하는 식물은 쉽게 구할 수 있는 것으로 선택하여 비치한다.

⑤ 미용 숍 대기공간까지 털이 날리지 않도록 청소기를 사용하여 수시로 관리한다.

20 미용 후 고객 상담하기의 내용으로 옳지 않은 것은?

① 다음 미용 방문 시기에 대해 안내한다.

② 작업 중 발견한 애완동물의 건강상태를 간단하게 작성하여 고객에게 설명하고 수의사의 진료를 받도록 안내한다.

③ 미용작업 후 건강상태나 피모상태의 변화가 있는지 확인한다.

④ 인터넷을 활용 설문조사는 응답확률이 높아 피드백의 활용가치가 높다.

⑤ 설문조사의 내용은 미용스타일의 만족도, 애완동물의 건강상태, 고객요청 사항 등으로 구성한다.

21 브러싱의 효과와 이유에 대한 내용으로 적당하지 않은 것은?

① 브러싱은 피부에 적당한 자극을 주어 신진대사와 함께 혈액순환을 촉진시켜 건강한 털을 유지하도록 할 수 있다.

② 브러싱을 꼼꼼하게 해야 겉 털뿐만 아니라 속 털까지 털의 엉킴을 방지할 수 있다.

③ 털의 관리상태, 건강상태, 기생충과 이물질 등을 관리할 수 있다.

④ 브러싱을 통해 반려견과 작업자 사이에 친숙함이 형성된다.

⑤ 브러싱은 반드시 목욕 후에 하고 드라잉 전에 실시하여야 한다.

22 털의 주기와 관련된 설명으로 적당하지 않은 것은?

① 털의 주기란 털의 성장주기를 말하며 모자이크 타입과 싱크로니스틱 타입으로 구분된다.

② 모자이크 타입은 전체 털의 주기가 일치하는 타입을 말한다.

③ 털은 광주기, 주위온도, 영양, 호르몬, 전신 건강상태, 유전자 등에 의해 제어된다.

④ 털갈이 시기에는 브러싱이 필수이다.

⑤ 진돗개는 싱크로니스틱 타입으로 봄, 가을에 털갈이가 진행된다.

23 다음 〈보기〉 중 장모대표견종을 모두 고른 것은?

보기	
가. 코커스패니얼	나. 포메라니안
다. 푸들	라. 베들링턴 테리어

① 가, 나, 다   ② 가, 나, 라

③ 가, 다, 라   ④ 나, 다, 라

⑤ 가, 나, 다, 라

24 다음 샴핑과 관련된 설명으로 적당하지 않은 것은?

① 일반적으로 세척력이 강한 샴푸는 산성이 강하며, 통상 pH가 낮은 샴푸를 사용한다.

② 정기적인 샴핑으로 건강한 피부와 털을 점검하고 관리한다.

③ 모색강화용 샴푸는 화이트닝, 블랙 코트용, 컬러 코트용 샴푸가 있다.

④ 샴푸는 외부 먼지 및 때와 피지를 제거하고 모질을 부드럽게 하여 빗질이 쉽도록 해준다.

⑤ 모질에 따라 와이어 코트의 털을 눕게 하거나 털을 가라앉도록 도와주는 기능의 샴푸도 있다.

25 드라이 유형 중 핀브러시를 이용하여 모근에서부터 털을 세워 가며 모량을 풍성하게 하는 드라잉은?

① 새킹   ② 플러프 드라이
③ 켄넬 드라이   ④ 룸 드라이
⑤ 타월링

26 다음 〈보기〉에서 설명하는 미용도구 콤(Comb)의 종류는?

> **보기**
> 가. 핀의 간격이 넓은 면은 털을 세우거나 엉킨 털을 제거할 때 사용한다.
> 나. 핀의 간격이 좁은 면은 섬세하게 털을 세울 때 사용한다.

① 페이스 콤   ② 푸들 콤
③ 콤   ④ 실키 콤
⑤ 포크 콤

27 귀는 외이, 중이, 내이로 나뉜다. 다음 중 중이의 구성기관이 아닌 것은?

① 전정기관   ② 유스타키오관
③ 고막   ④ 고실
⑤ 이소골

28 귀를 클리핑하는 견종으로 귀 시작부에서 1/2을 클리핑하는 견종은?

① 코커스패니얼   ② 베들링턴 테리어
③ 댄디 딘먼트 테리어   ④ 케리블루 테리어
⑤ 슈나우저

29 발톱관리 시의 안전 · 유의사항으로 적당하지 않은 것은?

① 반려견의 도주와 낙상방지를 위해 테이블 고정장치를 사용한다.
② 발톱은 한 달에 1회 정도 관리한다.
③ 발톱에 출혈이 있을 경우에는 지혈제로 지혈한다.
④ 발톱을 자를 때 반려견이 움직이지 않도록 발톱을 잡고 안정적인 보정자세를 취한다.
⑤ 발톱 안에는 신경과 혈관이 있기 때문에 너무 짧게 자르지 않도록 유의한다.

30 주둥이 털의 클리핑 부위에 대한 설명으로 적당하지 않은 것은?

① 귀 시작점에서 눈 끝까지 이미지너리라인을 클리핑한다.

② 귀 시작점부터 애담스애플에서 1~2cm 내려간 곳을 V자형으로 클리핑한다.

③ 주둥이의 털을 클리핑한다.

④ 턱 밑을 주둥이와 같은 길이로 클리핑한다.

⑤ 눈과 눈 사이의 V자형 인덴테이션을 클리핑한다.

31 트리밍 관련 용어로 옳지 않은 것은?

① 스트리핑(Stripping) : 트리밍 나이프를 사용해 노폐물 및 탈락된 언더코트를 제거하는 작업으로 과도한 언더코트의 양을 줄이면서 털을 뽑아 스타일을 만들어내는 미용방법이다.

② 그루밍(Grooming) : 스트리핑 후 일정기간 새로운 털이 자랄 때까지 들뜨고 오래된 털을 다시 뽑는 작업을 말한다.

③ 새킹(Sacking) : 베이싱 후 털이 튀어나오거나 뜨는 것을 막고 물기를 유지하기 위해 신체를 타월로 감싸는 작업을 말한다.

④ 그리핑(Gripping) : 트리밍 나이프로 소량의 털을 골라 뽑는 작업을 말한다.

⑤ 시닝(Thinning) : 빗살 가위로 과도하게 나 있는 털을 시저링을 하여 모량을 감소시키고 형태를 만드는 작업을 말한다.

32 다음 트리밍 관련 용어 중 두부를 부풀려 볼륨 있게 모양을 낸 것을 의미하는 용어는?

① 스웰(Swell)　　　　　　　　② 그리핑(Griping)

③ 코밍(Combing)　　　　　　　④ 인덴테이션(Indentation)

⑤ 블렌딩(Blending)

33 애완동물에 지병이 있을 때의 주의사항으로 옳지 않은 것은?

① 예민함 정도를 파악한다.

② 디자인에 초점을 맞춘 미용스타일로 미용을 한다.

③ 필요시 보호자에게 동의서를 작성하도록 한다.

④ 클리핑을 할 때 상처가 나지 않도록 주의하여야 한다.

⑤ 애완동물이 장시간 서 있는 스타일의 작업은 피해야 한다.

34 전체 클리핑 시 부위별 보정방법으로 적당하지 않은 것은?

① 머리 클리핑 시에는 주둥이를 잡고 천장으로 향하도록 보정하고 클리핑한다.

② 얼굴 클리핑 시에는 양쪽 입꼬리 부분을 귀 쪽으로 당겨서 보정하고 클리핑한다.

③ 가슴 클리핑 시에는 주둥이를 잡고 얼굴 쪽을 위쪽으로 들어 올리고 클리핑한다.

④ 앞다리 클리핑 시에는 다리의 관절이 움직이지 않게 겨드랑이에 손을 넣어 보정한다.

⑤ 등 클리핑 시에는 등이 구부러지거나 휘어지지 않게 곧게 펴서 보정한다.

35 다음 시닝 가위를 사용하는 경우로 적합하지 않은 것은?

① 모질이 굵고 건강하여 콤으로 빗질을 하였을 때 털이 잘 서는 모질에 사용한다.

② 모량이 많은 털을 가볍게 할 때 사용한다.

③ 털의 단사를 자연스럽게 연결할 때 사용한다.

④ 얼굴라인을 자를 때 좋다.

⑤ 라인작업을 할 때 실수를 해도 라인이 뚜렷하지 않기 때문에 수정이 가능하다.

36 다음 〈보기〉가 설명하는 경우에는 어떤 가위를 사용하여야 하는가?

> **보기**
>
> 가. 부위별 커트 후 각을 없앨 때 사용한다.
> 나. 아치형 또는 동그랗게 커트할 때 쉽고 간단하게 연출할 수 있다.
> 다. 얼굴의 머리부분이나 다리 장식 털을 커트할 때 많이 사용한다.

① 블런트 가위   ② 텐텐 가위
③ 커브 가위   ④ 시닝 가위
⑤ 겸자 가위

37 반려견의 체형 중 몸 높이가 몸 길이보다 긴 체형으로 몸에 비해 다리가 긴 타입은?

① 드워프 타입   ② 스퀘어 타입
③ 하이온 타입   ④ 스탠다드 타입
⑤ 레이시 타입

38 다음 〈보기〉 중 스트리핑(Stripping)에 해당되는 것은?

> **보기**
>
> 가. 트리밍 나이프를 사용해 노폐물 및 탈락된 언더코트를 제거하는 작업
> 나. 과도한 언더코트의 양을 줄이면서 털을 뽑아 스타일을 만들어내는 미용방법
> 다. 나이프를 사용하여 오버코트를 제거하는 작업
> 라. 트리밍 나이프를 사용해 소량의 털을 골라내는 작업

① 가, 나, 다   ② 가, 나, 라
③ 가, 다, 라   ④ 나, 다, 라
⑤ 가, 나, 다, 라

39 장모종의 긴 털을 보호하기 위해 적당한 양의 털을 나누어 래핑지로 감싸주는 작업을 의미하는 용어는?

① 시닝(Thinning)　　　　　　　② 코밍(Combing)

③ 드라잉(Drying)　　　　　　　④ 래핑(Wrapping)

⑤ 린싱(Rinsing)

40 털을 가위로 잘라 일직선으로 가지런히 하는 작업을 의미하는 용어는?

① 셋업(Set Up)　　　　　　　　② 스웰(Swell)

③ 스테이징(Staging)　　　　　　④ 밥 커트(Bob Cut)

⑤ 그리핑(Gripping)

41 다음 〈보기〉가 설명하는 트리밍 관련 용어는?

> **보기**
>
> 가. 브러시를 이용하여 빗질하는 작업을 말한다.
> 나. 피부를 자극하여 마사지 효과를 주고, 노폐모와 탈락모를 제거하는 작업이다.
> 다. 피부의 혈액순환, 신진대사 촉진, 엉킨 털 제거 등으로 건강하고 청결한 피모를 유지한다.

① 린싱(Rinsing)　　　　　　　　② 베이싱(Bathing)

③ 브러싱(Brushing)　　　　　　④ 블렌딩(Blending)

⑤ 세이빙(Shaving)

42 다음 〈보기〉가 설명하는 트리밍 관련 용어는?

> **보기**
>
> 두부의 털을 밴딩하고 세트 스프레이를 뿌려 탑 노트를 만드는 작업을 말한다.

① 세트 스프레이(Set Spray)　　　　② 셋업(Set Up)

③ 세이빙(Shaving)　　　　　　　　④ 스웰(Swell)

⑤ 스테이징(Staging)

43 빗살 가위로 과도하게 나 있는 털을 시저링하여 모량을 감소시키고 형태를 만드는 작업을 뜻하는 용어는?

① 시닝(Thinning)　　　　　　　　② 초킹(Chalking)

③ 새킹(Sacking)　　　　　　　　　④ 커팅(Cutting)

⑤ 치핑(Chipping)

44 다음 트리밍 관련 용어의 설명 중 옳지 않은 것은?

① 스웰(Swell)이란 두부를 부풀려 볼륨 있게 모양을 낸 것을 말한다.

② 그리핑(Gripping)이란 트리밍 나이프로 소량의 털을 골라 뽑는 작업을 말한다.

③ 치핑(Chipping)이란 가위로 털을 잘라 원하는 형태를 만들어 내는 작업을 말한다.

④ 화이트닝(Whitening)이란 개의 몸의 하얀 털을 더욱 하얗게 보이도록 하는 작업을 말한다.

⑤ 인덴테이션(Indentation)이란 푸들 등에게 스톱에 역V자 모양의 표현을 하는 것이다.

45 다음 트리밍 관련 용어의 설명으로 적당하지 않은 것은?

① 레이킹(Raking)이란 스트리핑 후 남은 오버코트나 언더코트를 일정 간격으로 제거해 주는 작업을 말한다.

② 스트리핑(Stripping)이란 트리밍 나이프를 사용해 노폐물 및 탈락된 언더코트를 제거하는 작업을 말한다.

③ 듀플렉스 트리밍(Duplex Trimming)이란 스트리핑 후 일정 기간 새로운 털이 자라날 때까지 들뜨고 오래된 털을 다시 뽑는 작업을 말한다.

④ 드라잉(Drying)이란 드라이어로 반려견의 털을 말리는 작업을 말한다.

⑤ 래핑(Wrapping)이란 면도날로 털을 잘라내는 작업을 말한다.

46 스트리핑 후 완성된 아웃코트 위에 튀어나오는 털을 뽑아 정리하는 작업을 무엇이라고 하는가?

① 클리핑(Clipping) 　　② 치핑(Chipping)

③ 초킹(Chalking) 　　④ 토핑 오프(Topping Off)

⑤ 카딩(Carding)

47 엄지손가락과 집게손가락을 이용하여 털을 제거하는 작업을 의미하는 용어는?

① 핑거 앤드 섬 워크(Finger And Thumb Work)

② 토핑 오프(Topping Off)

③ 듀플렉스 쇼튼(Duplex Shorten)

④ 셋업(Set Up)

⑤ 쇼 클립(Show Clip)

48 다음 트리밍 관련 용어로 가장 포괄적인 용어는?

① 그루밍(Grooming) ② 브러싱(Brushing)

③ 베이싱(Bathing) ④ 코밍(Combing)

⑤ 클리핑(Clipping)

49 램 클립에서의 부위별 시저링에 대한 내용으로 적당하지 않은 것은?

① 클리핑 부위(0.1~1mm)는 머즐, 발바닥, 발등, 복부, 항문, 꼬리 등이다.

② 머리 부분의 시저링은 머즐 클리핑 후 이미지너리 라인이 보이도록 한다.

③ 몸통부의 시저링 부위는 백라인, 언더라인, 앞가슴이다.

④ 꼬리의 경우 클리핑 라인을 시저링하고 꼬리의 1/2을 클리핑한다.

⑤ 퍼프는 다리에 구슬모양으로 동그랗게 만드는 장식털이다.

50 푸들 등에게 스톱에 역V자 모양의 표현을 하는 것을 의미하는 용어는?

① 이미지너리 라인(Imaginary Line)

② 인덴테이션(Indentation)

③ 오일 브러싱(Oil Brushing)

④ 스펀징(Sponging)

⑤ 타월링(Toweling)

제2회
실전모의고사

정답 및 해설 374p

01 작업자의 전기 및 화재 안전수칙에 관한 내용으로 적당하지 않은 것은?

① 전선의 피복이 벗겨져 있거나 전기고장을 발견하면 즉시 상위자 또는 전기기사에게 수리를 요청한다.

② 작업장과 미용 숍의 소화기 비치 및 사용방법을 숙지하고 정기적으로 점검하여 유지 및 관리한다.

③ 작업장과 미용 숍에서는 화학제품의 보관 및 취급에 주의하고 유류는 하수구에 안전하게 버려야 한다.

④ 비상탈출구의 위치를 숙지하고 항상 사용이 가능하도록 유지 및 관리하여야 한다.

⑤ 작업장과 미용 숍의 전선을 함부로 만지거나 물기가 묻은 손으로 전기기구를 만지지 않아야 한다.

02 다음 〈보기〉 중 동물에 의한 교상과 거리가 먼 것은?

> **보기**
>
> 가. 파상풍   나. 지알디아
> 다. 혐기성 세균   라. 살모넬라

① 가, 나   ② 가, 다
③ 가, 라   ④ 나, 다
⑤ 나, 라

278

03 작업대기 및 작업 시의 안전사고 예방을 위한 안전장비에 대한 설명으로 적당하지 않은 것은?

① 작업 시 낙상방지, 행동고정, 원활한 미용작업 등을 위한 보정장치로서 입마개, 엘리자베스 칼라 등이 있다.

② 케이지란 여러 마리가 대기하는 곳을 말하며, 약간 밀폐된 공간이므로 위생상태를 수시로 점검하여야 한다.

③ 동물이 대기하는 울타리는 높이, 촘촘함, 튼튼함을 고려해 선택하고 각각의 동물마다 독립된 공간을 충분하게 조성해 주는 것이 좋다.

④ 예민하거나 공격적인 성향의 고양이 또는 개는 가능하면 이동장을 사용하는 것이 좋다.

⑤ 대기하는 동물의 크기에 따라 높이, 촘촘함, 잠금장치, 문의 개폐 방향, 이중 잠금장치 등을 충분히 고려한다.

04 소독의 종류에 대한 설명으로 적당하지 않은 것은?

① 화학적 소독이란 반려견에 유해하지 않은 화학제품 소독제를 사용하여 소독하는 것으로 금속, 의류, 유리제품 등에 적당하다.

② 자비소독이란 100℃에서 10분~30분 정도 끓는 물에 대상물을 넣고 소독하는 것을 말하며, 아포와 일부 바이러스 등과 같은 미생물을 전부 사멸하는 것은 불가능하다.

③ 일광소독이란 직사광선에 소독대상을 노출해서 소독하는 것으로 물건의 두께, 계절, 기후, 환경에 영향을 받아 효과가 약하거나 일정하지 않다는 단점이 있다.

④ 자외선멸균법이란 2,500~2,650Å의 자외선으로 멸균하는 것으로 균의 내성이나 소독대상에 변화가 없다.

⑤ 고압증기 멸균법은 고압증기 형태의 습열로 모든 미생물을 사멸시키는 것을 말한다.

05 다음 〈보기〉가 설명하는 화학적 소독제의 종류는?

> **보기**
>
> 가. 거의 모든 세균에 불활성화, 살충효과, 강한 소독효과, 안정성 등이 있다.
> 나. 가격이 저렴하고 넓은 공간에 적합하다.
> 다. 다만, 고양이가 있는 공간에서의 사용은 적당하지 않다.
> 라. 기구 또는 배설물에는 3~5%의 농도가 적당하고 주로 배설물 소독 등의 한정된 용도로 사용한다.

① 계면활성제   ② 과산화물
③ 차아염소산나트륨   ④ 페놀류(석탄산)
⑤ 크레졸

06 피부소독제에 관한 설명으로 적당하지 않은 것은?

① 알코올은 가급적 상처부위는 피하고 피부와 같이 살아 있는 조직을 소독하는데 사용하며 60~80%의 농도로 물과 희석하여 사용하는 것이 좋다.

② 클로르헥시딘은 알코올보다 소독효과가 빠르게 나타나고, 동물의 귀, 눈 부위 등에 사용한다.

③ 과산화수소는 산화력이 강하고 도포 시 거품이 나는 것이 특징이다.

④ 과산화수소는 2.5~3.5% 정도의 농도로 사용하는 것이 적당하며, 산소가 발생하여 호기성 세균번식을 억제하는 효과가 있다.

⑤ 포비돈은 세균, 곰팡이, 원충, 일부 바이러스 등의 넓은 범위에 살균효과를 발휘하며, 알코올과 함께 1~10%의 농도로 사용하면 효과가 크며, 상처소독용, 수술 전 소독용으로 사용한다.

07 다음 미용도구의 소독 시 안전 · 유의사항으로 적당한 것은?

① 금속재질의 도구라도 소독을 위해서는 물에 오랫동안 담그는 것이 바람직하다.

② 소독제를 적용하여 소독할 경우 통상적으로 희석배율이 10%를 넘어서는 안 된다.

③ 미용도구에 오일을 충분히 바른 후 자외선 소독기에 넣고 충분히 건조시킨다.

④ 자외선 소독기를 사용할 때에는 미용도구를 포개어 넣어도 효과에 지장이 없다.

⑤ 클리퍼 날은 하루에 1번 이상 세척하고 소독한다.

08 반려견에게 발생할 수 있는 안전사고에 대한 내용에 대한 설명으로 적당하지 않은 것은?

① 낙상은 반려동물이 떨어지거나 넘어져서 다치는 것을 말한다.

② 미용도구에 의한 상처는 대부분의 도구가 날카로워 갑자기 피부에 상처를 낼 수 있으므로 항상 주의한다.

③ 반려견의 피부는 민감하므로 드라잉, 샴핑, 클리핑, 염색 등의 작업 시 화상에 주의한다.

④ 화재, 누전, 누수, 호흡 및 심장박동 정지 등의 사고에 철저한 준비를 하여야 한다.

⑤ 같은 공간에서의 불편함 또는 불안함으로 다른 동물에 대한 공격성에 의한 교상을 주의한다.

09 자비소독에 대한 설명으로 적당하지 않은 것은?

① 100℃에서 10~30분 정도 끓는 물에 대상물을 넣고 소독하는 것을 말한다.

② 아포와 바이러스 등과 같은 미생물 전부를 사멸시킨다.

③ 금속, 의류, 유리제품의 소독에 적당하다.

④ 탄산나트륨 1~2% 추가 시 녹 방지효과가 있다.

⑤ 유리제품은 먼저 찬물에 넣은 후 10~20분간 놔두고, 그 외의 제품은 물이 끓기 시작할 때 넣는다.

10 작업자 및 작업장비 등의 위생관리에 관한 안전 · 유의사항으로 적당하지 않은 것은?

① 작업자는 동물과 장시간 접촉하므로, 손과 손톱의 위생상태를 수시로 점검한다.

② 작업자는 동물과 동물 보호자와 직접 대면하므로 냄새와 체취를 수시로 점검한다.

③ 작업자는 머리를 단정하게 유지하여 동물과의 안전사고를 대비한다.

④ 작업자는 화학적 소독제의 경우 부식이나 열화 등의 피해를 줄 수 있으므로 사용을 금하고, 물리적 소독을 하여야 한다.

⑤ 작업복과 신발은 동물의 각종 털과 배설물 등에 노출되기 쉽고, 이러한 오염물질은 질병을 전파할 수 있으므로 수시로 점검한다.

11 다음 〈보기〉가 설명하는 가위는?

> **보기**
>
> 다른 가위에 비해서 가윗날의 배 부분이 둥근 것으로 잘랐을 때 털을 밀어내는 힘이 강하기 때문에 양감과 질감을 정리해 주고, 손목의 스윙으로 자르는 데 적합한 가위이다.

① 스트록 가위(Stroke Scissors)　　② 텐텐 가위(Tenten Scissors)

③ 시닝 가위(Thinning Scissors)　　④ 블런트 가위(Blunt Scissors)

⑤ 커브 가위(Curve Scissors)

12 다음 〈보기〉 중 소형 클리퍼에 대한 올바른 내용은?

> **보기**
>
> 가. 크기가 작고 가벼우며 몸, 얼굴, 발 등 전반적인 클리핑을 하는 데 사용한다.
> 나. 클리퍼의 종류에 따라 날의 길이를 조절할 수 있다.
> 다. 날의 폭이 좁아서 섬세한 표현을 할 수 있다.
> 라. 날의 길이가 제한적이나 최근에는 다양한 크기와 길이의 제품들이 있다.

① 가, 나, 다　　　　　　　② 가, 나, 라

③ 가, 다, 라　　　　　　　④ 나, 다, 라

⑤ 가, 나, 다, 라

13 클리퍼 콤(Clipper Comb)에 대한 내용으로 틀린 것은?

① 클리퍼 콤이란 클리퍼 날에 장착하는 덧빗이다.

② 클리퍼 콤은 보통 1mm 길이의 클리퍼 날에 끼워 사용한다.

③ 덧끼우는 날에 따라 길이를 조절하여 클리핑을 할 수 있다.

④ 크기와 길이는 사용목적에 따라 알맞은 것을 선택하여 사용한다.

⑤ 클리퍼의 아랫날 두께에 따라 클리핑 길이가 결정되며, 윗날은 털을 자르는 역할을 한다.

14 다음 중 빗의 종류와 그 내용의 연결이 옳지 않은 것은?

① 슬리커 브러시(Slicker Brush)란 엉킨 털을 풀거나 드라이를 위한 빗질 등에 사용하며 금속 또는 플라스틱 재질의 판에 고무 쿠션이 붙어 있고 그 위에 구부러진 핀이 촘촘하게 박혀 있다.

② 핀 브러시(Pin Brush)란 장모종의 엉킨 털 및 오염물을 제거하는 데 사용하며, 플라스틱 또는 나무판 위에 고무쿠션이 붙어 있고 침 모양의 핀이 박혀 있다.

③ 꼬리 빗(Pointed Comb)이란 포크 콤이라고도 부르며 털의 볼륨을 표현하기 위해 부풀리거나, 동물의 털을 가르거나 래핑을 할 때 사용한다.

④ 브리슬 브러시(Bristle Brush)는 말, 멧돼지, 돼지 등의 동물의 털로 만든 빗으로 오일이나 파우더 등을 바르거나 피부를 자극하는 마사지 용도도 사용한다.

⑤ 콤(Comb)이란 엉킨 털 및 죽은 털의 제거, 가르마, 코밍 등의 다양한 용도로 사용하며 긴 금속 막대 위에 끝이 굵은 둥근 빗살이 꽂혀 있으며, 가볍고 탄력이 있어 털의 손상을 줄여 주는 장점이 있다.

15 다음 〈보기〉는 스트리핑 나이프(Stripping Knife)에 대한 설명이다. 그에 맞는 종류는?

> 보기
>
> 가. 나이프 중에서 날이 가장 두껍고 거칠다.
> 나. 언더코트를 제거하는데 사용한다.

① 코스 나이프(Coarse Knife)　　　　② 미디엄 나이프(Medium Knife)

③ 파인 나이프(Fine Knife)　　　　　④ 코트 킹(Coat King)

⑤ 밴딩 나이프(Banding Knife)

16 클리퍼와 클리퍼날의 관리방법으로 적당하지 않은 것은?

① 신제품의 클리퍼는 바로 사용하지 말고 사용 전에 관리작업을 해 두면 오래 사용할 수 있다.

② 클리퍼 날은 연마가 어려우므로 가능하면 교체하여 사용한다.

③ 클리퍼 날은 습기에 약하며 날에 묻은 수분은 부식의 원인이 된다.

④ 클리퍼 날은 깨끗하게 청소한 후 윤활제를 뿌려 건조한 곳에 보관한다.

⑤ 클리퍼 날과 클리퍼 모터는 클리퍼의 성능과 밀접한 관련이 있다.

17 다음 〈보기〉 중 장모관리용품은?

> 보기
>
> 가. 브러싱 스프레이　　　　　　　나. 워터리스 샴푸
> 다. 이어파우더/이어클리너　　　　라. 래핑지

① 가, 나, 다　　　　　　　　　　② 가, 나, 라

③ 가, 다, 라　　　　　　　　　　④ 나, 다, 라

⑤ 가, 나, 다, 라

18 다음 〈보기〉가 설명하는 미용테이블은?

> **보기**
>
> 버튼을 발로 눌러 높낮이를 조절하는 미용테이블로, 높낮이 조절이 편리하며 비교적 가격이 저렴한 장점이 있다.

① 접이식 미용테이블　　　　　　② 수동 미용테이블

③ 유압식 미용테이블　　　　　　④ 전동식 미용테이블

⑤ 이동식 미용테이블

19 다음 중 미용을 진행하지 않아야 하는 사항과 거리가 먼 것은?

① 무는 경우　　　　　　　　　　② 노령인 경우

③ 현재 질병이 있는 경우　　　　④ 현재 복용 중인 약물이 있는 경우

⑤ 접종이 되어 있지 않은 경우

20 다음 중 고객관리차트 작성하기 내용과 거리가 먼 것은?

① 미용관리차트 작성　　　　　　② 미용 스타일 기록

③ 기록정리와 갱신　　　　　　　④ 고객정보, 애완동물의 정보기록

⑤ 진료 중인 동물병원의 연락처 기록

21 브러싱과 관련된 설명으로 틀린 것은?

① 털의 방향에 따라 일정한 순서와 방향을 정해 놓고 브러싱한다.

② 고객과 상담하여 개체의 특성을 파악한 후 작업에 들어간다.

③ 빗질로 털의 상태, 피부의 질병 등의 관리상태를 점검한다.

④ 엉킨 털을 풀 때 과도하게 털을 잡아당겨 빗질이 고통스럽지 않도록 강도를 조절한다.

⑤ 브러싱 후 드라잉을 하면서 털의 상태를 마지막으로 점검한다.

22 털의 기능 중 짧고 부드러우며 단열재의 역할을 하는 것은?

① 보호 털   ② 솜털

③ 촉각 털   ④ 오버코트

⑤ 부모

23 다음 〈보기〉는 모질의 특징을 설명한 것이다. 이에 해당하는 코트는?

보기

가. 부드럽고 짧은 털을 가지고 있다.

나. 루버 브러시 등으로 빗질하여 죽은 털 제거 및 피부자극으로 건강하고 윤기 있게 관리한다.

다. 대표적인 견종으로 치와와, 퍼그, 보스톤 테리어, 불독 등이 있다.

① 컬리 코트   ② 실키 코트

③ 스무드 코트   ④ 와이어 코트

⑤ 언더 코트

24 린싱의 목적에 대한 설명으로 적당하지 않은 것은?

① 샴핑으로 인해 산성화된 상태를 중화시키는 것이 린싱의 가장 큰 목적이다.

② 샴핑의 과도한 세정으로 생긴 피부와 털의 손상을 적절히 회복시켜 줄 수 있다.

③ 일반적으로 농축 형태로 된 것을 용기에 적당한 농도로 희석하여 사용한다.

④ 과도하게 사용하면 드라잉 후에 털의 끈적거림이 발생하고, 지나치게 헹구면 린싱효과가 떨어지므로 적절하게 사용한다.

⑤ 린스에 함유된 여러 기능성 성분이 털에 윤기와 광택, 정전기 방지, 엉킴 방지, 빗질에 의한 손상방지의 역할을 한다.

25 다음 〈보기〉는 드라잉 방법에 대한 설명이다. 무엇에 대한 것인가?

> **보기**
>
> 가. 털을 최고의 상태로 유지하면서 드라잉을 하기 위해 타월로 몸을 감싸는 것을 말한다.
> 나. 드라잉 바람이 건조할 부위에만 가도록 유도하는 것이 중요하다.
> 다. 곱슬거리는 상태로 건조되었다면 컨디셔너 스프레이로 수분을 주어 드라이 한다.

① 타월링   ② 새킹

③ 플러프 드라이   ④ 켄넬 드라이

⑤ 룸 드라이

26 미용도구인 시닝가위에 대한 설명으로 적당하지 않은 것은?

① 털을 자연스럽게 연결시킬 때 사용한다.

② 모량이 많은 털의 숱을 치거나 털의 흐름을 자연스럽게 연결할 때 사용한다.

③ 눈 앞의 털이나 풋 라인의 털, 귀 끝의 털을 자를 때 많이 사용한다.

④ 실키 코트의 부드러운 털과 처진 털을 자를 때 가위자국 없이 자를 수 있다.

⑤ 정날은 빗살로, 동날은 가위의 자르는 면으로 되어 있다.

27 발톱관리에 관한 설명으로 적당하지 않은 것은?

① 발톱에는 혈관과 신경이 연결되어 있고 발톱이 자라면서 혈관과 신경도 같이 자란다.

② 발의 발가락뼈는 반려견이 보행할 때 힘을 지탱해 주는 역할을 하며, 발톱은 발가락뼈를 보호하며 발가락뼈의 역할을 보조해 준다.

③ 발바닥의 패드부분은 미끄러지지 않도록 털이 나지 않으며, 피부가 각질화한 패드로 되어 있다.

④ 혈관이 보이는 발톱은 매우 민감하므로 발톱관리가 어렵다.

⑤ 발바닥의 패드에는 많은 신경과 혈관이 있어 지면상태를 감지하는 역할을 하며, 지면에서 받는 충격을 완화시켜 준다.

28 클리퍼 사용시의 주의사항으로 옳지 않은 것은?

① 작업을 수행할 때 클리퍼는 피부와 평행하게 들어가야 한다.

② 피부에 직각으로 클리퍼 날을 사용하면 피부에 상처를 낼 수 있다.

③ 클리퍼를 장시간 사용하면 뜨거워져 반려견의 피부에 화상을 입을 수 있으므로 냉각제로 열을 식히면서 사용한다.

④ 클리퍼 날의 mm수가 작을수록 피부에 해를 입힐 수 있으므로 주의하여 사용한다.

⑤ 클리퍼 사용 후에는 클리퍼 날 사이의 털을 제거하고 소독한다.

29 꼬리 종류별 털 정리에서 부채꼴 모양으로 시저링하는 견종은?

① 비글   ② 페키니즈

③ 포메라니안   ④ 슈나우저

⑤ 요크셔 테리어

30 기본 클리핑에서 털을 제거하는 목적에 대한 설명으로 틀린 것은?

① 아름답게 보이도록 하기 위해서 클리핑을 해준다.

② 항문에 배변이 묻지 않도록 청결을 위해 털을 제거한다.

③ 털 관리를 해 주지 않아 발바닥 패드에 털이 많이 자라면 습진이 발생할 수 있다.

④ 발바닥의 털이 자라있으면 미끄러지며 보행에 불편을 준다.

⑤ 주둥이 부위에 피부병이 있는 경우에 치료 목적을 위해 제거한다.

31 다음 트리밍 관련 용어 중 털을 가지런하게 빗질하는 작업으로, 보통 털의 방향으로 일정하게 정리하는 작업을 뜻하는 것은?

① 코밍(Combing)
② 치핑(Chipping)
③ 시닝(Thinning)
④ 토핑오프(Topping-Off)
⑤ 플러킹(Plucking)

32 신체의 특징을 보완하는 방법으로 틀린 것은?

① 팔자다리의 경우 다리의 바깥쪽을 짧게 미용한다.

② 관절에 이상이 있는 경우에는 최대한 관절에 무리가 되지 않는 미용스타일을 선택한다.

③ 안짱다리의 경우 다리 안쪽 털을 길게 미용한다.

④ 통통한 체형은 털을 짧게 미용한다.

⑤ 마른 체형은 털을 길게 미용한다.

33 고객에게 미용스타일을 제안하는 방법으로 적당하지 않은 것은?

① 미용스타일을 제안하기 전 고객의 요구사항을 먼저 듣는다.

② 고객의 의견을 우선적으로 반영하여 미용스타일을 결정한다.

③ 미용스타일을 고객이 이해할 수 있는 용어를 활용하여 설명한다.

④ 새로운 미용용어를 활용하여 고객에게 프로페셔널하게 보이도록 한다.

⑤ 스타일북을 활용하여 고객과 미용사 간에 생길 수 있는 오차를 줄인다.

34 클리핑에 대한 설명으로 적당하지 않은 것은?

① 전체 클리핑은 털을 깎아 내는 부위가 많고 면적이 넓으므로 전문가용 클리퍼를 사용하는 것이 좋다.

② 부분 클리핑은 털을 깎아 내는 부위가 적고 면적이 좁으므로, 소형 클리퍼를 사용하는 것이 좋다.

③ 역방향으로 클리핑 시 클리퍼 날에 표기된 숫자는 역방향으로 클리핑 시 깎이는 털 길이이다.

④ 1mm 클리퍼 날은 정교한 클리핑을 해야 할 때 사용한다.

⑤ 클리핑이란 클리퍼를 활용하여 몸 전체 또는 부위별로 털을 짧게 깎는 작업이다.

35 모질이 굵고 건강하여 콤으로 빗질하였을 때 털이 잘 서는 모질에 사용하는 가위는?

① 시닝가위   ② 브리슬 가위

③ 블런트 가위   ④ 커브 가위

⑤ 겸자 가위

36 다음 〈보기〉와 같이 신체적 단점을 보완하기 위한 미용스타일의 반려견의 체형은?

> **보기**
>
> 가. 긴 몸의 길이를 짧아보이게 커트한다.
> 나. 가슴과 엉덩이 부분의 털을 짧게 커트하여 몸 길이를 짧아보이게 한다.
> 다. 언더라인의 털을 짧게 커트하여 다리를 길어보이게 한다.

① 하이온 타입   ② 드워프 타입

③ 스퀘어 타입   ④ 코비 타입

⑤ 레이시 타입

37 푸들의 램 클립의 가장 큰 특징은 어느 부분을 클리핑하는 것인가?

① 머리   ② 얼굴

③ 몸통   ④ 다리

⑤ 꼬리

38 반려견의 모든 전반적인 관리를 전문적으로 하는 사람으로 트리머(Trimmer)라고도 하는 사람은?

① 그루머(Groomer)   ② 크리머(Crimer)

③ 핸들러(Handler)   ④ 쇼튼러(Shortner)

⑤ 클리너(Cleaner)

39 그루밍(Grooming)에 포함되지 않는 것은?

① 스포팅(Sporting)
② 브러싱(Brushing)
③ 베이싱(Bathing)
④ 코밍(Combing)
⑤ 클리핑(Clipping)

40 트리밍 관련 용어로 스트리핑 후 남은 오버코트나 언더코트를 일정 간격으로 제거해 주는 작업을 뜻하는 용어는?

① 페이킹(Faking)
② 플러킹(Plucking)
③ 피킹(Picking)
④ 레이킹(Raking)
⑤ 새킹(Sacking)

41 털의 길이가 다른 곳의 층을 연결하여 자연스럽게 하는 작업을 뜻하는 용어는?

① 세이빙(Shaving)
② 카딩(Carding)
③ 시저링(Scissoring)
④ 스펀징(Sponging)
⑤ 블렌딩(Blending)

42 발의 구조에 관한 설명으로 적당하지 않은 것은?

① 발바닥패드는 보행 시 쿠션 역할을 하며 발을 보호해준다.

② 페이퍼 풋은 발바닥이 종이처럼 얇고 패드의 움직임이 빈약한 발 모양이다.

③ 헤어 풋은 엄지발가락을 제외한 네 발가락 중 가운데 두 발가락이 짧은 발 모양이다.

④ 발가락뼈는 보행할 때 쿠션역할을 하여 발을 보호해준다.

⑤ 패스턴은 발목뼈를 말한다.

43 트리밍 관련 용어로 트리밍 나이프로 소량의 털을 골라 뽑는 작업을 무엇이라고 하는가?

① 클리핑(Clipping)

② 시저링(Scissoring)

③ 그리핑(Gripping)

④ 코밍(Combing)

⑤ 치핑(Chipping)

44 다음 〈보기〉가 설명하는 트리밍 관련 용어는?

> **보기**
>
> 냄새나 더러움을 제거하고 흰색의 털이 더욱 하얗게 표현되도록 제품을 문질러 바르는 작업을 말한다.

① 초킹(Chalking)

② 카딩(Carding)

③ 커팅(Cutting)

④ 코밍(Combing)

⑤ 클리핑(Clipping)

45 다음 트리밍 관련 용어 중 설명이 틀린 것은?

① 클리핑(Clipping)이란 클리퍼를 사용하여 불필요한 털을 잘라내는 작업을 말한다.

② 카딩(Carding)이란 가위나 빗살가위를 사용하여 털끝을 시저링하는 작업을 말한다.

③ 코밍(Combing)이란 털을 가지런하게 빗질하는 작업을 말한다.

④ 타월링(Toweling)이란 베이싱 후 타월을 감싸 닦아내는 작업을 말한다.

⑤ 오일 브러싱(Oil Brushing)이란 피모에 오일을 발라 브러싱하는 작업을 말한다.

46 트리밍과 관련된 용어의 설명이 적당하지 않은 것은?

① 베이싱(Bathing)이란 털을 물에 적시고 샴푸로 세척하여 충분히 행구어내는 작업을 말한다.

② 밴드(Band)란 클리핑이나 시저링을 통해 띠모양의 형태를 만드는 작업을 말한다.

③ 린싱(Rinsing)이란 털을 부드럽게 하여 정전기를 방지하고 샴푸로 인한 알칼리 성분을 중화 시켜주는 작업이다.

④ 레이저 커트(Razer Cut)란 털을 가위로 잘라 일직선으로 가지런히 하는 작업을 말한다.

⑤ 네일 트리밍(Nail Trimming)이란 발톱을 손질하는 작업을 말한다.

47 트리밍 나이프로 털을 뽑아 원하는 미용스타일을 만드는 작업을 무엇이라고 하는가?

① 레이킹(Raking) ② 새킹(Sacking)

③ 플러킹(Plucking) ④ 초킹(Chalking)

⑤ 피킹(Picking)

48 털을 좌우로 분리시키는 작업을 의미하는 용어는?

① 피킹(Picking)

② 파팅(Parting)

③ 트리밍(Trimming)

④ 플러킹(Plucking)

⑤ 페이킹(Faking)

49 모질에 따른 가위선택 시 부위별 커트 후 각을 없앨 때 사용하는 가위는?

① 블런트 가위

② 시닝 가위

③ 브리슬 가위

④ 커브 가위

⑤ 겹자 가위

50 다음 트리밍 관련 용어의 설명으로 적당하지 않은 것은?

① 블로우 드라잉(Blow Drying)이란 드라이어를 사용하여 털을 말리거나 펴는 작업을 말한다.

② 카딩(Carding)이란 빗질하거나 긁어내어 털을 제거하는 작업을 말한다.

③ 펫 클립(Pet Clip)이란 쇼 클립을 제외한 나머지 미용을 대부분 펫 클립이라고 한다.

④ 트리밍(Trimming)이란 털을 뽑거나 자르고 미는 등 불필요한 털을 제거하여 스타일을 만드는 작업을 말한다.

⑤ 치핑(Chipping)이란 스트리핑 후 완성된 아웃코트 위에 튀어나오는 털을 뽑아 정리하는 작업을 말한다.

정답 및 해설 378p

01 얼굴 피부가 밀착해 주름이 없는 얼굴을 말하는 용어는?

① 드라이 스컬(Dry Skull)   ② 디쉬 페이스(Dish Face)

③ 다운 페이스(Down Face)   ④ 노우즈 브리지(Nose Bridge)

⑤ 모렐라(Molera)

02 클린 헤드(Clean Head)는 드라이 스컬(Dry Skull)과 같은 의미인데 이의 대표견종은?

① 샤페이   ② 블러드 하운드

③ 살루키   ④ 고든세터

⑤ 보스턴 테리어

03 블로키 헤드(Blocky Head) 유형의 대표적 견종은?

① 치와와   ② 살루키

③ 고든세터   ④ 포메라니안

⑤ 보스턴 테리어

04 반려견의 머리관련 용어로 틀린 것은?

① 돔 헤드(Dome Head)란 애플 헤드(Apple Head)와 같은 의미로 뒷머리 부분이 부풀어 있는 사과 모양의 머리를 말한다.

② 밸런스드 헤드(Balanced Head)란 스톱을 중심으로 머리 부분과 얼굴 부분의 길이가 동일하게 균형잡힌 머리를 말한다.

③ 블로키 헤드(Blocky Head)란 두부에 각이 지거나 펑퍼짐하게 퍼져 길이에 비해 폭이 매우 넓은 네모난 모양의 각진 머리형을 말한다.

④ 옥시풋(Occiput)이란 눈 사이의 패인 부분으로 액단이라고도 한다.

⑤ 모렐라(Molera)란 치와와 두개의 패임과 같은 부드러운 부분을 말한다.

05 애플 헤드(Apple Head)의 대표적 견종은?

① 치와와

② 고든 세터

③ 도베르만 핀셔

④ 에어데일 테리어

⑤ 스탠다드 슈나우저

06 다음 〈보기〉가 설명하는 반려견의 얼굴은?

> **보기**
>
> 가. 볼이 발달해서 팽창되고 붉어진 얼굴을 말한다.
> 나. 얼굴뼈가 돌출되어 둥근 느낌을 주거나 근육이 두껍게 발달되어 있다.
> 다. 스탠포드셔 불테리어가 대표적이다.

① 치졸드(Chiselled)   ② 다운 페이스(Down Face)

③ 디쉬 페이스(Dish Face)   ④ 스니퍼 페이스(Snipy Face)

⑤ 치키(Cheeky)

07 플랫 스컬(Flat Skull)의 대표적 견종으로 옳은 것은?

① 에어데일 테리어, 스탠다드 슈나우저   ② 베들링턴 테리어

③ 살루키, 블러드 하운드   ④ 치와와, 샤페이

⑤ 고든세터, 보스턴 테리어

08 눈의 유형과 그 대표견종의 연결이 옳지 않은 것은?

① 라운드 아이(Round Eye) : 동그란 눈으로 몰티즈가 대표적이다.

② 아몬드 아이(Almond Eye) : 눈 양끝이 뾰족한 아몬드 모양의 눈으로 도베르만핀셔가 대표적이다.

③ 오벌 아이(Oval Eye) : 일반적인 모양의 타원형 또는 계란형의 눈으로 저먼세퍼드가 대표적이다.

④ 트라이앵글러 아이(Triangular Eye) : 눈꺼풀의 바깥쪽이 올라간 삼각형 모양의 눈을 말하며, 아프간하운드가 대표적이다.

⑤ 차이나 아이(China Eye) : 밝은 청색의 눈을 말하며, 시베리안 허스키가 대표적이다.

09 다음 〈보기〉가 설명하는 눈의 유형은?

> **보기**
>
> 가. 밝은 청색의 눈을 말한다.
> 나. 마루색 유전자를 가진 견종에게서 나타나는 불완전한 눈으로 보통은 결점으로 간주되나 모색과 관
>   계해 허용되는 견종도 있다.
> 다. 시베리안 허스키, 블루멀 콜리, 웰시코기 카디건이 대표적이다.

① 라운드 아이(Round Eye)　　　　　② 아몬드 아이(Almond Eye)

③ 오벌 아이(Oval Eye)　　　　　　　④ 트라이앵글러 아이(Triangular Eye)

⑤ 차이나 아이(China Eye)

10 반려견의 치아에 대한 내용으로 적절하지 않은 것은?

① 결치 : 선천적으로 정상 치아 수에 비해 치아 수가 없는 것을 말하며 주로 장두종에 많이 나타
　나며 제2전구치에 많이 발생한다.

② 과리치 : 결치의 반대말로 표준 치아 수보다 많은 것을 말한다.

③ 손상치 : 후천적으로 파손된 치아를 말한다.

④ 실치 : 후천적으로 상실한 치아를 말한다.

⑤ 템퍼치 : 디스템퍼나 고열에 의해 변화되어 변색된 치아를 말한다.

11 반려견의 입과 관련된 교합의 설명으로 틀린 것은?

① 부정교합 : 견종표준이 요구하는 교합 이외의 교합을 말한다.

② 정상교합 : 견종표준에서 요구하는 교합으로 각 견종에 따른 교합은 동일하다.

③ 이븐 바이트(Even Bite) : 절단교합이라고도 하며 위턱과 아래턱이 맞물린 것을 말한다.

④ 시저스 바이트(Scissors Bite) : 협상교합이라고도 하며 위턱 앞니와 아래턱 앞니가 조금 접촉되어 맞물린 것을 말한다.

⑤ 오버샷(Overshot) : 과리교합이라고도 하며, 위턱의 앞니가 아래턱 앞니보다 전방으로 돌출되어 맞물린 것을 말한다.

12 반려견의 코와 관련된 용어로 주둥이를 둘러싼 흰색의 띠를 이룬 반점은?

① 노우즈 밴드(Nose band)　　　　② 노우즈 브리지(Nose Bridge)

③ 더들리 노우즈(Dudley Nose)　　④ 로만 노우즈(Roman Nose)

⑤ 프레시 노우즈(Fresh Nose)

13 반려견 코의 유형에 대한 설명으로 적절하지 않은 것은?

① 버터플라이 노우즈(Butterfly Nose)란 살색 코에 검은 반점이 있거나, 검은 코에 살색 반점이 있는 코를 말한다.

② 리버 노우즈(Liver Nose)란 평소에는 코가 검은색이나 겨울철에는 핑크색 줄무늬가 생기는 코를 말한다.

③ 더들리 노우즈(Dudley Nose)는 색소가 부족한 살빛의 빨간 코를 말한다.

④ 로만 노우즈(Roman Nose)는 독수리의 부리모양과 비슷한 매부리코를 말하며 보르조이가 대표적이다.

⑤ 프레시 노우즈(Fresh Nose)는 살색의 코를 말한다.

14 반려견의 귀의 유형과 그 대표견종의 연결이 옳지 않은 것은?

① 드롭 이어(Drop Ear) – 바셋하운드

② 로즈 이어(Rose Ear) – 불독, 휘핏

③ 배트 이어(Bat Ear) – 프렌치 불독, 웰시코기 펨브로크

④ 버터플라이 이어(Butterfly Ear) – 빠삐용

⑤ 버튼 이어(Button Ear) – 러프콜리, 그레이하운드

15 다음 〈보기〉가 설명하는 반려견의 귀 유형은?

> **보기**
>
> 가. 늘어진 귀와 선 귀의 두가지 타입이 있다.
> 나. 늘어진 귀의 대표견종은 불마스티프, 에어데일 테리어 등이다.
> 다. 선 귀의 대표견종은 시베리안 허스키이다.

① 벨 이어(Bell Ear) ② V형 귀

③ 세미프릭 이어(Semiprick Ear) ④ 프릭 이어(Prick Ear)

⑤ 플레어링 이어(Flaring Ear)

16 다음 귀에 관련된 용어의 해설로 적절하지 않은 것은?

① 이어 프린지(Ear Fringe) : 길게 늘어진 귀 주변의 장식 털을 말하며 세터가 대표적이다.

② 이렉트(Erect) : 귀나 꼬리를 위쪽으로 세운 것을 말한다.

③ 파렌 이어(Phalene Ear) : 늘어진 귀 타입을 말한다.

④ 펜던트 이어(Pendant Ear) : 세워진 귀 타입을 말한다.

⑤ 벨 이어(Bell Ear) : 끝이 둥근 벨과 같은 형태의 둥근 종 모양의 귀를 말한다.

17 다음 〈보기〉가 설명하는 귀의 형태는?

> **보기**
>
> 가. 앞쪽 끝부분이 뾰족하게 직립한 귀를 말한다.
> 나. 귀를 잘라 인위적으로 만든 직립 귀와 자연적인 직립 귀가 있다.
> 다. 귀를 잘라 세운 인위적인 직립 귀 : 도베르만핀셔, 복서, 그레이트덴
> 라. 자연적인 직립 귀 : 저먼셰퍼드

① 크롭트 이어(Cropped Ear) ② 캔들 프레임 이어(Candle Flame Ear)
③ 파렌 이어(Phalene Ear) ④ 펜던트 이어(Pendent Ear)
⑤ 프릭 이어(Prick Ear)

18 반려견의 몸통관련 용어의 해설로 적절하지 않은 것은?

① 구스 럼프(Goose Rump) : 근육발달이 불충분하여 엉덩이 골반의 경사가 급한 것을 말하며 일반적으로 꼬리가 낮게 위치한다.
② 다운힐(Downhill) : 등선이 허리로 갈수록 낮아지는 모양을 말한다.
③ 레이시(Racy) : 골반 상부의 근육이 연결된 부위인 엉덩이를 말한다.
④ 듀클로우(Dewclaw) : 다리 안쪽의 엄지발톱인 며느리발톱을 말하며, 낭조라고도 한다.
⑤ 레벨 백(Level Back) : 기갑에서 허리에 걸쳐 평평한 모양의 수평한 등을 말하며, 바람직한 등의 모양이다.

19 몸통관련 용어의 설명이다. 틀린 것은?

① 숏 백(Short Back) : 기갑의 높이보다 짧은 등을 말한다.
② 비피(Beefy) : 근육이나 살이 과도하게 발달해 비만인 몸통 타입을 말한다.
③ 보시(Bossy) : 엉덩이를 말한다.
④ 브리스켓(Brisket) : 몸통 안쪽의 가슴 아래쪽을 말하며 하흉부라고도 한다.
⑤ 숏 커플드(Short - Coupled) : 라스트 립에서 둔부까지 거리가 짧은 것을 말한다.

20 반려견의 몸통관련 용어로서 다음 〈보기〉가 설명하는 용어는?

> **보기**
>
> 가. 골량이 부족하여 골격이 가늘고 왜소한 모양을 말한다.
> 나. 미발육의 신체상태이다.

① 위디(Weedy) ② 위더스(Withers)

③ 인 숄더(In Shoulder) ④ 코비(Cobby)

⑤ 클로디(Cloddy)

21 반려견의 몸통에 관한 용어의 설명으로 틀린 것은?

① 클로디(Cloddy)란 등이 낮고 몸통이 굵어 무겁게 느껴지는 몸통의 타입을 말한다.

② 플랭크(Flank)란 슬개골을 말한다.

③ 힙본(Hip Bone)이란 관골, 장골, 좌골, 치골로 이루어지며 고관절을 형성한다.

④ 크룹(Croup)이란 엉덩이를 말한다.

⑤ 턱업(Tuck up)이란 허리 부분에서 복부가 감싸올려진 부위를 말한다.

22 반려견 다리부분에서 프런트에 대한 설명이 잘못된 것은?

① 프런트(Front)란 앞다리, 앞가슴, 가슴, 어깨, 목 등을 포함한 개 전반부를 말한다.

② 와이드 프런트(Wide Front)란 앞발 간격이 넓은 프런트로 불독이 대표적이다.

③ 스팁 프런트(Steep Front)란 어깨가 높아서 깎아지는 듯한 프런트를 말한다.

④ 스트레이트 프런트(Straight Front)란 일직선상의 프런트로 테리어 프런트라고도 한다.

⑤ 보우드 프런트(Bowed Front)란 팔꿈치가 바깥쪽으로 굽은 프런트로 발가락도 밖으로 향해
있다.

23 체중이 과도해 지탱이 어려워 좌우 비절 관절이 염전된 것을 무엇이라고 하는가?

① 카우 호크(Cow Hock)　　　　　　② 웰 벤트 호크(Well Bent Hock)

③ 트위스팅 호크(Twisting Hock)　　④ 식클 호크(Sickle Hock)

⑤ 배럴 호크(Barrel Hock)

24 다음 설명은 반려견의 다리와 관련된 용어이다. 해당하는 용어는?

> **보기**
>
> 손의 관절과 손가락 뼈 사이의 부위, 앞다리의 가운데 뼈, 뒷다리의 가운데 뼈를 말하며 다른 말로 중수골이라고도 한다.

① 패스턴(Pastern)　　　　　② 엘보우(Elbow)

③ 프런트(Front)　　　　　　④ 스타이플(Stifle)

⑤ 싸이(Thigh)

25 다음 꼬리 유형과 그 대표견종의 연결이 적절하지 않은 것은?

① 게이 테일(Gay Tail) – 스코티쉬 테리어

② 랫 테일(Rat Tail) – 아이리시 워터 스패니얼

③ 링 테일(Ring Tail) – 웰시코기 펨브로크

④ 브러시 테일(Brush Tail) – 시베리안 허스키

⑤ 스냅 테일(Snap Tail) – 알래스칸 말라뮤트

26 다음 〈보기〉가 설명하는 반려견의 꼬리는?

> **보기**
>
> 가. 바셋하운드처럼 부드럽게 커브를 그리며 올라간 형태를 말한다.
> 나. 저먼셰퍼드처럼 반원형을 이루며 낮게 유지한 두 가지 형태를 말한다.

① 밥 테일(Bob Tail) ② 세이버 테일(Saver Tail)
③ 링 테일(Ring Tail) ④ 랫 테일(Rat Tail)
⑤ 게이 테일(Gay Tail)

27 반려견의 꼬리 중 꼬리 뿌리부터 등 위로 높게 자리 잡고 중간에 반원형을 그리며 낫 모양으로 구부러진 꼬리는?

① 스냅 테일(Snap Tail) ② 스쿼럴 테일(Squirrel Tail)
③ 스크류 테일(Screw Tail) ④ 식클 테일(Sickle Tail)
⑤ 오터 테일(Otter Tail)

28 다음 〈보기〉 중 이렉트 테일(Erect Tail)의 유형을 가진 대표적 견종을 모두 고른다면?

> **보기**
>
> 가. 스코티쉬 테리어 나. 폭스 테리어
> 다. 보스턴 테리어 라. 알래스칸 말라뮤트

① 가, 나 ② 가, 다
③ 가, 라 ④ 나, 다
⑤ 나, 라

29 컬드 테일(Curled Tail)이란 심하게 말려 올라가 등 가운데 짊어진 꼬리를 말하는데 이의 대표적 견종은?

① 스코티쉬 테리어   ② 페키니즈

③ 폭스 테리어   ④ 블러드 하운드

⑤ 빠삐용

30 반려견 꼬리에 대한 설명으로 틀린 것은?

① 크룩 테일(Crook Tail)이란 구부러진 꼬리를 말한다.

② 킹크 테일(Kink Tail)이란 비틀린 꼬리를 말한다.

③ 플래그 테일(Flag Tail)이란 깃털 모양의 장식 털이 아래로 늘어진 꼬리를 말한다.

④ 혹 테일(Hook Tail)은 갈고리 모양 꼬리를 말한다.

⑤ 휩 테일(Whip Tail)이란 곧고 길며 가늘고 뾰족한 채찍형의 꼬리를 말한다.

31 다음 〈보기〉가 설명하는 특징을 가진 미용스타일은?

> **보기**
>
> 가. 허리와 목 부분에 클리핑 라인을 만드는 미용스타일이다.
> 나. 밴드를 만들고 목 부분을 클리핑하는 미용스타일이다.

① 푸들의 맨하탄 클립 스타일

② 푸들의 소리터리 클립 스타일

③ 푸들의 다이아몬드 클립 스타일

④ 푸들의 피츠버그더치 클립 스타일

⑤ 푸들의 볼레로 맨하탄 클립 스타일

32 푸들의 퍼스트 콘티넨탈 스타일에 대한 설명으로 적절하지 않은 것은?

① 로제트를 둥그스름하게 시저링한다.

② 재킷 앞부분은 둥글게 볼륨감을 주고 허리선은 계란형으로 되어야 한다.

③ 팜펀은 꼬리 시작 부분부터 2~2.5cm 정도를 클리핑한다.

④ 리어 브레이슬릿의 클리핑 라인은 비절 1.5cm 위에서 30도 앞으로 기울여야 한다.

⑤ 재킷과 로제트의 경계인 앞 라인은 최종 늑골 1cm 뒤에 위치해야 한다.

33 다음 〈보기〉가 설명하는 미용스타일은?

> **보기**
>
> 가. 몸 전체를 짧게 클리핑하고 다리털은 남겨 두는 스타일이다.
> 나. 다리 부분의 클리핑라인을 조절함으로써 다리를 길어 보이게 연출할 수 있다.

① 푸들의 맨하탄 클립 스타일   ② 푸들의 소리터리 클립 스타일

③ 푸들의 다이아몬드 클립 스타일   ④ 푸들의 브로콜리 커트 스타일

⑤ 푸들의 스포팅 클립 스타일

34 포메라니안의 곰돌이 커트에 대한 내용으로 적절하지 않은 것은?

① 둥그스름하게 시저링한다.

② 꼬리를 1/3 지점까지 클리핑하고 나머지는 둥그스름하게 한다.

③ 다리는 캣 풋모양으로 시저링한다.

④ 앞다리의 뒷라인을 자연스럽게 시저링한다.

⑤ 언더라인을 자연스럽게 한다.

35 반려견의 모질종류 중 권모종의 대표적인 견종은?

> **보기**
>
> 가. 푸들   나. 비숑 프리제
> 다. 베들링턴 테리어   라. 몰티즈

① 가, 나, 다   ② 가, 나, 라

③ 가, 다, 라   ④ 나, 다, 라

⑤ 가, 나, 다, 라

36 단모종에 대한 설명으로 틀린 것은?

① 길이가 매우 짧은 털로 스무드 코트라고도 한다.

② 발수성이 좋고 털 관리가 용이하다.

③ 겨울부터 봄까지의 털갈이 시기에는 주기적으로 빗질하여 주는 것이 좋다.

④ 너무 잦은 목욕은 피모를 건조하게 하므로 주의한다.

⑤ 대표적 견종으로는 몰티즈, 요크셔테리어, 시츄 등이다.

37 다음 〈보기〉는 반려견의 신체적 특징이다. 이에 맞는 견종은?

> **보기**
>
> 가. 드워프 타입으로 길지 않은 머즐과 흰색 털을 가진 견종이다.
> 나. 털의 방향과 가위의 각도를 잘 활용하여 매끄러운 면처리 미용방법이 필요하다.

① 포메라니안   ② 비글

③ 치와와   ④ 몰티즈

⑤ 푸들

38 다음 〈보기〉가 설명하는 미용스타일은?

> **보기**
>
> 가. 몸을 짧게 클리핑하고 다리 부분을 원통형으로 시저링한다.
> 나. 얼굴은 둥그스름하게 커트하여 주는 스타일이다.
> 다. 다른 견종의 썸머커트와 마찬가지로 가정에서 선호하는 스타일이다.

① 몰티즈의 판타롱 스타일

② 비숑 프리제의 펫 스타일 커트

③ 푸들의 맨하탄 클립 스타일

④ 푸들의 스포팅 클립 스타일

⑤ 포메라니안의 곰돌이 커트

39 푸들의 스포팅 클립 스타일의 특징 및 유의사항으로 맞지 않는 것은?

① 몸 전체를 짧게 클리핑한다.

② 다리 부분의 클리핑 라인을 조절해 준다.

③ 다리털은 남겨 두는 스타일이다.

④ 몸의 굴곡을 살리면서 강약을 조절하여 클리핑한다.

⑤ 다리부분의 클리핑 라인을 가능하면 내려서 다리가 길게 보여야 한다.

40 다음 〈보기〉가 설명하는 미용스타일은?

> 보기
>
> 맨하탄의 변형 클립 중 하나이며, 다리에 브레이슬릿을 만드는 클립으로 앞다리 엘보우를 포함하는 브레이슬릿을 만드는 것이 특징이다.

① 밍크 칼라 클립

② 볼레로 클립

③ 스포팅 클립

④ 판타롱 클립

⑤ 브로콜리 클립

41 얼굴 주변의 털이 길거나 귀가 늘어져 있는 경우 오염방지를 위한 용도로 주로 사용하는 것은?

① 하네스(Harness)

② 스누드(Snood)

③ 매너 밴드(Manner Band)

④ 드라이빙 키트(Driving Kit)

⑤ 헤어 핀(Hair Pin)

42 차 안에서 편안하고 안전하게 개의 이동을 도와주는 용도로 사용되는 용품은?

① 글리터 젤

② 헤어 핀(Hair Pin)

③ 헤어 스프레이

④ 드라이빙 키트(Driving Kit)

⑤ 스누드(Snood)

43 다음 〈보기〉는 개체에 따라 미용스타일을 체크하는 방법이다. 이에 해당되는 털의 유형은?

> **보기**
>
> 가. 털의 힘이 좋고 웨이브가 있는 견종으로 잘못된 부분이 없는지 빗질하면서 체크한다.
> 나. 전체적으로 넓게 균형미를 고려하여 빗질하면서 체크한다.

① 장모종의 미용스타일 완성 체크방법
② 중모종의 미용스타일 완성 체크방법
③ 권모종의 미용스타일 완성 체크방법
④ 단모종의 미용스타일 완성 체크방법
⑤ 중장모종의 미용스타일 완성 체크방법

44 염색제, 색상환 및 이염제에 대한 설명으로 적절하지 않은 것은?

① 일회성 염색제는 1~2회의 샴핑으로 제거할 수 있으며 염색 작업 시 실수 혹은 이염이 되어도 목욕으로 손쉽게 제거할 수 있다.
② 지속성 염색제는 한번 염색이 되면 샴핑으로 제거가 어려워 반영구적이고 털이 자라서 커트할 때까지 지속된다.
③ 일회성 염색제는 주로 액체, 겔, 초크, 펜 타입으로 되어 있으며, 지속성 염색제는 일반적으로 튜브형 겔 타입으로 되어 있다.
④ 유사대비란 색상환에서 반대되는 색상끼리 배색되었을 때 얻어지는 조화이며, 색상환에서 마주 보고 있는 색상이다.
⑤ 이염이란 염색 작업 시 염료가 염색해야 할 부위가 아닌 다른 곳이 물드는 것을 말한다.

45 일회성 염색제 중 분말로 된 염색제의 특징과 거리가 먼 것은?

① 수분을 흡수해주며 겔 타입과 펜 타입 염색제와 함께 사용한다.

② 지속성 염색제를 쓰기 전에 초벌용으로 사용한다.

③ 발림성과 발색력이 좋으며 작업 후 목욕으로 제거할 수 있다.

④ 파손되기 쉬우므로 주의하고 보관 시에는 습기가 생기지 않도록 뚜껑을 잘 닫아서 보관해야 한다.

⑤ 겔 타입은 염색 후 제거가 어려우므로 적은 양을 염색하더라도 일회용 장갑을 꼭 착용한다.

46 다음 〈보기〉가 설명하는 이염 방지제는?

> **보기**
>
> 가. 목욕으로 제거할 수 있으며 수분감이 거의 없는 타입이다.
> 나. 염색할 부분에 조금이라도 묻어 있으면 염색이 되지 않는다.

① 알코올 소독 패드　　　　　　② 부직포

③ 이염 방지 크림　　　　　　　④ 이염 방지 테이프

⑤ 이염 방지 크레졸

47 다음 〈보기〉가 설명하는 염색 방법은?

> **보기**
>
> 가. 원하는 부위에 부분적으로 컬러 포인트를 주는 방법이다.
> 나. 염색 시에 피부와 1cm 정도 떨어진 곳에서부터 시작한다.
> 다. 염색 작업 전에 컬러의 발색을 미리 보기 위해 테스트 용으로도 활용할 수 있다.

① 보색대비 염색　　　　　　　② 유사대비 염색

③ 투 톤 염색　　　　　　　　　④ 블리치 염색

⑤ 그러데이션 염색

48 염색제 도포 후 작용시간과 관련된 설명으로 틀린 것은?

① 염색 후에 자연건조 상태로 기다리거나 드라이 작업으로 가온한다.

② 염색의 털의 양과 길이에 따라서 염색제의 작용시간의 차이가 있다.

③ 드라이 작업을 거부하는 경우에는 보정하면서 자연 건조 상태로 기다린다.

④ 염색 후 자연건조상태로 보통 40분 정도의 시간이 소요되며, 드라이어로 가온하면 시간을 단축시킬 수 있다.

⑤ 작용시간을 기다리는 동안 염색 부위를 고정한 고무 밴드가 너무 조이지 않는지 확인한다.

49 염색도구 중 블로우 펜에 대한 내용으로 적절하지 않은 것은?

① 일회성 염색제이다.

② 펜을 입으로 불어서 사용한다.

③ 분사량과 분사거리에 따라 발색력이 다르다.

④ 작업 후 목욕으로 제거할 수 있다.

⑤ 털의 길이가 짧을수록 활용하기 쉽다.

50 염색작업 후의 목욕방법으로 적절하지 않은 것은?

① 물이 흐르는 상태에서 귀 안쪽을 뒤집어서 깨끗이 세척한다.

② 꼬리를 흔들거나 올리면 다른 부위에 이염될 수 있으므로 꼬리 끝을 욕조바닥으로 향하게 한다.

③ 항문 부위는 놀라지 않도록 조심스럽게 천천히 세척한다.

④ 발바닥이 모두 지면에 닿은 상태에서 시작하고 뗄 때에는 천천히 올려야 한다.

⑤ 볼은 물티슈를 사용할 때 털이 한 올씩 당겨지지 않게 한꺼번에 부드럽게 닦아낸다.

제2회
실전모의고사

정답 및 해설 381p

01 앞머리 부분이나 얼굴이 이완되어 주름진 피부를 가리키는 용어는?

① 모렐라(Molera)　　　　　　　② 링클(Wrinkle)
③ 스톱(Stop)　　　　　　　　　④ 퍼로우(Furrow)
⑤ 폭시(Foxy)

02 밸런스드 헤드(Balanced Head)의 대표적 견종은?

① 보스턴 테리어　　　　　　　　② 치와와
③ 고든 세터　　　　　　　　　　④ 블러드 하운드
⑤ 샤페이

03 반려견의 얼굴 유형 중 주둥이가 뾰족해서 약한 느낌의 얼굴은?

① 다운 페이스(Down Face)
② 디쉬 페이스(Dish Face)
③ 스니피 페이스(Snipy Face)
④ 퍼로우 페이스(Furrow Face)
⑤ 애플 페이스(Apple Face)

04 눈 사이의 패인부분으로 액단이라고도 하는 것은?

① 링클(Wrinkle)　　　　　　② 모렐라(Molera)

③ 스컬(Skull)　　　　　　　④ 스톱(Stop)

⑤ 옥시풋(Occiput)

05 다음 〈보기〉가 설명하는 반려견의 얼굴형태를 가리키는 용어는?

> **보기**
>
> 눈 아래가 건조하고 살집이 없어 윤곽이 도드라지는 형태의 얼굴

① 드라이 스컬(Dry Skull)　　　② 다운 페이스(Down Face)

③ 디쉬 페이스(Dish Face)　　　④ 스니피 페이스(Snipy Face)

⑤ 치즐드(Chiselled)

06 반려견 머리에 관련된 용어로 크라운(Crown)이란?

① 스컬 중앙에서 스톱 방향으로 세로로 가로지르는 이마 부분의 세로 주름을 말한다.

② 두부의 가장 높은 정수리 부분의 두정부를 말한다.

③ 눈 사이의 패인부분으로 액단이라고도 한다.

④ 앞머리의 후두골, 두정골, 전두골, 측두골 등을 포함한 머리부 뼈 조직의 두부를 말한다.

⑤ 앞머리 부분이나 얼굴이 이완되어 주름진 피부를 말한다.

07 머리유형과 그 대표견종의 연결이 옳지 않은 것은?

① 폭시(Foxy) – 포메라니안

② 플랫 스컬(Flat Skull) – 에어데일 테리어, 스탠다드 슈나우저

③ 페어 세이프트 헤드(Pear-Shaped Head) – 블러드 하운드

④ 클린 헤드(Clean Head) – 살루키

⑤ 애플 헤드(Apple Head) – 치와와

08 눈과 관련된 용어로 설명이 옳지 않은 것은?

① 아이 스테인(Eye Stain) : 눈물 자국을 말한다.

② 아이 라인(Eye Line) : 눈꺼풀 가장 자리를 말한다.

③ 아이 리드(Eyelid) : 눈꺼풀을 말한다.

④ 벌징 아이(Bulging Eye) : 눈꺼풀의 바깥쪽이 올라간 삼각형 모양의 눈을 말한다.

⑤ 풀 아이(Full Eye) : 둥글게 튀어나온 눈을 말한다.

09 다음 〈보기〉 중 차이나 아이(China Eye)의 대표적 견종은?

> **보기**
>
> 가. 시베리안 허스키 나. 블루멀 콜리
> 다. 도베르만핀셔 라. 웰시코기 카디건

① 가, 나, 다 ② 가, 나, 라

③ 가, 다, 라 ④ 나, 다, 라

⑤ 가, 나, 다, 라

10 반려견의 입과 관련된 용어해설로 적절하지 않은 것은?

① 드라이 마우스(Dry Mouth) : 뒤틀려 비뚤어진 입을 말한다.
② 리피(Lippy) : 위로 들어 올려지거나 밀착된 입술을 말한다.
③ 조율(Jowel) : 두터운 입술과 턱을 말한다. 춉(Chop)과 같은 의미이다.
④ 쿠션(Cushion) : 윗입술이 두껍고 풍만한 것을 말하며 페키니즈가 대표적이다.
⑤ 플루즈(Flews) : 늘어진 윗입술을 말한다.

11 성견의 영구치에 대한 내용으로 적절하지 않은 것은?

① 생후 4~8개월이 되면 유치의 치근이 융해되면서 영구치가 유치를 밀어내어 빠지고 이갈이를 하는데 7~8개월쯤이면 거의 모두 영구치로 바뀐다.
② 영양상태가 좋지 않거나 장두종의 경우 다소 늦을 수도 있다.
③ 전구치와 후구치는 유치 없이 나온다.
④ 윗니는 20개의 영구치를 갖는다.
⑤ 아랫니는 22개의 영구치를 갖는다.

12 반려견의 입의 형태로 아래턱 앞니가 위턱 앞니보다 앞쪽으로 돌출되어 맞물린 것은?

① 이븐 바이트(Even Bite)　② 시저스 바이트(Scissors Bite)
③ 언더샷(Undershot)　④ 오버샷(Overshot)
⑤ 과리교합

13 반려견의 코의 유형 중 독수리의 부리 모양과 비슷한 매부리코로 보르조이가 대표적인 코는?

① 더들리 노우즈(Dudley Nose)

② 로만 노우즈(Roman Nose)

③ 리버 노우즈(Liver Nose)

④ 버터플라이 노우즈(Butterfly Nose)

⑤ 스노우 노우즈(Snow Nose)

14 반려견의 귀의 유형에 대한 설명으로 틀린 것은?

① 드롭 이어(Drop Ear) : 아래로 늘어진 귀로 바셋하운드가 대표적이다.

② 로즈 이어(Rose Ear) : 귀의 안쪽이 보이며 뒤틀려 작게 늘어진 귀를 말하며 불독, 휘핏이 대표적이다.

③ 배트 이어(Bat Ear) : 귀 아랫부분이 넓고 박쥐 날개같이 축 늘어진 귀로 프렌치 불독, 웰시코기 펨브로크가 대표적이다.

④ 버터플라이 이어(Butterfly Ear) : 긴 장식 털에 서 있는 큰 귀가 두개 바깥쪽으로 약 45도 기운 나비 모양의 귀를 말하며, 빠삐용이 대표적이다.

⑤ 버튼 이어(Button Ear) : 아래쪽은 직립해 있고 귓불이 두개 앞쪽으로 V자 모양으로 늘어진 귀를 말하며 보더 테리어, 폭스 테리어 등이 대표적이다.

15 다음 〈보기〉에서 늘어진 귀의 유형만을 모두 고른 것은?

> **보기**
>
> 가. 드롭 이어(Drop Ear)   나. 로즈 이어(Rose Ear)
> 다. 배트 이어(Bat Ear)   라. 버튼 이어(Button Ear)

① 가, 나, 다   ② 가, 나, 라

③ 가, 다, 라   ④ 나, 다, 라

⑤ 가, 나, 다, 라

16 귀의 유형과 그 대표견종의 연결이 옳지 않은 것은?

① 펜던트 이어(Pendant Ear) : 닥스훈트, 바셋하운드

② 캔들 프레임 이어(Candle Flame Ear) : 세터

③ 버터플라이 이어(Butterfly Ear) : 빠삐용

④ 세미프릭 이어(Semiprick Ear) : 폭스테리어, 러프콜리, 그레이하운드

⑤ 배트 이어(Bat Ear) : 프렌치 불독, 웰시코기 펨브로크

17 귀와 관련된 용어의 설명으로 잘못된 것은?

① 플레어링 이어(Flaring Ear) : 나팔꽃 모양의 귀를 말하며 치와와가 대표적이다.

② 필버트 쉐입 이어(Fillbert Shaped Ear) : 개암나무 열매 형태의 귀를 말하며, 베들링턴 테리어가 대표적이다.

③ 크롭트 이어(Cropped Ear) : 앞쪽 끝부분이 뾰족하게 직립한 귀를 말하며, 저먼세퍼드, 도베르만핀셔 등이 대표적이다.

④ 하이셋 이어(Highset Ear) : 로우셋 이어와 반대로 높은 위치에 귀가 있는 것을 말한다.

⑤ 펜던트 이어(Pendant Ear) : 늘어진 귀를 말하며 닥스훈트, 바셋하운드 등이 대표적이다.

18 반려견의 몸통 관련 용어의 내용으로 잘못된 것은?

① 로인(Loin) : 허리를 말하며, 요부라고도 한다.

② 로치 백(Roach Back) : 등선이 허리로 향하여 부드럽게 커브한 모양을 말하며 잉어 등이라고도 한다.

③ 롱 바디(Long Body) : 긴 몸통을 말하는데 닥스훈트가 대표적이다.

④ 백 라인(Back Line) : 기갑에서 시작해 꼬리 뿌리까지 이어지는 등선을 말한다.

⑤ 립케이지(Ribcage) : 몸통 앞쪽의 가슴 아래쪽을 말한다.

19 반려견의 몸통 관련 용어 중 설명이 틀린 것은?

① 숏 커플드(Short Coupled) : 라스트 립에서 둔부까지 거리가 짧은 것을 말한다.

② 스웨이 백(Sway Back) : 캐멀 백의 반대의미로 등선이 움푹 파인 모양을 말한다.

③ 아웃 오브 숄더(Out Of Shoulder) : 견갑골이 뒤쪽으로 길게 경사를 이루어 후방으로 경사진 어깨를 말한다.

④ 앵귤레이션(Angulation) : 뼈와 뼈가 연결되는 각도를 말한다.

⑤ 언더라인(Under Line) : 가슴 아랫부분에서 배를 따라 만들어진 아랫면의 윤곽선을 말한다.

20 코비(Cobby)에 해당하는 대표적인 견종은?

① 몰티즈   ② 그레이 하운드

③ 포메라니안   ④ 도베르만핀셔

⑤ 닥스훈트

21 반려견의 체고를 측정하는 지점을 기갑이라고도 하는데 이에 해당하는 용어는?

① 위디(Weedy)
② 체스트(Chest)
③ 위더스(Withers)
④ 앵귤레이션(Angulation)
⑤ 인 숄더(In Shoulder)

22 반려견의 다리와 관련된 용어로 설명이 틀린 것은?

① 내로우 싸이(Narrow Thigh) : 폭이 좁은 대퇴부를 말한다.
② 내로우 프런트(Narrow Front) : 앞다리의 간격이 좁고 앞가슴 폭이 좁은 프런트를 말한다.
③ 다운 인 패스턴(Down In Pastern) : 패스턴이 앞쪽으로 경사진 것을 말한다.
④ 스팁 프런트(Steep Front) : 앞발 간격이 넓은 프런트를 말한다.
⑤ 식클 호크(Sickle Hock) : 비절이 낮은 낫 모양의 관절을 말한다.

23 반려견의 다리관련 용어 중 '호크(Hock)' 관련 용어로 틀린 것은?

① 호크(Hock)란 아랫다리와 패스턴 사이의 뒷다리 관절을 말하며 비절이라고도 한다.
② 웰 벤트 호크(Well Bent Hock)란 뒷다리 양쪽이 소처럼 안쪽으로 구부러진 다리를 말한다.
③ 식클 호크(Sickle Hock)란 비절이 낮은 낫 모양의 관절을 말한다.
④ 스트레이트 호크(Straight Hock)란 각도가 없는 관절을 말한다.
⑤ 배럴 호크(Barrel Hock)란 발가락 부분이 안쪽으로 굽어 밖으로 돌아간 비절을 말한다.

24 반려견의 대퇴골과 하퇴골을 연결하는 무릎관절을 의미하는 용어는?

① 스타이플(Stifle)   ② 호크(Hock)

③ 패스턴(Pastern)   ④ 프런트(Front)

⑤ 싸이(Thigh)

25 꼬리와 관련된 용어해설 중 틀린 것은?

① 게이 테일(Gay Tail)이란 치켜든 꼬리를 말하며 스코티쉬 테리어가 대표적이다.

② 랫 테일(Rat Tail)은 뿌리 부분이 두텁고 부드러운 털이 있는 반면 끝 쪽에는 털이 없고 가는 쥐꼬리 모양의 꼬리를 말하며 아이리시 워터 스패니얼이 대표적이다.

③ 밥 테일(Bob Tail)은 선천적으로 꼬리가 없는 것을 말하며, 잘린 꼬리라고도 하며 웰시코기 펨브로크가 대표적이다.

④ 링 테일(Ring Tail)은 바퀴 모양으로 꼬리 뿌리가 높게 올려져 원형을 이루는 꼬리를 말하며, 아프간하운드가 대표적이다.

⑤ 브러시 테일(Brush Tail)이란 바셋하운드처럼 부드럽게 커브를 그리며 올라간 형태를 말한다.

26 다음 〈보기〉가 설명하는 반려견의 꼬리 관련 용어는?

> **보기**
>
> 가. 잘린 꼬리를 말한다.
> 나. 단미라고도 한다.
> 다. 단미를 한다면 보통 생후 4~7일이 좋다.

① 덕(Dock)   ② 셋온(Set-on)

③ 스턴(Stern)   ④ 테일(Tail)

⑤ 테일리스(Tailless)

27 다음 꼬리 유형과 그 대표견종의 연결이 옳지 않은 것은?

① 오터 테일 – 래브라도 리트리버
② 스턴 – 폭스 테리어, 블러드하운드
③ 스냅 테일 – 시베리안 허스키
④ 스쿼럴 테일 – 빠삐용
⑤ 스크류 테일 – 불독, 보스턴 테리어

28 반려견의 꼬리 중 심하게 말려 올라가 등 가운데 짊어진 꼬리를 의미하는 용어는?

① 크랭크 테일(Crank Tail)
② 콕트업 테일(Cocked-up Tail)
③ 컬드 테일(Curled Tail)
④ 이렉트 테일(Erect Tail)
⑤ 밥 테일(Bob Tail)

29 다음 꼬리 유형과 그 대표견종의 연결이 적절하지 않은 것은?

① 휩 테일(Whip Tail) – 잉글리쉬 포인터
② 플룸 테일(Plume Tail) – 브리아드, 피레니언 마운틴 독
③ 플래그폴 테일(Flagpole Tail) – 비글
④ 킹크 테일(Kink Tail) – 프렌치불독
⑤ 판 테일(Fan Tail) – 포메라니안

30 다음 〈보기〉가 설명하는 꼬리는?

> **보기**
>
> 가. 풍부한 모량의 장모꼬리를 등 위로 말아 올리고 있거나 부채를 편 형태의 꼬리를 말한다.
> 나. 포메라니안이 대표적이다.

① 판 테일(Fan Tail)

② 플룸 테일(Plume Tail)

③ 플래그폴 테일(Flagpole Tail)

④ 킹크 테일(Kink Tail)

⑤ 휩 테일(Whip Tail)

31 다음 〈보기〉의 설명은 어떤 미용스타일에 대한 내용인가?

> **보기**
>
> 가. 쇼클립에 가장 가깝다.
> 나. 로제트, 팜펀, 브레이슬릿 커트의 균형미와 조화가 돋보이는 미용 스타일이다.
> 다. 클리핑 라인의 선정이 중요하다.

① 푸들의 맨하탄 클립 스타일

② 푸들의 퍼스트 콘티넨탈 클립 스타일

③ 푸들의 브로콜리 커트 스타일

④ 푸들의 스포팅 클립 스타일

⑤ 푸들의 더치 클립 스타일

32 다음 푸들의 맨하탄 클립 스타일에 대한 내용 중 틀린 것은?

① 허리선은 최종 늑골 0.5cm 뒤를 기준점으로 1.5~2cm부분에 위치해야 한다.

② 목은 후두부 0.5cm 뒤에서 기갑부 1~2cm 윗부분으로 연결해야 한다.

③ 앞다리는 원통형으로 일직선이 되도록 하고 몸통과 잘 이어져야 한다.

④ 뒷다리는 앵귤레이션은 강조하되 무릎 부분의 허리 클리핑 라인에서 풋 라인까지 자연스러운 곡선을 이루게 한다.

⑤ 힙의 각도는 60도이고 등선은 수직이 되어야 한다.

33 다음 〈보기〉가 설명하는 특징의 미용스타일은?

> **보기**
>
> 가. 몸통은 짧고 다리는 원통형이며 비숑 프리제의 머리 모양 스타일이다.
>
> 나. 머즐 부분만 짧게 커트하는 미용스타일이다.
>
> 다. 모량이 충분하고 힘이 있어야 하며 전체적으로 둥근 이미지로 표현한다.

① 푸들의 맨하탄 클립 스타일   ② 푸들의 퍼스트 콘티넨탈 클립 스타일

③ 푸들의 브로콜리 커트 스타일   ④ 푸들의 스포팅 클립 스타일

⑤ 푸들의 더치 클립 스타일

34 환모기가 없는 권모종에 대한 설명으로 적절하지 않은 것은?

① 오버코트와 언더코트가 자연스럽게 서로 얽혀 새끼줄 모양으로 된 털이다.

② 털이 자라는 속도가 느려 월 1회 정도 손질하면 적당하다.

③ 대표적인 견종은 푸들, 비숑 프리제, 베들링턴 테리어 등이다.

④ 귓속의 털이 너무 많이 자라지 않도록 정기적으로 제거한다.

⑤ 슬리커 브러시를 이용하여 귀를 제외한 부분은 털 결의 역방향으로 빗질하여 준다.

35 다음 중 장모종의 대표견종으로 옳게 묶여진 것은?

① 몰티즈, 요크셔테리어, 시츄

② 푸들, 비숑 프리제, 베들링턴 테리어

③ 닥스훈트, 치와와, 미니어처 핀셔

④ 비글, 페키니즈, 치와와

⑤ 페키니즈, 미니어처 핀셔, 닥스훈트

36 다음 〈보기〉는 반려견의 신체적 특징이다. 이에 맞는 견종은?

> **보기**
>
> 가. 스퀘어 타입으로 몸의 형태가 짧고 다리와 얼굴이 긴 품종이다.
> 나. 신축성이 좋은 털로 덮여 있어 여러 스타일의 창작 미용이 가능하다.
> 다. 모든 부위에 시저링 라인 미용이 가능하여 애견미용의 정점이라고 할 수 있다.

① 푸들
② 몰티즈
③ 비글
④ 포메라니안
⑤ 베들링턴 테리어

37 다음 중 다양한 스타일의 시저링 창작미용이 가능하며, 곰돌이 커트가 대표적인 스타일인 견종은?

① 푸들
② 시츄
③ 치와와
④ 포메라니안
⑤ 요크셔테리어

38 다음 〈보기〉가 설명하는 미용스타일은?

> **보기**
>
> 몸을 클리핑하고 다리의 털을 살려서 커트하기 때문에 가정에서 선호하는 스타일이기도 하며 머리를 밴드로 묶어서 생기 발랄한 느낌을 줄 수 있다.

① 몰티즈의 판타롱 스타일
② 비숑 프리제의 펫 커트 스타일
③ 푸들의 스포팅 클립 스타일
④ 포메라니안의 곰돌이 커트
⑤ 푸들의 브로콜리 커트

39 다음 〈보기〉는 맨하탄 클립의 변형 미용에 대한 설명이다. 맞는 것은?

> **보기**
> 맨하탄 클립에서 허리와 목 부분에 파팅 라인을 넣어 체형의 단점을 보완하는 미용방법이다.

① 밍크칼라 클립
② 볼레로 클립
③ 브로콜리 클립
④ 스포팅 클립
⑤ 판타롱 클립

40 주로 산책할 때 사용하는 안전벨트 형식의 용구로 목줄을 불편해 하는 개에게 사용하는 용품은?

① 하네스(Harness)
② 스누드(Snood)
③ 매너 벨트(Manner Belt)
④ 드라이빙 키트(Driving Kit)
⑤ 헤어 핀(Hair Pin)

41 수컷의 생식기에 소변을 흡수하는 패드를 쉽게 붙일 수 있도록 도와주는 용도로 사용하는 용품은?

① 목걸이
② 부직포
③ 매너 벨트(Manner Belt)
④ 이염 방지 크림
⑤ 드라이빙 키트(Driving Kit)

42 완성한 미용스타일을 체크하는 방법으로 적절하지 않은 것은?

① 콤(Comb)으로 전체적으로 커트한 털의 흐름을 고려하여 최대한 털끝으로부터 가볍게(얇게) 빗질하며, 잘라진 털과 묻어 있는 잔털을 제거한다.

② 풋 라인의 원형상태, 앞다리의 엘보우 안쪽, 뒷다리의 턱업 안쪽을 마무리 빗질하며 체크한다.

③ 엉덩이 부분에서 등선부분, 가슴 아랫부분에서 배 부분을 주의 깊게 빗질하며 체크한다.

④ 얼굴의 양쪽 측면의 길이감과 밸런스를 확인하고 귀 뒷면을 빗질하면서 전체적으로 균형미를 살핀다.

⑤ 꼬리 시작 부분에서 끝부분까지 올바르게 커트가 되었는지, 전체적으로 털의 면처리가 잘 되었는지 빗질하여 체크한다.

43 미용스타일 점검 시 유의사항으로 적절하지 않은 것은?

① 중장모종의 경우 이중모의 특징을 살려 피모와 60도를 이루도록 빗질하여 확인한다.

② 권모종은 드라이 방법의 부주의로 웨이브가 생겨서 튀어나온 털이 없는지 확인한다.

③ 장모종의 경우 털의 결 방향에 맞추어 모근에서부터 빗질하여 확인한다.

④ 장모종은 빗질의 힘 조절을 천천히 약하게 하여 확인한다.

⑤ 권모종은 전체적으로 넓게 빗질하여 균형미를 확인한다.

44 염색과 관련된 설명으로 적절하지 않은 것은?

① 반려견의 피모란 피부와 털을 말한다.

② 염색작업 전 피부 트러블 가능성을 확인한다.

③ 염색 전 털이 조금 엉킨 경우에는 염색에 지장이 없으나, 엉킨 털이 많은 경우에는 브러싱으로 풀어준다.

④ 염색 전 오염이 있는 경우 간단한 브러싱 또는 물티슈로 닦아낸다.

⑤ 오염도가 약한 경우에는 물 세척으로 씻어내고, 오염도가 심한 경우에는 샴푸 목욕을 한다.

45 지속성 염색제에 대한 설명으로 적절하지 않은 것은?

① 지속성 염색제는 주로 초벌용으로 사용된다.

② 지속성 염색제는 목욕으로 제거되지 않고 반영구적이다.

③ 염색부위를 제거하려면 가위로 커트한다.

④ 겔 타입이며 염색 후에는 제거가 어려우므로 적은 양을 염색하더라도 일회용 장갑을 꼭 착용한다.

⑤ 염색 후에는 염색체가 굳지 않도록 잘 닫아서 보관해야 한다.

46 염색의 유형 중 다음 〈보기〉가 설명하는 것은?

> **보기**
>
> 두 가지 컬러의 염색제로 한 부위에 동시에 발색하는 것으로 두 가지 컬러 이상의 색 번짐과 겹침을 이용하는 염색

① 투 톤 염색　　　　　　② 그러데이션 염색

③ 부분 염색　　　　　　④ 블리치 염색

⑤ 멀티 염색

47 투 톤 등의 염색에 대한 설명으로 적절하지 않은 것은?

① 투 톤 염색은 두 가지 컬러가 한 부위에 동시에 발색되는 것으로 피부와 가까운 부위의 염색이 더 진하게 나오므로 피부와 가까운 곳에 더 연한 컬러로 염색하는 것이 좋다.

② 투 톤 염색은 염색이 오래된 경우에도 컬러가 자연스럽고 보색 대비보다는 유사대비 컬러의 발색이 더 좋다.

③ 그러데이션 염색은 두 가지 컬러의 염색제로 한 부위에 동시에 발색하는 것으로 두 가지 컬러 이상의 색 번짐과 겹침을 이용하는 것이다.

④ 그러데이션 염색은 두 가지 컬러 이상을 자연스럽게 연결하여 발색하는 작업이므로 보색대비 컬러의 활용을 권장한다.

⑤ 블리치(부분) 염색은 원하는 부위에 부분적으로 컬러 포인트를 주는 방법으로 염색 시에 피부와 1cm 정도 떨어진 곳에서부터 시작한다.

48 염색도구 중 초크에 대한 설명으로 적절하지 않은 것은?

① 수분을 흡수해주며 겔 타입과 펜 타입 염색제와 함께 사용한다.

② 반짝이 가루의 날림이 적고 접착력이 있는 것이 특징이다.

③ 지속성 염색제를 쓰기 전에 초벌용으로 사용한다.

④ 발림성과 발색력이 좋으며 작업 후 목욕으로 제거할 수 있다.

⑤ 파손되기 쉬우므로 주의하고 보관 시에는 습기가 생기지 않게 뚜껑을 잘 닫아서 보관해야 한다.

49 염색도구 중 원하는 부위에 정교한 작업이 가능하고, 사용이 편리해서 초보자도 빠른 시간 내에 익숙해지는 도구는?

① 블로우 펜   ② 초크

③ 페인트 펜   ④ 글리터 젤

⑤ 스텐실

50 염색제 컬러의 발색에 대한 설명으로 틀린 것은?

① 염색제의 세척작업 시 물의 온도가 높으면 염색제의 컬러가 쉽게 빠지기 때문에 물의 온도를 목욕할 때보다 조금 낮게 한다.

② 피부에서 멀리 있는 털의 경우에는 염색제의 용량을 낮추어 도포하여야 한다.

③ 발색력을 잘 나타내려면 염색작업을 할 때 염색제의 용량과 염색제 도포 후 소요시간, 염색제의 세척방법 등을 기준치에 맞춰야 한다.

④ 염색제 컬러의 발색력의 최대치는 이염되거나 오염되지 않은 선명한 컬러이며, 브러싱, 샴핑, 꼼꼼한 드라이 작업 등을 하면 발색에 도움을 준다.

⑤ 유색 털보다 하얀색 털에 효과적이며, 억센 털보다는 부드러운 털에 효과적이다.

정답 및 해설 384p

01 모색과 관련된 용어의 설명이 옳지 않은 것은?

① 골든 버프(Golden Buff) : 금색에 빨강이 있는 담황색을 말한다.

② 그레이(Gray) : 어두운 회색부터 밝은 색까지 다양한 회색을 말한다.

③ 데드 그래스(Dead Grass) : 옅은 다갈색으로 마른 풀색을 말하며, 데드 리프라고도 한다.

④ 러스트 탄(Rust Tan) : 흑색 계통 털에 회색이나 적색이 섞인 색을 말한다.

⑤ 리버(Liver) : 진한 적갈색, 붉은 간장색을 말한다.

02 다음 〈보기〉가 설명하는 모색의 용어는?

> **보기**
>
> 가. 흰색 털과 유색의 털이 섞여 있는 것을 말한다.
> 나. 검은 바탕에 흰색의 털이 섞인 것을 말한다.

① 골든 버프(Golden Buff)　　　　② 대플(Dapple)

③ 데드 그래스(Dead Grass)　　　　④ 론(Roan)

⑤ 그루즐(Gruzzle)

03 모색과 관련된 대표견종의 연결이 옳지 않은 것은?

① 삭스(Socks) − 이비전하운드

② 섬 마크(Thumb Mark) − 맨체스터 테리어

③ 슬레이트 블루(Slate Blue) − 오스트레일리안 실키 테리어

④ 실버 그레이(Silver Gray) − 와이마리너

⑤ 실버 블랙(Silver Black) − 달마시안

04 반려견의 반점 중 어깨, 등, 몸통 양쪽에 망토를 걸친 듯한 크고 진한 반점이 있는 것을 무엇이라고 하는가?

① 벨튼(Bellton) ② 맨틀(Mantle)

③ 마킹(Marking) ④ 배저 마킹(Badger Marking)

⑤ 브리칭(Breeching)

05 다음 〈보기〉가 설명하는 모색관련 반점용어는?

> **보기**
>
> 가. 목, 귀에 탄이나 다른 색의 반점이 있는 것을 말한다.
> 나. 그레이, 진회색, 화이트가 섞인 오소리 색 반점이다.

① 배저 마킹(Badger Marking)　　　② 브리칭(Breeching)

③ 벨튼(Bellton)　　　④ 맨틀(Mantle)

⑤ 대플(Dapple)

06 다음 모색관련 용어 중 설명이 잘못된 것은?

① 브론즈(Bronze)란 전체적으로 어두운 녹색에 털끝이 약간 붉은 색을 말한다.

② 버프(Buff)란 부드럽고 연한 느낌의 담황색을 말한다.

③ 멀(Merle)은 그레이, 진회색, 화이트가 섞인 모색을 말한다.

④ 마호가니(Mahogany)란 체스트너트 레드, 적갈색을 말한다.

⑤ 데드 그래스(Dead Grass)란 엷은 다갈색으로 마른 풀색을 말한다.

07 블랙 앤드 탄(Black and Tan)에 대한 설명이 맞는 것은?

① 검은색 개의 대퇴부 안쪽과 후방의 탄 반점을 말한다.

② 주둥이 부분이 검은 것을 말한다.

③ 검정, 블루, 그레이의 배색을 말한다.

④ 검은 바탕에 양 눈 위, 귀 안쪽, 주둥이 양측, 목, 아랫다리, 항문 주위에 탄이 있는 것을 말한다.

⑤ 블루에 털끝이 검은 털을 말한다.

08 다음 〈보기〉가 설명하는 용어는?

> **보기**
>
> 양 눈과 눈 사이에 중앙을 가르는 가늘고 긴 백색의 선

① 벨튼(Belton)

② 블레이즈(Blaze)

③ 브리칭(Breeching)

④ 맨틀(Mantle)

⑤ 브린들(Brindle)

09 모색과 관련된 용어로서 '세이블(Sable)'과 관련된 설명으로 틀린 것은?

① 황색 또는 황갈색 바탕에 털끝이 검은 색을 말한다.

② 연한 기본 모색에 털이 섞여 있거나 겹쳐 있는 것이다.

③ 오렌지색 바탕의 세이블은 오렌지 세이블이라고 한다.

④ 암갈색 바탕의 세이블은 다크 세이블이라고 한다.

⑤ 일명 솔리드 컬러(Solid Color)라고도 한다.

10 다음 〈보기〉 설명하는 용어는?

> **보기**
>
> 백화현상, 색소결핍증, 피부, 털, 눈 등에 색소가 발생하지 않는 이상 현상을 말한다.

① 알비노(Albino)

② 알비니즘(Albinism)

③ 섬 마크(Thumb Mark)

④ 블랙 앤드 탄(Black and Tan)

⑤ 블루 마블(Blue Marble)

11 '스팟(Spot)'이란 흰색 바탕에 검정이나 리버 스팟이 전신에 있는 무늬를 말하는데 이에 관련된 대표적 견종은?

① 달마시안 ② 와이마리너
③ 오스트레일리안 실키 테리어 ④ 스코티쉬 테리어
⑤ 토이 맨체스터 테리어

12 모색용어 중 '브로큰 컬러(Broken Color)'의 의미는?

① 흰색 바탕에 옅은 반점이 흩어져 있는 것을 말한다.
② 부위에 따라 분포와 크기가 다양한 반점을 말한다.
③ 주둥이 주위의 흰색 반점을 말한다.
④ 전체적으로 어두운 녹색에 털끝이 약간 붉은색을 말한다.
⑤ 단일색인 모색이 파괴된 것을 말한다.

13 설반은 반점이 있는 혀를 말하는데 이와 관련된 대표적 견종은?

① 차우차우 ② 맨체스터 테리어
③ 달마시안 ④ 오스트레일리안 실키 테리어
⑤ 와이마리너

14 모색관련 용어 중 '칼라(Collar)'의 내용은?

① 목 주변을 감싸는 폭 넓은 흰색반점을 말한다.

② 캡을 쓴 것 같은 두개 위의 어두운 반점을 말한다.

③ 검은 모색의 견종의 볼에 있는 진회색 반점을 말한다.

④ 폰 색의 등줄기를 따른 검은 선을 말한다.

⑤ 바람직하지 못한 반점이나 모색을 말한다.

15 다음 〈보기〉가 설명하는 모색관련 용어는?

> **보기**
>
> 가. 폰 색의 등줄기를 따른 검은 선을 말한다.
> 나. 퍼그의 등줄기 색을 말한다.

① 티킹(Ticking) ② 트레이스(Trace)

③ 블랙 마스크(Black Mask) ④ 블랙 앤드 탄(Black and Tan)

⑤ 브랭킷(Blanket)

16 다음 〈보기〉가 설명하는 모색관련 용어는?

> **보기**
>
> 가. 폴트 컬러
> 나. 부정 모색
> 다. 바람직하지 못한 반점이나 모색을 말한다.

① 파티컬러(Parti-Color) ② 파울 컬러(Foul Color)

③ 트라이컬러(Tri-Color) ④ 셀프 컬러(Self Color)

⑤ 칼라(Collar)

17 피모의 멜라닌 색소 과립 침착상태를 무엇이라고 하는가?

① 팰로(Fallow)　　　　　　　　② 페퍼(Pepper)

③ 피그멘테이션(Pigmentation)　　④ 티킹(Ticking)

⑤ 트레이스(Trace)

18 다음 〈보기〉가 설명하는 모색관련 용어는?

> **보기**
>
> 흰색 바탕에 검은색이나 그레이의 불규칙한 반점이 있는 것을 말한다.

① 포인츠(Points)　　　　　　　② 펜실링(Penciling)

③ 팰로(Fallow)　　　　　　　　④ 할리퀸(Harlequin)

⑤ 티킹(Ticking)

19 다음 모색관련 용어의 설명으로 틀리게 연결된 것은?

① 골든 버프(Golden Buff) : 금색에 빨강이 있는 담황색

② 골드(Gold) : 황금색

③ 리버(Liver) : 진한 적갈색, 붉은 간장색

④ 루비(Ruby) : 진한 파란색

⑤ 데드 그래스(Dead Grass) : 엷은 다갈색

20 반려견의 반점에 관련된 용어 중 틀린 것은?

① 칼라(Collar)는 목 주변을 감싸는 폭 넓은 흰색반점을 말한다.

② 캡(Cap)이란 캡을 쓴 것 같은 두개 위의 어두운 반점을 말한다.

③ 키스마크(Kiss Mark)란 검은 모색의 견종의 볼에 있는 진회색 반점을 말한다.

④ 티킹(Ticking)이란 흰색 바탕에 한 가지나 두 가지의 명확한 독립적인 반점이 있는 것을 말한다.

⑤ 하운드 마킹(Hound Marking)이란 바람직하지 못한 반점이나 모색을 말한다.

21 하운드 마킹(Hound Marking)의 반점 색깔로 맞게 묶여진 것은?

① 흰색, 검은색, 황갈색　　　　　② 흰색, 붉은색, 노랑색

③ 검은색, 청색, 다갈색　　　　　④ 회색, 검은색, 푸른색

⑤ 적색, 노랑색, 황갈색

22 다음 모색에 대한 종류와 그 내용의 연결이 옳지 않은 것은?

① 휘튼(Wheaten) : 옅은 황색의 털, 황색이 스민 것 같이 보이는 색깔

② 화운(Faun) : 금색에 검은 색이 조금 섞인 색

③ 실버 버프(Silver Buff) : 은색의 하얀색 같은 담황색

④ 슬레이트 블루(Slate Blue) : 검은 회색의 블루, 회색이 있는 청색

⑤ 비버(Beaver) : 거무스름한 옅은 흑색의 연기색

23 다음 반려견의 모색 중 두 가지 이상의 털색이 섞인 것이 아닌 것은?

① 그루즐(Gruzzle)　　　　　　　② 론(Roan)

③ 브린들(Brindle)　　　　　　　④ 셀프 컬러(Self Color)

⑤ 실버 블랙(Silver Black)

24 캡(Cap)이란 캡을 쓴 것과 같은 두개 위의 어두운 반점을 말하는데 이를 가진 대표적 견종은?

① 맨체스터 테리어　　　　　　　② 도베르만핀셔

③ 알래스칸 말라뮤트　　　　　　④ 로트와일러

⑤ 브리타니

25 다음 '알비니즘(Albinism)'과 거리가 먼 것은?

① 백화현상

② 색소 결핍증

③ 피부, 털, 눈 등에 색소가 발생하지 않는 이상현상

④ 유전적 원인

⑤ 단일색, 몸 전체 모색이 같은 것

26 도그쇼의 구성원으로 다음 〈보기〉가 설명하는 자는?

> **보기**
>
> 가. 일반적으로 번식한 자견의 모견 소유자를 말한다.
> 나. 각 견종의 견종표준에 부합하는 우수한 개를 브리딩하는 것이 목적이다.

① 브리더(Breeder) ② 핸들러(handler)
③ 심사위원(Judge) ④ 스튜어드(Steward)
⑤ 진행자

27 다음 도그쇼의 구성원의 하나인 '핸들러(Handler)'에 대한 설명으로 틀린 것은?

① 도그쇼에 출진하는 모든 개는 핸들러에 의해 심사위원 앞에서 평가를 받는다.
② 핸들러의 역할은 출진견들을 검토하고 평가하는 것이다.
③ 본인이 번식하거나 소유한 개를 출진시키는 자를 브리더 오너 핸들러라고 한다.
④ 전문 핸들러는 사례를 받고 핸들링을 위탁받은 자를 말한다.
⑤ 핸들러는 경마장의 기수처럼 승리를 하는 데에 그 목적이 있다.

28 다음 〈보기〉는 미국애견협회(AKC)의 견종분류 그룹의 설명이다. 어떤 그룹에 대한 내용인가?

> **보기**
>
> 가. 대체적으로 총명하고 강력한 체격을 가지고 있다.
> 나. 집과 가축을 지키고 수레를 끌며, 경찰견, 군견 등의 다양한 일을 한다.

① 토이 그룹(Toy Group)   ② 하운드 그룹(Hound Group)

③ 워킹 그룹(Working Group)   ④ 테리어 그룹(Terrier Group)

⑤ 논스포팅 그룹(Nonsporting Group)

29 미국애견협회(AKC)의 견종분류으로 목동과 농부를 도와 가축을 돌보거나 이끄는 등의 감독하는 임무를 수행하는 그룹은?

① 스포팅 그룹(Sporting Group)   ② 하운드 그룹(Hound Group)

③ 워킹 그룹(Working Group)   ④ 테리어 그룹(Terrier Group)

⑤ 목축 그룹(Herding Group)

30 세계애견연맹(FCI)의 견종분류는 1~10그룹으로 분류하고 있는바 그 그룹명과 내용이 다른 것은?

① 1그룹 : 목양견과 목축견   ② 2그룹 : 테리어

③ 4그룹 : 닥스훈트 견종   ④ 5그룹 : 스피츠와 프라이미티브 견종

⑤ 9그룹 : 반려견과 애완견종

31 다음 〈보기〉가 설명하는 도그쇼 진행방법은?

> **보기**
>
> 가. 출발하기 전에 자신의 진행방향 앞에 목표지점을 정해 직선으로 흩트러지지 않고 나아간다.
> 나. 심사위원 방향으로 되돌아올 때에는 회전을 한 뒤, 반드시 심사위원이 있는 위치를 확인하여 직선으로 보행하고 개를 정지시킬 위치를 확인하여 심사위원과 적당한 거리를 두고 정지시킨다.
> 다. 이 때 개의 생생한 표정을 심사위원에게 보여준다.

① 업 앤드 다운 또는 다운 앤드 백　　　　② 트라이앵글

③ 라운딩　　　　　　　　　　　　　　　④ 개체심사

⑤ S자 및 T자 진행

32 도그쇼 진행에 대한 설명으로 옳지 않은 것은?

① 먼저 접수처에서 대회의 프로그램을 확인한다.

② 심사는 링 안에서 일정한 동작을 통해 판정을 받는다.

③ 심사위원은 순서대로 개체심사를 한다.

④ 심사위원은 다운 앤 백, 트라이앵글, 라운딩 등을 요청하여 출진견의 움직임을 확인한다.

⑤ 심사위원의 주관을 반영하여 가장 눈에 띄는 출진견을 최우수 출진견으로 선택한다.

33 다음 〈보기〉가 설명하는 클립유형은?

> **보기**
>
> 가. 잉글리시 새들 클립과 동일하지만 몸의 뒷부분은 모두 면도한다.
> 나. 뒷다리에도 브레이슬릿은 유지한다.
> 다. 엉덩이 위에 둥근 로제트는 옵션이다.

① 콘티넨탈 클립　　　　　　② 퍼피 클립
③ 스포팅 클립　　　　　　　④ 로얄 더치클립
⑤ 새들 클립

34 다음 스트리핑과 관련된 〈보기〉의 설명은?

> **보기**
>
> 손끝이나 트리밍 나이프를 사용해 털을 뽑아내는 작업을 말한다.

① 플러킹(Plucking)　　　　② 마킹(Marking)
③ 브리칭(Breeching)　　　④ 블렌딩(Blending)
⑤ 하운드 마킹(Hound Marking)

35 다음 〈보기〉는 스트리핑에 관한 설명이다. 이에 맞는 것은?

> **보기**
>
> 털을 양호한 상태로 유지하기 위해 주기적으로 부드러운 털이나 떠 있는 털, 긴 털을 나이프나 손가락을 이용해 뽑아 라인을 정리하는 작업이다.

① 롤링(Rolling)　　　　　　② 레이킹(Raking)
③ 블렌딩(Blending)　　　　④ 풀 스트리핑(Full Stripping)
⑤ 스테이지 스트리핑(Stage Stripping)

36 스테이지 스트리핑(Stage Stripping)에 대한 내용과 거리가 먼 것은?

① 단계를 나누어 진행하는 스트리핑 방법의 순서이다.

② 주로 도그쇼에 맞추어 완성될 기간을 설정하고 기간의 간격을 두고 순서대로 작업한다.

③ 털이 자라는 주기를 계산한다.

④ 완성모습을 미리 설정하여 계획하는 것이 매우 중요하다.

⑤ 특정 견종에 있어 좋은 털, 즉 뻣뻣한 털로 만드는 데 목적이 있다.

37 다음 〈보기〉가 설명하는 스트리핑 방법은?

> **보기**
>
> 좋은 털, 즉 뻣뻣한 털로 만들고 털의 발모를 재촉하기 위해 피부가 보일 정도까지 털을 뽑아주는 작업이다.

① 플러킹(Plucking) ② 레이킹(Raking)

③ 롤링(Rolling) ④ 풀 스트리핑(Full Stripping)

⑤ 블렌딩(Blending)

38 쇼미용 메이크업 제품 중 손상을 최소화하고 자연스럽게 색을 강조할 수 있는 제품은?

① 루비 ② 컬러 전문 샴푸

③ 컬러 초크 ④ 그루즐

⑤ 콜레스테롤 크림

39 쇼미용 메이크업 제품 중 털의 모양을 고정시키고자 할 경우 사용하는 것은?

① 스프레이   ② 컬러 전문 샴푸

③ 컬러 초크   ④ 컬러 파우더

⑤ 컬러 밴드

40 도그쇼 링 안에서 행해지는 심사의 과정에 속하지 않는 것은?

① 개체심사   ② 스트리핑

③ 트라이앵글   ④ 라운딩

⑤ 다운 앤드 백

41 다음 〈보기〉에서 장모종의 브러싱 관련제품 중 브러싱 컨디셔너의 역할은?

> **보기**
>
> 가. 털의 정전기로 인한 마찰손상을 줄여주고 브러싱이 쉽도록 도와줌
> 나. 손상된 코트에 보습효과를 주어 피모의 손상을 빨리 회복시켜 줌
> 다. 코트가 건강한 상태로 유지되도록 도움을 줌
> 라. 물을 사용하지 않고 더러워지거나 얼룩진 코트를 세척하는데 도움을 줌

① 가, 나, 다   ② 가, 나, 라

③ 가, 다, 라   ④ 나, 다, 라

⑤ 가, 나, 다, 라

42 장모종의 목욕제품 중 모발이나 모공에 축적되어 있는 이물질을 제거해주는 제품은?

① 딥 클렌징 목욕제품   ② 실키코트 목욕제품

③ 화이트닝 목욕제품   ④ 볼륨 목욕제품

⑤ 정전기 방지용 목욕제품

43 장모종의 브러싱 마무리 단계에서 전체적으로 빗질하여 브러싱 상태를 점검할 때 사용하는 도구는?

① 콤   ② 핀 브러시

③ 샴푸 브러시   ④ 슬리커 브러시

⑤ 브리슬 브러시

44 장모종의 드라이 작업에 대한 설명으로 적절하지 않은 것은?

① 피모에 브러싱 스프레이를 분사하며 드라이한다.

② 털의 결 방향대로 브러싱하며 드라이한다.

③ 털의 길이가 긴 부위부터 드라이한다.

④ 모발의 끝까지 브러싱하여 웨이브가 없도록 드라이한다.

⑤ 바람이 닿는 곳의 털을 갈라가며 모근 안쪽에서 바깥쪽으로 브러싱한다.

45 다음 〈보기〉는 싱글코트에 대한 설명이다. 이에 대표되는 견종은?

> **보기**
>
> 가. 오버코트와 언더코트 중에 오버코트만을 가진 일중모의 구조로 되어 있다.
> 나. 환모기가 없고 털의 빠짐이 적다.
> 다. 피모가 얇기 때문에 추위에 약하고 장모종의 경우에는 털이 엉키기 쉽다.

① 슈나우저   ② 포메라니안
③ 몰티즈   ④ 시베리안허스키
⑤ 콜리

46 장모종 목욕제품 중 털을 차분하고 부드럽게 하여 모질의 광택 유지 및 관리가 용이하도록 도와주는 제품은?

① 볼륨 목욕 제품   ② 딥 클렌징 목욕제품
③ 실키코트 목욕 제품   ④ 화이트닝 목욕제품
⑤ 정전기 방지용 목욕제품

47 장모종 드라이 작업 시 온도조절과 관련된 설명으로 적당하지 않은 것은?

① 젖은 털은 온도를 약으로 해서 말리고, 물기 제거 후에는 뜨거운 바람으로 털을 말려준다.
② 높은 온도로 털을 말릴 때에는 피모가 손상되거나 피부에 화상을 입을 수 있으므로 주의한다.
③ 눈에는 직접적으로 드라이 바람이 가지 않도록 주의한다.
④ 더블 코트는 이중모로 되어 있으므로 잘 마르지 않으므로 피모 속까지 확실하게 말려준다.
⑤ 싱글 코트는 피모가 얇아서 화상의 위험이 있으므로 빠른 시간 안에 작업을 끝내도록 한다.

48 다음 〈보기〉가 설명하는 장모종 관리방법은?

> **보기**
>
> 모질의 손상을 최소화하고 모색의 변질을 막기 위해 털을 감싸고 밴드로 묶는 작업이다.

① 래핑   ② 샴핑

③ 브러싱   ④ 드라잉

⑤ 베이싱

49 볼륨 목욕제품을 사용하기에 적합한 견종으로 묶인 것은?

① 비숑 프리제, 푸들   ② 몰티즈, 푸들

③ 포메라니안, 요크셔테리어   ④ 테리어, 아프간 하운드

⑤ 몰티즈, 요크셔테리어

50 쇼미용에서 컬러 초크나 파우더의 접착을 쉽게 하기 위해 사용하는 제품은?

① 스프레이   ② 컬러 전문 샴푸

③ 실리콘 밴드   ④ 헤어 크림

⑤ 콜레스테롤 크림

제2회
실전모의고사

정답 및 해설 387p

01 특별히 도드라지는 색 없이 여러 가지 색의 불규칙한 반점을 무엇이라고 하는가?

① 골든 버프(Golden Buff)　　　　② 대플(Dapple)

③ 데드 그래스(Dead Grass)　　　④ 론(Roan)

⑤ 그루즐(Gruzzle)

02 말안장을 얹은 것 같은 검은색 반점의 모색은?

① 비버(Beaver)　　　　　　② 삭스(Socks)

③ 새들(Saddle)　　　　　　④ 스모크(Smoke)

⑤ 슬레이트 블루(Slate Blue)

03 다음 모색에 관한 반점의 설명으로 틀린 것은?

① 마킹(Marking)이란 부위에 따라 분포와 크기가 다양한 반점을 말한다.

② 맨틀(Mantle)이란 어깨, 등, 몸통 양쪽에 망토를 걸친 듯한 크고 진한 반점이 있는 것을 말한다.

③ 대플(Dapple)이란 특별히 도드라지는 색 없이 여러 가지 색의 불규칙한 반점을 말한다.

④ 벨튼(Belton)은 목, 귀에 탄이나 다른 색의 반점이 있는 것을 말한다.

⑤ 브리칭(Breeching)이란 검은색 개의 대퇴부 안쪽과 후방의 탄 반점을 말한다.

04 머즐 밴드(Muzzle Band)란 주둥이 주위의 흰색 반점을 말하는데 이의 대표적 견종은?

① 마스터프   ② 페키니즈

③ 로트와일러   ④ 아메리칸폭스하운드

⑤ 보스턴 테리어

05 모색관련 용어 중 브린들(Brindle)이란 용어의 설명으로 적절하지 않은 것은?

① 바탕색에 다른 색의 무늬가 존재하는 털을 말한다.

② 맨체스터 테리어, 로트와일러 등이 대표적 견종이다.

③ 어두운 바탕색에 밝은 모색이 섞이거나 밝은 바탕색에 어두운 모색이 섞인 것이다.

④ 그레이트덴이 대표적이다.

⑤ 적색이나 황색 바탕에 검정 또는 어두운 색의 줄무늬를 만든 것을 타이거 브린들이라고 한다.

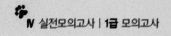

06 다음 〈보기〉가 설명하는 반점 관련 용어는?

> **보기**
>
> 검은색 개의 대퇴부 안쪽과 후방의 탄 반점을 말한다.

① 브리칭(Breeching)　　　　　　② 브린들(Brindle)

③ 브랭킷(Blanket)　　　　　　　④ 벨튼(Belton)

⑤ 배저 마킹(Badger Marking)

07 브랭킷(Blanket)이란 목, 꼬리 사이의 등, 몸통 쪽에 넓게 있는 모색을 말하는데 이의 대표적 견종은?

① 빠삐용　　　　　　　　　　　② 맨체스터 테리어

③ 아메리칸폭스하운드　　　　　　④ 로트와일러

⑤ 보스턴 테리어

08 전체적으로 어두운 녹색에 털끝이 약간 붉은 색은?

① 블루 블랙(Blue Black)　　　　② 브로큰 컬러(Broken Color)

③ 브라운(Brown)　　　　　　　④ 브론즈(Bronze)

⑤ 배저(Badger)

09 다음 모색과 관련된 용어 해설이 틀린 것은?

① 멀(Merle)이란 검정, 블루, 그레이의 배색을 말한다.

② 배저(Badger)란 그레이, 진회색, 화이트가 섞인 모색을 말한다.

③ 비버(Beaver)란 브라운과 그레이가 섞인 색을 말한다.

④ 세이블(Sable)이란 검은회색, 은색, 노란색이 섞인 색을 말한다.

⑤ 셀프 컬러(Self Color)란 단일색, 몸 전체 모색이 같은 것을 말한다.

10 다음 〈보기〉가 설명하는 것은?

> **보기**
>
> 가. 패스턴에서 볼 수 있는 검은색 반점을 말한다.
> 나. 맨체스터 테리어, 토이 맨체스터 테리어가 대표적이다.

① 섬 마크(Thumb Mark) ② 배저 마킹(Badger Marking)

③ 블루 마블(Blue Marble) ④ 키스 마크(Kiss Mark)

⑤ 벨튼(Belton)

11 다음 〈보기〉가 설명하는 모색관련 용어는?

> **보기**
>
> 가. 솔리드 컬러(Solid Color)
> 나. 단일색
> 다. 몸 전체 모색이 같은 것을 말한다.

① 셀프 컬러(Self Color)　　　　　② 셀프 마크드(Self Marked)
③ 섬 마크(Thumb Mark)　　　　　④ 배저 마킹(Badger Marking)
⑤ 맨틀(Mantle)

12 다음 〈보기〉가 설명하는 용어는?

> **보기**
>
> 가. 목, 꼬리 사이의 등, 몸통 쪽에 넓게 있는 모색을 말한다.
> 나. 아메리칸폭스하운드가 대표적이다.

① 브랭킷(Blanket)　　　　　② 블레이즈(Blaze)
③ 브린들(Brindle)　　　　　④ 세이블(Sable)
⑤ 스팟(Spot)

13 모색 및 반점에 따른 대표견종의 연결이 옳지 않은 것은?

① 슬레이트 블루(Slate Blue) – 오스트레일리안 실키 테리어
② 실버 그레이(Silver Gray) – 와이마리너
③ 실버 블랙(Silver Black) – 스코티쉬 테리어
④ 섬 마크(Thumb Mark) – 맨체스터 테리어
⑤ 키스 마크(Kiss Mark) – 브리타니

14 모색관련 용어 중 '키스마크(Kiss Mark)'란 검은 모색의 견종의 볼에 있는 진회색 반점을 말하는데 이의 대표적 견종은?

① 퍼그   ② 브리타니

③ 도베르만핀셔   ④ 콜리

⑤ 스코티쉬 테리어

15 다음 〈보기〉가 설명하는 모색관련 용어는?

> **보기**
>
> 흰색 바탕에 한 가지나 두 가지의 명확한 독립적인 반점이 있는 것을 말한다.

① 트레이스(Trace)   ② 칼라(Collar)

③ 티킹(Ticking)   ④ 타이거 브린들(Tiger Brindle)

⑤ 파울 컬러(Foul Color)

16 다음 모색관련 용어 중 설명이 틀린 것은?

① 파티컬러(Parti-Color)는 두 가지 색의 구분된 반점의 색깔을 말한다.

② 타이거 브린들(Tiger Brindle)이란 금색의 바탕에 호랑이 무늬를 말한다.

③ 트레이스(Trace)란 폰 색의 등줄기를 따른 검은 선을 말한다.

④ 펜실링(Penciling)은 어두운 푸른 계통의 검은색에서 밝은 은회색까지 다양하다.

⑤ 탄(Tan)은 황갈색을 말하며, 짙은 것은 리치 탄, 엷은 것은 라이트 탄이라고 한다.

17 다음 〈보기〉가 설명하는 용어는?

> **보기**
>
> 맨체스터 테리어의 발가락에 있는 검은 선을 말한다.

① 펜실링(Penciling) ② 파울 컬러(Foul Color)

③ 파티 컬러(Parti-Color) ④ 티킹(Ticking)

⑤ 포인츠(Points)

18 다음 모색에 관한 용어의 설명으로 틀린 것은?

① 휘튼(Wheaten)은 옅은 황색의 털, 황색이 스민 것 같이 보이는 색을 말한다.

② 화이트(White)란 흰색인데, 화이트 컬러 좋은 눈, 입술, 코, 패드, 항문이 흰색이며 그것으로 알비노가 아님을 증명한다.

③ 화운(Faun)은 금색에 검은색이 조금 섞인 색을 말한다.

④ 허니(Honey)는 벌꿀색, 연한 적황갈색을 말한다.

⑤ 할리퀸(Harlequin)은 순백색 바탕에 찢긴 것 같은 검은 반점무늬가 있다.

19 반려견의 반점에 관한 내용으로 틀린 것은?

① 대플(Dapple)이란 특별히 도드라지는 색 없이 여러 가지 색의 불규칙한 반점을 말한다.

② 맨틀(Mantle)이란 어깨, 등, 몸통 양쪽에 망토를 걸친 듯한 크고 진한 반점이 있는 것을 말한다.

③ 배저 마킹(Badger Marking)이란 목, 귀에 탄이나 다른 색의 반점이 있는 것을 말한다.

④ 벨튼(Belton)이란 흰색 바탕에 옅은 반점이 흩어져 있는 것을 말한다.

⑤ 브리칭(Breeching)이란 말 안장을 얹은 것 같은 검은색 반점을 말한다.

20 다음 중 모색이기보다는 반점과 관련된 용어는?

① 머즐 밴드(Muzzle Band) ② 리버(Liver)

③ 데드 그래스(Dead Grass) ④ 버프(Buff)

⑤ 머스터드(Mustard)

21 다음 모색관련 용어와 그 내용이 옳지 않게 연결된 것은?

① 레드(Red) : 마른 나뭇잎, 황갈색, 적색을 말함

② 레몬(Lemon) : 레몬색을 말함

③ 루비(Ruby) : 진한 밤색을 말함

④ 리버(Liver) : 진한 청색, 푸른 청색을 말함

⑤ 마호가니(Mahogany) : 체스크너트 레드, 적갈색을 말함

22 다음 〈보기〉가 설명하는 모색은?

> **보기**
>
> 가. 검은 회색의 블루, 회색이 있는 청색을 말한다.
> 나. 오스트레일리안 실키 테리어가 대표적이다.

① 실버 그레이(Silver Gray) ② 실버 버프(Silver Buff)

③ 슬레이트 블루(Slate Blue) ④ 실버 블랙(Silver Black)

⑤ 스틸 블루(Steel Blue)

23 다음 모색관련 용어의 설명으로 적절하지 않은 것은?

① 파티컬러(Parti-Color) : 두 가지 색의 구분된 반점의 색깔

② 파울 컬러(Foul Color) : 부정 모색, 바람직하지 못한 반점이나 모색

③ 트라이컬러(Tri-Color) : 세 가지가 섞인 색

④ 칼라(Collar) : 흰색 털과 유색의 털이 섞여 있는 색

⑤ 셀프 컬러(Self Color) : 단일색, 몸 전체 모색이 같은 색

24 다음 〈보기〉가 설명하는 모색의 특징을 갖는 대표견종은?

> **보기**
>
> 가. 검은 털 속에 은색 털이 섞인 것을 말한다.
> 나. 실버 블랙(Silver Black)

① 스코티쉬 테리어   ② 와이마리너

③ 오스트레일리안 실키 테리어   ④ 달마시안

⑤ 맨체스터 테리어

25 다음 〈보기〉가 설명하는 특징을 가진 대표적 견종은?

> **보기**
>
> 가. 반점이 있는 혀를 말한다.
> 나. 설반이라고 한다.

① 에어 데일 테리어   ② 차우차우

③ 토이 맨체스터 테리어   ④ 스코티쉬 테리어

⑤ 와이마리너

26 도그쇼에 대한 내용으로 적절하지 않은 것은?

① 도그쇼란 견종 표준에 가장 가까운 신체구성, 성격, 기질 등을 지니고 있는 개를 뽑는 대회이다.

② 견종표준이란 모든 견종은 각각의 목적과 그 목적에 부합하는 이상적인 구성을 말한다.

③ 세계최초의 공식적은 도그쇼는 1859년 영국의 뉴캐슬에서 개최된 '스포팅 도그쇼'이다.

④ 도그쇼의 가장 기본적인 목적은 취미와 스포츠이다.

⑤ 도그쇼의 순수한 목적을 인지하고 참여할 수 있다면 도그쇼는 굉장한 즐거움과 보람이 될 것이다.

27 미국애견협회(AKC)의 견종 분류 중 다음 〈보기〉가 설명하는 그룹은?

> **보기**
>
> 가. 사냥꾼을 도와 사냥을 하는 사냥개로 에너지가 넘치며 안정된 기질을 가지고 있다.
> 나. 포인터와 세터는 사냥감을 지목하고, 스패니얼은 새를 날리며, 리트리버는 땅 또는 물위의 사냥감을 회수한다.

① 스포팅 그룹(Sporting Group)   ② 하운드 그룹(Hound Group)

③ 워킹 그룹(Working Group)   ④ 목축그룹(Herding Group)

⑤ 논스포팅 그룹(Nonsporting Group)

28 미국애견협회(AKC)의 견종 분류 중 확고하고 용감한 기질을 가진 견으로 쥐와 여우 등의 사냥감을 쫓아 땅 속 등의 사냥에 적합한 견의 그룹은?

① 스포팅 그룹(Sporting Group)   ② 하운드 그룹(Hound Group)

③ 워킹 그룹(Working Group)   ④ 테리어 그룹(Terrier Group)

⑤ 목축그룹(Herding Group)

29 미국애견협회(AKC)의 견종 분류 중 사람의 반려견 그룹은?

① 워킹 그룹(Working Group)   ② 하운드 그룹(Hound Group)

③ 스포팅 그룹(Sporting Group)   ④ 논스포팅 그룹(Nonsporting Group)

⑤ 토이 그룹(Toy Group)

30 세계애견연맹(FCI)의 견종분류의 내용설명으로 틀린 것은?

① 세계애견연맹은 견종을 1그룹~10그룹으로 분류하고 있다.

② 제1그룹은 목양견과 목축견으로 분류한다.

③ 제10그룹은 반려견과 애완견종으로 분류한다.

④ 제6그룹은 후각형 수렵견종(세인트하운드 견종)으로 분류한다.

⑤ 제8그룹은 영국 총렵견종으로 분류한다.

31 도그쇼 진행방법 중 다음 〈보기〉가 설명하는 것은?

> **보기**
>
> 가. 링의 한 변을 곧장 나아가서 제1코너에서 90도로 돈다.
> 나. 제2코너에서 회전하여 심사위원을 향해 돌아온다.

① 업 앤드 다운   ② 다운 앤드 백

③ 트라이앵글   ④ 라운딩

⑤ S 앤드 T 진행

32 다음 〈보기〉가 설명하는 도그쇼 출진 클립의 유형은?

> **보기**
>
> 가. 생후 12개월 미만의 푸들의 클립이다.
> 나. 얼굴, 목, 발과 꼬리의 밑동치만 클립되며, 발은 모두 클립되어 그 형태를 다 볼 수 있어야 한다.
> 다. 꼬리의 끝에는 팜펀이 있고, 단정한 형태를 보기 위해서 약간의 손질은 할 수 있지만 심한 시저링은
>   허용되지 않는다.

① 스포팅 클립   ② 퍼피 클립

③ 콘티넨탈 클립   ④ 맨하탄 클립

⑤ 브루클린 클립

33 미국애견협회 미용규정에 의해 잉글리쉬 새들 클립의 설명으로 적절하지 않은 것은?

① 생후 12개월 이하의 강아지가 출진할 수 있다.

② 얼굴, 목, 발과 앞다리의 브레이슬릿 상부와 꼬리의 밑동치는 면도한다.

③ 꼬리 끝에는 브레이슬릿과 팜펀을 유지한다.

④ 몸의 뒷부분은 짧은 털로 덮지만 관절이 있는 곳은 면도하여 뒷다리에는 2개의 면도한 선이
   있어야 한다.

⑤ 면도한 발의 전체적인 형태를 볼 수 있으며, 면도한 뒷다리의 선은 확실히 볼 수 있어야 한다.

34 스포팅 클립에 대한 내용으로 적절하지 않은 것은?

① 얼굴, 목, 발과 꼬리의 밑둥치는 면도한다.

② 머리 위에는 시저링으로 손질된 모자형태의 머리여야 한다.

③ 꼬리 끝에는 팜편을 유지한다.

④ 다리의 털은 몸의 털 길이보다 길면 안 된다.

⑤ 다른 부위는 면도나 시저링하여 개의 외형상 아웃라인을 위주로 1인치 미만의 짧은 털로 덮는다.

35 다음 〈보기〉의 설명은 스트리핑 관련 용어이다. 이에 맞는 용어는?

> **보기**
>
> 트리밍 나이프나 콤을 이용해 피부에 자극을 주면서 죽은 털이나 두꺼운 언더코트를 제거해 새로운 털이 잘 자랄 수 있게 촉진시켜 주는 작업을 말한다.

① 스웰(Swell) ② 레이킹(Raking)

③ 롤링(Rolling) ④ 래핑(Wrapping)

⑤ 블렌딩(Blending)

36 다음 〈보기〉가 설명하는 스트리핑(Stripping)관련 용어는?

> **보기**
>
> 스트리핑한 털의 경계가 뚜렷하게 나지 않도록 길이를 조금씩 바꿔 자연스럽게 보이도록 하는 작업이다.

① 플러킹(Plucking) ② 시닝(Thinning)

③ 롤링(Rolling) ④ 스테이지 스트리핑(Stage Stripping)

⑤ 블렌딩(Blending)

37 쇼미용 메이크업 용품 중 다음 〈보기〉가 설명하는 것은?

> **보기**
>
> 털이 상해서 색이 바랜 경우 등 칠해서 털의 색을 더욱 선명하게 할 수 있는 제품

① 컬러 전문 샴푸　　　　　　② 컬러 초크

③ 컬러 파우더　　　　　　　④ 스프레이

⑤ 컬러 밴드

38 접착력이 우수하여 미용을 더 오랜 시간 유지할 수 있는 쇼미용 메이크업 제품은?

① 컬러 밴드　　　　　　　　② 블레이즈

③ 컬러 파우더　　　　　　　④ 블루 마블

⑤ 컬러 전문 샴푸

39 스트리핑 나이프(Stripping Knife)의 작업설명으로 옳지 않은 것은?

① 왼손으로 개의 피부를 충분히 지탱하고, 털의 반대방향으로 나이프를 움직여 털을 뽑아준다.

② 나이프 손잡이를 집게손가락부터 네 개의 손가락으로 가볍게 움켜쥔다.

③ 어깨, 무릎, 손가락의 관절에 힘을 주어서는 안 된다.

④ 스트리핑 나이프를 피부면과 평행하게 유지하고 흔들림이 없어야 한다.

⑤ 털이 잘리지 않도록 반드시 뿌리째 뽑아야 한다.

40 테이블 매너 훈련 스태그(Stag)에 대한 설명으로 적절하지 않은 것은?

① 개의 시선은 전방에 무언가를 주시하는 모습일 것

② 금방이라도 앞으로 튀어나갈 것 같지만 움직이지 않은 안정된 자세일 것

③ 머리는 알맞은 높이로 쳐든 모습일 것

④ 뒷발의 위치는 윗발 허리뼈가 테이블 면과 수직이 되게 조정할 것

⑤ 무게중심의 30% 정도가 앞으로 올 수 있도록 할 것

41 장모종을 관리함에 있어 목욕제품 선택시 최우선적으로 고려해야 할 사항으로 적절한 것은?

① 긴 털이 끊기지 않고 건강하게 자랄 수 있는 기능을 포함한 제품을 선택한다.

② 털에 볼륨을 주어 모량이 풍성하게 보이게 하는 제품을 선택한다.

③ 모발이나 모공에 축적된 이물질을 제거해 주는 제품을 선택한다.

④ 털을 차분하고 부드럽게 하여 모질에 광택이 흐르게 하는 제품을 선택한다.

⑤ 모색을 더욱 더 하얗게 보이게 하기 위한 제품을 선택한다.

42 딥 클렌징 목욕제품 선택시 우선적으로 고려해야 할 사항은?

① 피부와 모질의 건강, 털 빠짐의 감소, 수월한 모질관리, 볼륨효과가 좋은 제품

② 엉킴방지 및 거칠어진 모질 복원이 가능한 제품

③ 모발에 필요한 수분과 유용한 오일성분까지 함께 제거하지 않는 제품

④ 모질의 윤기, 정전기와 엉킴방지, 차분한 털의 결 유지에 좋은 제품

⑤ 오래된 얼룩이나 먼지는 깨끗하게 제거하면서 모질 손상이 적은 제품

43 다음 〈보기〉의 내용을 가지는 장모종 목욕제품은?

> **보기**
>
> 하얀색의 모색을 더욱 하얗게 보이도록 하기 위한 제품이다.

① 볼륨 목욕 제품   ② 딥 클렌징 목욕 제품

③ 실키코트 목욕 제품   ④ 화이트닝 목욕제품

⑤ 브러싱 스프레이

44 장모종의 목욕 시에 대한 설명으로 적절하지 않은 것은?

① 샴푸 및 목욕제품이 피부에 남아 있지 않도록 긴 털의 안쪽까지 충분히 헹구어 준다.

② 두 손바닥으로 털을 비비거나 문지르며 충분히 마사지해 준다.

③ 마사지할 때 모근을 부드럽게 자극하여 혈액순환을 촉진시킨다.

④ 손가락을 벌려서 위에서 아래로 빗처럼 사용하여 마사지한다.

⑤ 오염정도가 심한 부위에는 샴푸의 농도를 진하게 하여 사용한다.

45 다음 '더블코트'에 대한 설명으로 적절하지 않은 것은?

① 오버코트와 언더코트의 이중모의 구조로 되어 있다.

② 오버코트란 피모를 보호하는 얇고 거친 털이다.

③ 언더코트란 부드럽고 촘촘하고 추위에 강한 털이다.

④ 환모기가 없고 털의 빠짐이 적다.

⑤ 대표적 견종은 슈나우저, 포메라니안, 시베리안허스키 등이다.

46 장모종 드라이 작업시 풍량조절과 관련된 설명으로 적절하지 않은 것은?

① 털을 말릴 때 바람의 세기는 강하게 하여 신속하게, 최대한 털을 펴면서 말린다.

② 바람은 말리는 부위에 집중해서 드라잉 한다.

③ 물기가 제거된 털은 바람의 세기를 조절하면서 말린다.

④ 더블 코트의 털은 바람의 세기를 조절하면서 핀 브러시 또는 슬리커 브러시로 브러싱한다.

⑤ 싱글 코트의 털은 물기 제거 후 바람의 세기를 강하게 하여 콤으로 말린다.

47 장모종의 밴딩작업에 대한 내용으로 틀린 것은?

① 털의 끊어짐을 방지한다.

② 털의 오염을 방지한다.

③ 전람회 출진 전 코트 관리 등에 다양하게 활용된다.

④ 래핑 작업에 간단하다는 장점이 있다.

⑤ 래핑 작업에 비해 털의 구겨짐이 많다는 단점이 있다.

48 장모종의 래핑 시 고려사항으로 올바른 것은?

① 개의 움직임과 피부상태를 고려하여 관절 부위에 래핑작업을 한다.

② 모질손상을 최소화하기 위해 흔들림이 덜한 가지런한 모양으로 래핑한다.

③ 귀를 래핑 할 때에는 귀 끝이 흔들리지 않도록 최대한 귀 끝에 붙여 래핑한다.

④ 강아지가 물어뜯지 않도록 하기 위해 항상 개가 좋아하는 냄새나 맛을 래핑지에 바르는 것이 좋다.

⑤ 래핑 부위가 흔들리지 않도록 최대한 모근에 가까이 단단하게 래핑한다.

49 장모관리를 위한 브리슬 브러시에 대한 설명으로 적절하지 않은 것은?

① 브리슬 브러시는 천연모 브러시로 모든 코트에 사용할 수 있다.

② 털의 소재는 멧돼지 털이나 돼지 털을 주로 사용한다.

③ 일반적으로 털과 피부의 노폐물을 제거하기 위한 빗질용으로 사용한다.

④ 나일론 브러시는 정전기가 발생하여 털이 손상될 수 있으므로 천연모로 된 브리슬 브러시를 사용한다.

⑤ 털 관리용 오일을 바를 때 오일브러시로 사용된다.

50 장모종 관리용 브러시 중 털과 피부의 노폐물 제거 및 털 관리용 오일을 바를 때 사용하는 브러시는?

① 슬리커 브러시   ② 핀 브러시

③ 브리슬 브러시   ④ 콤

⑤ 오발 빗

V 정답 및 해설

정답 및 해설

3급 제1회 실전모의고사 **정답**

01 ①	02 ③	03 ①	04 ⑤	05 ②
06 ⑤	07 ①	08 ④	09 ⑤	10 ③
11 ④	12 ⑤	13 ②	14 ②	15 ③
16 ④	17 ①	18 ③	19 ④	20 ④
21 ⑤	22 ②	23 ⑤	24 ①	25 ②
26 ③	27 ①	28 ①	29 ②	30 ⑤
31 ④	32 ①	33 ②	34 ①	35 ①
36 ③	37 ③	38 ①	39 ④	40 ④
41 ④	42 ②	43 ①	44 ⑧	45 ⑤
46 ④	47 ①	48 ①	49 ④	50 ②

3급 제1회 실전모의고사 **해설**

01

작업자는 본인의 안전뿐만 아니라 동물의 안전, 작업장 내의 안전을 위해 항상 신경써야 하며 미용 숍을 방문하는 고객에게도 사전에 안전교육을 실시하여야 한다. 작업장과 미용 숍 내의 모든 시설 및 장비, 도구는 정기적인 점검 및 청결을 유지하여야 하며 작업자는 안전을 위해 정해진 복장을 착용하여야 한다.

02

백선증은 곰팡이 감염으로 인한 질환이고 지알디아, 대장균, 회충, 캠필로박터, 살모넬라균 등은 동물 배설물 등에 의해 옮겨진다.

03

화상은 피부의 손상정도에 따라 1도 ~ 4도로 구분된다.

04

크레졸은 페놀류보다 3~4배 정도 효과가 좋으며 대부분의 세균을 불활성화시키며, 보통 비눗물과 50%로 혼합한 크레졸 비누액으로 사용하거나 3~5%의 농도로 기구나 배설물 소독에 사용한다. 냄새가 강하고 금속을 부식시키며, 원액은 피부를 손상시키므로 주의하여야 한다.

05

피부소독제로는 알코올, 클로르헥시딘, 과산화수소, 포비돈 등이 있으며, 위 〈보기〉의 설명은 클로르헥시딘에 대한 내용이다.

06

접촉에 의한 인수공통전염병으로는 광견병, 백선증(곰팡이성 피부질환), 개선충(옴진드기), 회충, 지알디아, 캠필로박터, 살모넬라균, 대장균 등이다.

07

화상부위를 흐르는 차가운 물이나 생리 식염수로 30분 이상 통증이 호전될 때까지 적셔준다.

08

양이온계면활성제는 대부분의 균이나 바이러스에 효과가 있으나, 녹농균, 결핵균, 아포에는 효과가 없다.

09

백선증이란 곰팡이 감염으로 인한 피부질환으로 곰팡이에 감염된 동물에 직접 접촉하거나 오염된 미용기구, 목욕조 등의 접촉으로 감염된다.

10

자외선 멸균법은 소독대상의 변화가 거의 없고, 균에 내성이 생기지 않는다는 장점이 있다.

11

텐텐가위(Tenten Scissors)는 요술가위라고도 하며 초벌 및 숱을 치는 데 사용하며, 가윗날의 발수와 홈에 따라 절삭률이 달라지며, 크기와 길이는 사용목적에 따라 알맞은 것은 선택하여 사용한다. ④는 커브가위에 대한 내용이다.

12

①의 경우 클리퍼 날은 클리퍼에 부착하여 잘리는 털의 길이를 조

절하며, ②의 경우 클리퍼의 아랫날 두께에 따라 클리핑 길이가 결정되고, ③의 경우 클리퍼의 윗날은 털을 자르는 역할을 하며, ④의 경우 날에 표기된 mm는 동물의 털을 역방향 클리핑 시에 남아 있는 털의 길이이다.

13
핀 브러시(Pin Brush)란 장모종의 엉킨 털 및 오염물을 제거하는 데 사용하는 빗으로 플라스틱 또는 나무판 위에 고무 쿠션이 있고 둥근 침 모양의 핀이 박혀 있다.

14
①의 코트 킹(Coat King)은 죽은 털이나 필요 없는 언더코트를 제거해 주는 도구이며, ③의 발톱깎이(Nail Clipper)는 발톱을 깎는데 사용하는 도구이고, ④의 발톱갈이(Nail File)는 발톱을 다듬는데 사용하며, ⑤의 밴딩가위(Banding Scissors)는 래핑 또는 밴딩 작업 시 고무 밴드를 자를 때 사용하는 가위이다.

15
가위를 사용하기 전·후에 윤활제를 뿌려서 관리하며, 가위를 닦을 때에는 전용가죽이나 천을 사용한다. 날의 바닥면을 날의 손잡이 쪽에서 날 끝쪽으로 밀어 닦아주면서 관리하면 이물질 제거 및 날의 예리함을 오랫동안 유지할 수 있다. 날을 왕복해서 닦으면 가윗날이 손상될 수 있다.

16
이어 클리너는 귀 세정제로 귀의 이물질을 제거하거나 소독하는데 사용하며, 이어파우더는 귓속의 털을 뽑을 때 털이 잘 잡히도록 하기 위해 사용한다.

17
염색용품은 염모제, 컬러믹스, 이염 방지제, 컬러페이스트, 컬러초크, 컬러 젤, 블로우펜, 페인트펜, 알루미늄 포일, 이염 방지테이프, 일회용 장갑 등이 있다.

18
전기온수기는 설치가 간편하고 물을 데우는데 시간이 오래 걸려 많은 양의 물을 사용하거나 신속하게 물을 데워야 하는 경우에는 적절하지 못하다. 반면에 가스온수기는 많은 양의 물을 빨리 데울 수 있으나, 설치방법이 까다롭고 설치비가 비싸다는 단점이 있다.

19
주변에서 손쉽게 구할 수 있는 식물 중에는 동물에게 독성을 나타내는 식물이 다수 포함되어 있으므로 동물에 대한 독성을 반드시 확인하고 선택하는 것이 바람직하다.

20
애완동물 숍의 내방 고객에게 작업 후 바로 진행하면 응답 확률이 높아 피드백의 활용가치가 높다.

21
브러싱은 반드시 목욕 전에 해서 입 주변의 오물, 생식기 주변의 분비물, 엉킨 털 등을 제거해야 보다 수월한 브러싱, 샴핑, 드라잉이 가능하다.

22
모자이크 타입은 각기 다른 털의 주기를 갖는 타입으로 요크셔 테리어와 몰티즈 등이 이에 해당하며, 싱크로니스틱 타입은 전체 털의 주기가 일치하는 타입으로 진돗개 등이 해당되어 봄, 가을에 털갈이가 진행된다.

23
장모종의 대표견종은 코커스패니얼, 포메라니안, 푸들, 베들링턴 테리어 등이며, 단모종의 대표견종은 로트와일러, 복서, 닥스훈트, 미니어처 핀셔 등이며, 털이 없는 종의 대표견종은 멕시칸 헤어리스, 차이니스 헤어리스 등이다.

24
일반적으로 세척력이 강한 샴푸는 알칼리성이 강하며, 통상 pH가 중성에 가까운 샴푸를 사용한다. 개의 피부는 pH 7~7.4로 중성에 가까우며, 사람피부는 pH 4.5~5.5정도로 다르다.

25
플러프 드라이란 장모에 비해 비교적 짧은 이중모를 가진 페키니즈, 포메라니안, 러프 콜리 등에게 핀 브러시를 사용하여 모근에서부터 털을 세워 가며 모량을 풍부하게 해주는 드라잉을 의미한다.

26

①의 페이스 콤은 핀의 길이가 짧고, 얼굴, 눈앞과 풋 라인을 자를 때 주로 사용하며, ②의 푸들 콤은 핀의 길이가 길고, 파상모의 피모를 빗을 때 사용하고, ④의 실키 콤은 길고 짧은 핀이 어우러진 빗으로 부드러운 피모를 빗을 때 사용하며 ⑤의 포크 콤은 오발빗을 뜻한다. 콤(Comb)은 핀의 간격이 넓은 면은 털을 세우거나 엉킨 털을 제거할 때 사용하며, 핀의 간격이 좁은 면은 섬세하게 털을 세울 때 사용한다.

27

귀는 외이, 중이, 내이로 구성되며, 외이는 수직이도, 수평이도로 구성되고, 중이는 고막, 이소골, 고실, 유스타키오관(이관) 등으로 구성되며, 내이는 반고리관, 전정기관, 달팽이관으로 구성되어 있다.

28

귀 시작부에서 1/2을 클리핑하는 견종은 코커스패니얼이며, 귀의 장식 털의 끝만 남기고 클리핑하는 견종은 베들링턴 테리어, 댄디딘먼트 테리어 등이고, 귀의 전체를 클리핑하는 견종은 슈나우저, 케리블루 테리어 등이며, 귀 끝의 1/3을 클리핑 하는 견종은 요크셔 테리어, 스코티쉬 테리어, 웨스트하이랜드 화이트 테리어 등이다.

29

발톱은 한 달에 2회 정도 관리하는 것이 적당하다.

30

눈과 눈 사이의 역V자형 인덴테이션을 클리핑한다.

31

그루밍(Grooming)이란 피모를 포함한 일상적인 손질 모두를 포함하는 작업을 말하며, 스트리핑 후 일정기간 새로운 털이 자랄 때까지 들뜨고 오래된 털을 다시 뽑는 작업은 듀플렉스 쇼튼 또는 듀플렉스 트리밍이다.

32

②의 그리핑(Griping)은 트리밍 나이프로 소량의 털을 골라 뽑는 작업을 말하며, ③의 코밍(Combing)은 털을 가지런하게 빗질하는 작업을 말하며, ④의 인덴테이션(Indentation)은 푸들 등에게 스톱에 역V자 모양의 표현을 하는 것이며, ⑤의 블렌딩(Blending)은 털의 길이가 다른 곳의 층을 연결하여 자연스럽게 하는 작업을 말한다.

33

노령이거나 지병이 있는 애완동물의 경우 스타일보다는 보행이나 행동하는데 편안한 미용으로 작업을 해야 한다.

34

머리 클리핑 시에는 주둥이를 잡고 바닥으로 향하도록 보정하고 클리핑한다.

35

시닝가위를 사용하는 경우는 모질이 부드럽고 힘이 없어 빗질을 하였을 때 처지는 모질에 사용한다.

36

커브가위를 사용하는 경우로는 부위별 커트 후 각을 없앨 때, 아치형 또는 동그랗게 커트할 때 쉽고 간단하게 연출할 때, 얼굴의 머리부분이나 다리 장식 털을 커트할 때 많이 사용한다.

37

하이온 타입은 몸 높이가 몸 길이보다 긴 체형으로 몸에 비해 다리가 긴 타입이다. 하이온 타입의 신체적 단점을 보완하기 위한 시저링으로는 긴 다리를 짧아보이게 커트하거나 백 라인을 짧게 커트하여 키를 작아보이게 한다. 또 언더라인의 털을 길게 남겨 다리를 짧아보이게 하는 방법이 있다.

38

'라'의 트리밍 나이프를 사용해 소량의 털을 골라내는 작업은 그리핑(Gripping)이라고 한다.

39

①의 시닝(Thinning)은 빗살 가위로 과도하게 나 있는 털을 시저링을 하여 모량을 감소시키고 형태를 만드는 작업을 말하며, ②의 코밍(Combing)은 털을 가지런하게 빗질하는 작업을 말하고, ③의 드라잉(Drying)은 드라이어로 반려견의 털을 말리는 작업을 말하며, ⑤의 린싱(Rinsing)은 샴푸 후 린스를 털에 뿌리고 마사지하면서 헹구어주는 작업을 말한다.

40

①의 셋업(Set Up)은 두부의 털을 밴딩하고 세트 스프레이를 뿌려 탑 노트를 만드는 작업을 말하며, ②의 스웰(Swell)은 두부를 부풀려 볼륨 있게 모양을 낸 것을 말하며, ③의 스테이징(Staging)은 미니어처 슈나우저 등에게 작업하는 스트리핑 방법이며, ⑤의 그리핑(Gripping)은 트리밍 나이프로 소량의 털을 골라 뽑는 작업을 말한다.

41

①의 린싱(Rinsing)은 샴푸 후 린스를 털에 뿌리고 마사지하면서 헹구어주는 작업을 말하며, ②의 베이싱(Bathing)은 털을 물에 적시고 샴푸로 세척하여 충분히 헹구어내는 작업을 말하며, ④의 블렌딩(Blending)은 털의 길이가 다른 곳의 층을 연결하여 자연스럽게 하는 작업을 말하며, ⑤의 세이빙(Shaving)은 드레서나 나이프를 이

용하여 털을 베듯이 자르는 작업을 말한다.

42

①의 세트 스프레이(Set Spray)는 탑 노트 부위의 털을 세우기 위해 스프레이 등을 뿌리는 작업을 말하고, ③의 세이빙(Shaving)은 드레서나 나이프를 이용하여 털을 베듯이 자르는 작업을 말하고, ④의 스웰(Swell)은 두부를 부풀려 볼륨 있게 모양을 낸 것을 말하며, ⑤의 스테이징(Staging)은 미니어처 슈나우저 등에게 작업하는 스트리핑 방법이다.

43

②의 초킹(Chalking)은 냄새나 더러움을 제거하고 흰색의 털이 더욱 하얗게 표현되도록 제품을 문질러 바르는 작업을 말하며, ③의 새킹(Sacking)은 베이싱 후 털이 튀어나오거나 뜨는 것을 막고 물기를 유지하기 위해 신체를 타월로 감싸는 작업을 말하며, ④의 커팅(Cutting)은 가위나 클리퍼로 털을 잘라 원하는 형태를 만들어내는 작업을 말하며, ⑤의 치핑(Chipping)은 가위나 빗살 가위를 사용하여 털끝을 시저링하는 작업을 말한다.

44

치핑(Chipping)이란 가위나 빗살가위를 사용하여 털끝을 시저링하는 작업을 말한다.

45

래핑(Wrapping)이란 장모종의 긴 털을 보호하기 위해 적당한 양의 털을 나누어 래핑지로 감싸주는 작업을 말하며, 반려견의 털을 보호하고 걷는데 지장이 없어야 한다.

46

①의 클리핑(Clipping)은 클리퍼를 사용하여 불필요한 털을 잘라내는 작업을 말하며, ②의 치핑(Chipping)은 가위나 빗살 가위를 사용하여 털끝을 시저링하는 작업을 말하며, ③의 초킹(Chalking)은 냄새나 더러움을 제거하고 흰색의 털을 더욱 하얗게 표현되도록 제품을 문질러 바르는 작업을 말하며, ⑤의 카딩(Carding)은 빗질하거나 긁어내어 털을 제거하는 작업을 말한다.

47

②의 토핑 오프(Topping Off)는 스트리핑 후 완성된 아웃 코트 위에 튀어나오는 털을 뽑아 정리하는 작업을 말하며, ③의 듀플렉스 쇼튼(Duplex Shorten)은 스트리핑 후 일정기간 새로운 털이 자라날 때까지 들뜨고 오래된 털을 다시 뽑는 작업을 말하며, ④의 셋업(Set Up)은 두부의 털을 밴딩하고 세트 스프레이를 뿌려 탑 노트를 만드는 작업을 말하며, ⑤의 쇼 클립(Show Clip)은 쇼에 출진하기 위한 그루밍으로 쇼에서 요구하는 타입의 미용스타일을 말한다.

48

그루밍(Grooming)이란 피모를 포함한 일상적인 손질 모두를 포함하는 작업을 말한다. 즉 브러싱, 베이싱, 코밍, 클리핑, 시저링 등의 피모에 대한 모든 작업을 말한다.

49

꼬리의 경우 1/3을 클리핑 하며, 클리핑 라인을 시저링하며, 어느 각도에서 봐도 동그랗게 보이도록 시저링한다.

50

①의 이미지너리 라인(Imaginary Line)은 눈 끝에서 귀 뿌리까지 설정한 가상의 선을 말하며, ③의 오일 브러싱(Oil Brushing)은 피모에 오일을 발라 브러싱하는 작업을 말하며, ④의 스펀징(Sponging)은 샴핑할 때 스펀지를 이용하는 것이며, ⑤의 타월링(Toweling)은 베이싱 후 타월을 감싸 닦아내는 작업을 말한다.

3급 제2회 실전모의고사 **정답**

01 ③	02 ⑤	03 ①	04 ①	05 ④
06 ②	07 ⑤	08 ④	09 ②	10 ④
11 ①	12 ④	13 ⑤	14 ③	15 ①
16 ②	17 ②	18 ③	19 ④	20 ⑤
21 ⑤	22 ②	23 ③	24 ①	25 ②
26 ③	27 ②	28 ④	29 ③	30 ①
31 ①	32 ①	33 ④	34 ①	35 ③
36 ③	37 ②	38 ①	39 ①	40 ④
41 ⑤	42 ③	43 ③	44 ①	45 ②
46 ④	47 ③	48 ②	49 ④	50 ⑤

3급 제2회 실전모의고사 **해설**

01
작업장과 미용 숍에서는 화학제품의 보관 및 취급에 주의하여야 하며, 유류는 절대적으로 하수구에 버리지 않아야 한다.

02
동물에 의한 교상이란 동물에 물려서 생긴 상처를 말하며, 교상부위로는 파상풍, 화농균, 광견병, 혐기성 세균, 림프절 부종 등의 세균 및 감염성 질환에 노출될 가능성이 많으며, 교상으로 인한 상처가 발생한 경우 동물 예방접종 기록을 확인한다.

03
입마개, 엘리자베스 칼라 등은 물림방지를 위한 안전장비이다. 테이블 고정암은 작업 시 낙상방지, 행동고정, 원활한 미용작업 등을 위한 보정장치로, 고정암의 선택 시 목, 허리, 배 등도 받쳐 줄 수 있는 것을 선택한다.

04
금속, 의류, 유리제품 등은 자비소독이 적당하며, 탄산나트륨 1~2% 추가 시 녹 방지효과가 있다.

05
〈보기〉의 내용은 페놀류(석탄산)에 대한 설명이다.

06
클로르헥시딘은 알코올보다는 소독효과가 천천히 나타나지만 일

상적인 손 소독과 상처소독 모두에 사용이 가능한 넓은 범위의 소독제이다. 다만, 동물의 귀, 눈 부위에 사용해서는 안 되고 0.5%의 농도가 되도록 물 또는 식염수에 희석하여 사용하며, 4% 이상의 농도는 피부에 자극을 줄 수 있다.

07
①의 경우 금속재질의 도구는 부식의 위험이 있으므로, 물에 오랫동안 담그지 않으며, ②의 경우 소독제를 이용하여 소독할 때에는 제품의 설명서에 명시된 희석배율에 따라 희석하여 사용하며, ③의 경우 미용도구를 자외선에 넣기 전에 충분히 건조시켜야 하며, ④는 자외선 소독기를 사용할 때에는 미용도구를 포개어 사용하면 효과가 떨어지므로 최대한 펼쳐 놓는다.

08
반려견에게 발생할 수 있는 안전사고는 낙상, 미용도구에 의한 상처, 화상, 도주, 이물질의 섭취, 다른 동물의 교상, 감전 등이다. 작업장에서 발생할 수 있는 안전사고는 시설 및 장비 등에 의한 화재, 누전, 누수, 호흡 및 심장박동 정지 등이다.

09
자비소독은 아포와 일부 바이러스 등과 같은 미생물을 전부 사멸하는 것은 불가능하다.

10
화학적 소독제는 라벨에 제시된 용법과 용량에 따라 사용하며, 부식이나 열화 등의 피해를 줄 수 있으므로 주의하여야 한다. 또한 작업복과 신발의 오염부위에 화학적 소독제를 적용하기 전 소독제의 살균효과가 감소하지 않도록 오염물질을 우선 제거한다.

11
〈보기〉의 설명은 스트록 가위(Stroke Scissors)에 대한 설명이다. ②의 텐텐 가위(Tenten Scissors)란 초벌 및 숱을 치는 가위로 요술가위라고도 하며, 가윗날의 발수와 홈에 따라 절삭률이 달라진다. ③의 시닝 가위(Thinning Scissors)란 숱가위라고도 부르는 것으로 숱을 치는데 사용하며, 가윗날의 발수와 홈에 따라 절삭률이 달라진다. ④의 블런트 가위(Blunt Scissors)란 민가위 또는 커팅가위라고도 하는 것으로 털을 커트할 때 사용한다. ⑤의 커브 가위(Curve Scissors)는 가윗날의 모양이 휘어져 있어 곡선 부분을 커트할 때 사용한다.

12
소형클리퍼는 크기가 작고 가벼우며, 발바닥, 꼬리, 항문, 배 등의 부분미용에 주로 사용하며, 클리퍼의 종류에 따라 날의 길이를 조절할 수 있으며 날의 폭이 좁아서 섬세한 표현을 할 수 있고, 날의

길이가 제한적이나 최근에는 다양한 크기와 길이의 제품들이 있다. 전문가용 클리퍼는 몸, 얼굴, 발 등 전반적인 클리핑을 하는데 사용하며, 본체에 여러 가지 길이의 날을 부착하여 사용할 수 있고, 크기와 길이는 제품에 따라 다양하다.

13

⑤의 경우는 클리퍼 콤이 아니라 클리퍼 날에 대한 설명이다.

14

오발 빗(5-toothed Comb)이란 포크 콤이라고도 하며 털의 볼륨을 표현하기 위해 부풀릴 때 사용하며, 꼬리 빗(Pointed Comb)이란 동물의 털을 가르거나 래핑을 할 때 사용한다.

15

①의 코스 나이프(Coarse Knife)는 세 종류의 나이프 중에서 날이 가장 두껍고 거칠며, 언더코트를 제거하는데 사용하며, ②의 미디엄 나이프(Medium Knife)는 코스 나이프와 파인 나이프의 중간 두께의 날이며, 꼬리, 머리, 목 부분의 털을 제거하는 데 사용하며, ③의 파인 나이프(Fine Knife)는 세 종류의 나이프 중에서 날이 가장 얇고 촘촘하며 귀, 눈, 볼, 목 아래의 털을 제거하는 데 사용한다.

16

클리퍼 날은 연마가 가능하며 관리에 따라 반영구적으로 사용할 수 있다. 다만, 클리퍼 날의 연마는 숙련된 전문가에게 의뢰하는 것이 바람직하다.

17

장모관리용품으로는 브러싱 스프레이, 워터리스 샴푸, 정전기 방지 컨디셔너, 엉킴제거 제품, 래핑지, 고무 밴드 등이다.

18

①의 접이식 미용테이블은 견고하고 튼튼하지는 않지만 가볍고 휴대하기 간편하여 이동식 미용테이블로 사용한다. ②의 수동 미용테이블은 접었다 펼 수 있게 제작된 미용테이블로 작업자의 키와 작업 스타일에 맞추어 높낮이를 조절할 수 있어 편리하며, 가격이 저렴하고 접어서 이동이 가능하나, 미용 시작 전에 반려견의 크기나 상황에 맞추어 높낮이를 수동으로 조절해야 하는 불편함이 있다. ④의 전동식 미용테이블은 전력을 이용하여 높낮이를 조절하는 미용테이블로 자동방식으로 높낮이 조절이 매우 편리하다는 장점이 있으나, 부피가 크고 무거우며 가격이 비싸다는 단점이 있다.

19

미용진행 전 미용동의서 작성을 요하는 경우로는 지나치게 노령인 경우, 접종이 되어 있지 않은 경우, 과거 또는 현재 질병이 미용으로 인해 악화될 수 있는 경우, 사고발생이 야기될 정도로 심하게 무는 동물의 경우 등이다. 다만, 현재 복용 중인 약물이 있는 경우 투약과 관련된 질환이 미용과 무관할 때에는 미용을 진행할 수 있다.

20

고객관리차트 작성내용으로는 고객정보 기록하기, 애완동물의 정보기록하기, 미용스타일 기록하기, 기록정리와 갱신하기, 미용차트 작성하기, 전자차트 사용하기 등이다.

21

브러싱 후 빗으로 털의 흐름을 따라 털의 상태를 마지막으로 점검한다.

22

보호털은 몸의 외형을 이루는 털로 길고 두꺼우며 방수기능으로 체온을 유지시키며, 솜털은 보호털에 비해 짧고 부드러우며 단열재의 역할을 한다. 촉각털은 외부자극으로 들어오는 감각정보를 수용하는 털로 보호털보다 두껍고 크며 안면부에 집중되어 있다. 오버코트는 외부환경으로부터 신체를 보호한다.

23

①의 컬리 코트는 털이 곱슬거리는 형태로 자주 빗질해주는 것이 중요하며, 목욕과 털 손질 후 필요에 따라 털을 잘라 주어야 하며, ②의 실키 코트는 길고 부드러운 털의 형태로 피부관리에 주의하면서 빗질하며, ④의 와이어 코트는 거칠고 두꺼운 형태의 털을 뽑아 줌으로써 털의 아름다움을 관리한다. ⑤의 언더 코트는 아래 털 또는 하모, 부모라고도 하며 체온을 유지하고 조절하며 방수성이 있으며 부드럽고 촘촘하게 나 있는 털을 말한다.

24

샴핑으로 인해 알칼리화된 상태를 중화시키는 것이 린싱의 가장 큰 목적이다.

25

새킹이란 털을 최고의 상태로 유지하면서 드라잉을 하기 위해 타월로 몸을 감싸는 작업을 말하며, 드라잉 바람이 건조할 부위에만 가도록 유도하는 것이 가장 중요하며 바람이 브러싱하는 곳 이외의 털을 건조시키지 않도록 주의한다.

26

③은 보브 가위에 대한 설명이다. 시닝가위란 털을 자연스럽게 연결시킬 때 사용하며, 실키 코트의 부드러운 털과 처진 털을 자를 때 가위 자국 없이 자를 수 있으며, 모량이 많은 털의 숱을 치거나 털의 흐름을 자연스럽게 연결할 때 사용한다. 정날은 빗살로, 동날은 가위의 자르는 면으로 되어 있으며, 빗살 사이의 간격 수에 따라 잘리는 면의 절삭력에 차이가 있다.

27

혈관이 보이는 발톱은 발톱 안에 혈관이 분포하고 있으므로 혈관을 주의하면서 발톱을 자르며, 혈관이 보이기 때문에 발톱관리에 유리하다. 반면에 혈관이 보이지 않는 발톱은 발톱에 있는 멜라닌 색소 때문에 혈관이 보이지 않으며, 검게 보이는 발톱과 갈색의 발톱 또는 어두운 색의 발톱이 있고, 발톱관리가 다소 어려우므로 혈관이 보이지 않는 발톱은 혈관 앞까지 발톱깎이로 조금씩 발톱을 깎아 나간다.

28

클리퍼 날의 mm수가 클수록 피부에 해를 입힐 수 있으므로 주의하여 사용한다.

29

부채꼴 모양으로 시저링하는 스냅테일의 대표견종은 포메라니안이다. 직립테일의 대표견종은 비글이며, 컬드 테일의 대표견종은 페키니즈이다. 단미의 대표견종은 푸들, 슈나우저, 요크셔테리어 등이며, 꼬리가 없는 대표견종은 웰시코기 펨브로크, 올드잉글리시쉽독 등이다.

30

털을 제거하는 목적이 미용이나 아름다움을 위해서 하는 것은 아니다.

31

②의 치핑(Chipping)은 가위나 빗살가위를 사용하여 털끝을 시저링하는 작업을 말하며, ③의 시닝(Thinning)은 빗살가위로 과도하게 나있는 털을 시저링을 하여 모량을 감소시키고 형태를 만드는 작업을 말하며, ④의 토핑오프(Topping–Off)는 스트리핑 후 완성된 아웃코트 위에 튀어나오는 털을 뽑아 정리하는 작업을 말하며, ⑤의 플러킹(Plucking)은 트리밍 나이프로 털을 뽑아 원하는 미용스타일을 만드는 작업을 말한다.

32

팔자다리의 경우 다리의 바깥쪽 털을 길게 미용하고, 안짱다리의 경우 다리 안쪽 털을 길게 미용한다.

33

새로운 미용용어나 전문용어 등을 고객이 알아듣지 못하는 경우 상담이 적절히 이루어지지 않으므로 고객이 이해하기 쉽도록 설명하여야 한다.

34

역방향으로 클리핑 시 클리퍼 날에 표기된 숫자는 역방향 클리핑 시 남는 털의 길이이며, 정방향으로 클리핑 시 클리퍼 날에 표기된 길이보다 두 배의 털 길이가 남는다.

35

블런트 가위는 모질이 굵고 건강하여 콤으로 빗질하였을 때 털이 잘 서는 모질에 사용하는 가위이며 전반적인 커트와 마무리 작업에 사용한다.

36

드워프 타입은 몸길이가 몸 높이 보다 긴 체형으로 다리에 비해 몸이 길다. 그러므로 드워프 타입의 신체적 단점을 보완하는 미용방법은 긴 몸의 길이를 짧아보이게 커트하며, 가슴과 엉덩이 부분의 털을 짧게 커트하여 몸 길이를 짧아보이게 하고, 언더라인의 털을 짧게 커트하여 다리를 길어보이게 한다.

37

푸들의 램 클립은 다른 미용방법과 달리 얼굴을 클리핑한다는 특징이 있다.

38

그루머(Groomer)란 반려견의 모든 전반적인 관리를 전문적으로 하는 사람으로 트리머(Trimmer)라고도 한다.

39

그루밍(Grooming)이란 피모를 포함한 일상적인 손질 모두를 포함하는 작업으로 브러싱(Brushing), 베이싱(Bathing), 코밍(Combing), 클리핑(Clipping), 시저링(Scissoring) 등의 피모에 대한 모든 작업을 말한다.

40

①의 페이킹(Faking)은 여러 기법으로 모색 및 모질에 대한 눈속임을 하는 작업을 말하며, ②의 플러킹(Plucking)은 트리밍 나이프로 털을 뽑아 원하는 미용스타일을 만드는 작업을 말하고, ③의 피킹(Picking)은 듀플렉스 쇼튼과 같은 작업. 주로 손가락을 사용하여 오래된 털을 정리하는 작업을 말하며, ⑤의 새킹(Sacking)은 베이싱 후 털이 튀어나오거나 뜨는 것을 막고 물기를 유지하기 위해 신체를 타월로 감싸는 작업을 말한다.

41

①의 세이빙(Shaving)은 드레서나 나이프를 이용하여 털을 베듯이 자르는 작업을 말하며, ②의 카딩(Carding)은 빗질하거나 긁어내어 털을 제거하는 작업을 말하며, ③의 시저링(Scissoring)은 가위로 털을 잘라내는 작업을 말하며, ④의 스펀징(Sponging)은 샴핑할 때 스펀지를 이용하는 것이다.

42
헤어 풋은 엄지발가락을 제외한 네 발가락 중 가운데 두 발가락이 긴 발 모양으로 베들링턴 테리어, 보르조이, 사모예드 견종에서 많이 볼 수 있다.

43
①의 클리핑(Clipping)은 클리퍼를 사용하여 불필요한 털을 잘라내는 작업을 말하며, ②의 시저링(Scissoring)은 가위로 털을 잘라내는 작업을 말하며, ④의 코밍(Combing)은 털을 가지런하게 빗질하는 작업을 말하며, ⑤의 치핑(Chipping)은 가위나 빗살 가위를 사용하여 털끝을 시저링하는 작업을 말한다.

44
②의 카딩(Carding)이란 빗질하거나 긁어내어 털을 제거하는 작업을 말하며, ③의 커팅(Cutting)은 가위나 클리퍼로 털을 잘라 원하는 형태를 만들어내는 작업을 말하고, ④의 코밍(Combing)은 털을 가지런하게 빗질하는 작업을 말하며, ⑤의 클리핑(Clipping)은 클리퍼를 사용하여 불필요한 털을 잘라내는 작업을 말한다.

45
카딩(Carding)이란 빗질하거나 긁어내어 털을 제거하는 작업을 말한다.

46
레이저 커트(Razer Cut)이란 면도날로 털을 잘라내는 작업을 말한다.

47
①의 레이킹(Raking)이란 스트리핑 후 남은 오버코트나 언더코트를 일정 간격으로 제거해 주는 작업을 말하며, ②의 새킹(Sacking)이란 베이싱 후 털이 튀어나오거나 뜨는 것을 막고 물기를 유지하기 위해 신체를 타월로 감싸는 것을 말하며, ④의 초킹(Chalking)은 냄새나 더러움을 제거하고 흰색의 털이 더욱 하얗게 표현되도록 제품을 문질러 바르는 작업을 말하며, ⑤의 피킹(Picking)은 듀플렉스 쇼튼과 같은 작업이되 주로 손가락을 사용하여 오래된 털을 정리하는 작업을 말한다.

48
①의 피킹(Picking)은 주로 손가락을 사용하여 오래된 털을 정리하는 작업을 말하며, ③의 트리밍(Trimming)은 털을 뽑거나 자르고 미는 등 불필요한 털을 제거하여 스타일을 만드는 작업을 말하며, ④의 플러킹(Plucking)은 트리밍 나이프로 털을 뽑아 원하는 미용스타일을 만드는 작업을 말하며, ⑤의 페이킹(Faking)은 여러 기법으로 모색 및 모질에 대한 눈속임을 하는 작업을 말한다.

49
커브 가위는 부위별 커트 후 각을 없앨 때 사용하며, 얼굴의 머리부분이나 다리 장식 털을 커트할 때 많이 사용한다. 또한 커브 가위는 아치형 또는 동그랗게 커트할 때 쉽고 간단하게 연출할 수 있다.

50
⑤는 토핑오프에 대한 설명이다. 치핑(Chipping)이란 가위나 빗살 가위를 사용하여 털끝을 시저링하는 작업을 말한다.

2급 제1회 실전모의고사 **정답**

01 ①	02 ③	03 ⑤	04 ④	05 ①
06 ⑤	07 ①	08 ③	09 ⑤	10 ①
11 ②	12 ①	13 ②	14 ⑤	15 ②
16 ④	17 ⑤	18 ③	19 ③	20 ①
21 ②	22 ⑤	23 ③	24 ①	25 ③
26 ②	27 ④	28 ①	29 ②	30 ③
31 ①	32 ④	33 ⑤	34 ②	35 ①
36 ⑤	37 ④	38 ②	39 ⑤	40 ②
41 ②	42 ④	43 ③	44 ④	45 ⑤
46 ③	47 ④	48 ④	49 ⑤	50 ①

2급 제1회 실전모의고사 **해설**

01
②의 디쉬 페이스(Dish Face)는 접시모양의 얼굴로 스톱보다 콧대가 높아 옆에서 보면 코가 휘어진 접시 모양이며, ③의 다운 페이스(Down Face)는 두개에서 코끝 아래쪽으로 경사진 얼굴로 디쉬 페이스와 반대의미이고, ④의 노우즈 브리지(Nose Bridge)는 비량이라고도 하며 사람의 콧등과 같은 부분을 말하며, ⑤의 모렐라(Molera)는 치와 두개의 패임과 같은 부드러운 부분을 말한다.

02
클린 헤드(Clean Head)는 드라이 스컬(Dry Skull)과 같은 의미로 주름이 없고 앙상한 머리형을 말하는데, 대표적 견종은 살루키이다.

03
블로키 헤드(Blocky Head)란 두부에 각이 지거나 펑퍼짐하게 퍼져 길이에 비해 폭이 매우 넓은 네모난 모양의 각진 머리형을 말하는데 보스턴 테리어가 대표견종이다.

04
옥시풋(Occiput)이란 양 귀 사이의 주먹 모양의 후두부 뒷부분을 말하며, 스톱(Stop)란 눈 사이의 패인부분으로 액단이라고도 한다.

05
애플 헤드(Apple Head)는 돔 헤드(Dome Head)와 같은 의미로 뒷머리 부분이 부풀어 있는 사과 모양의 머리를 말하는데 이의 대표

적 견종은 치와와이다.

06
〈보기〉의 설명은 치키(Cheeky)에 대한 내용이다.

07
플랫 스컬(Flat Skull)은 앞이나 옆에서 볼 때 평평한 두개를 말하며, 에어데일 테리어, 스탠다드 슈나우저 등이 대표적이다.

08
오벌 아이(Oval Eye)란 일반적인 모양의 타원형 또는 계란형의 눈으로 푸들, 살루키가 대표적이다.

09
①의 라운드 아이(Round Eye)는 동그란 눈을 말하며, 몰티즈가 대표적이며, ②의 아몬드 아이(Almond Eye)는 눈 양끝이 뾰족한 아몬드 모양의 눈을 말하며 저먼 셰퍼드, 도베르만핀셔 등이 대표적이고, ③의 오벌 아이(Oval Eye)는 일반적인 모양의 타원형 또는 계란형의 눈을 말하며 푸들, 살루키 등이 대표적이며, ④의 트라이앵글러 아이(Triangular Eye)는 눈꺼풀의 바깥쪽이 올라간 삼각형 모양의 눈을 말하며, 아프간하운드가 대표적이다.

10
결치란 선천적으로 정상 치아 수에 비해 치아 수가 없는 것으로 단두종에 많이 나타나며, 제1 전구치에 많이 발생한다.

11
정상교합이란 견종 표준에서 요구하는 교합으로, 각 견종에 따라 정상교합은 다르며, 통상 시저스 바이트를 정상교합으로 하는 견종이 많으나, 견종의 목적에 따라 정상교합이 다르다.

12
노우즈 밴드(Nose band)란 주둥이를 둘러싼 흰색의 띠를 이룬 반점을 말한다.

13
리버 노우즈(Liver Nose)란 간장색 코를 말하며, 스노우 노우즈(Snow Nose)는 평소에는 코가 검은색이나 겨울철에는 핑크색 줄무늬가 생기는 코를 말한다.

14
버튼 이어(Button Ear)는 아래쪽은 직립해 있고 귓불이 두개 앞쪽으로 V자 모양으로 늘어진 귀로서 보더 테리어, 폭스 테리어 등이 대표적이다.

15

V형 귀(V-Shaped Ear)는 삼각형 모양의 귀로 늘어진 귀와 선 귀 두가지 타입이 있다.

16

펜던트 이어(Pendant Ear)는 늘어진 귀를 말하며 닥스훈트, 바셋하 둔드 등이 대표적이다.

17

①의 크롭트 이어(Cropped Ear)는 귀를 세우기 위해 자른 귀를 말하며 복서, 도베르만핀셔가 대표적이고, ②의 캔들 프레임 이어(Candle Flame Ear)는 촛불 모양의 귀를 말하며 잉글리시 토이 테리어가 대표적이며, ③의 파렌 이어(Phalene Ear)는 늘어진 귀 타입을 말하며, 빠삐용의 늘어진 타입은 그 수가 매우 적으며 완전하게 늘어져야만 한다. ④의 펜던트 이어(Pendent Ear)는 늘어진 귀를 말하며 닥스훈트, 바셋하운드가 대표적이다.

18

레이시(Racy)는 긴 다리, 등이 높고 비교적 가는 몸통 타입의 균형 잡히고 세련된 모양을 말한다. 골반 상부의 근육이 연결된 부위인 엉덩이는 럼프(Rump)라고 한다.

19

보시(Bossy)는 어깨 근육이 과도하게 발달해 두꺼운 몸통 타입을 말하며, 엉덩이는 버턱(Buttock)이라고 한다.

20

②의 위더스(Withers)는 목 아래에 있는 어깨의 가장 높은 점을 말하며 기갑이라고도 하며 체고를 이 위치에서 측정한다. ③의 인 숄더(In Shoulder)는 등뼈와 평행하지 않은 어깨 끝을 말하며 어깨가 앞으로 나온 모양이다. ④의 코비(Cobby)는 몸통이 짧고 간결한 모양의 몸통 타입을 말하며, ⑤의 클로디(Cloddy)는 등이 낮고 몸통이 굵어 무겁게 느껴지는 몸통의 타입을 말한다.

21

플랭크(Flank)란 라스트 립과 엉덩이 사이의 몸통 측면의 옆구리를 말한다. 슬개골은 파텔라(Patella)라고 한다.

22

보우드 프런트(Bowed Front)란 팔꿈치가 바깥쪽으로 활처럼 굽은 안짱다리를 말하며, ⑤는 피들 프런트(Fiddle Front)에 대한 설명이다.

23

트위스팅 호크(Twisting Hock)란 체중이 과도해 지탱이 어려워 좌우 비절 관절이 염전된 것을 말한다.

24

②의 엘보우(Elbow)는 팔꿈치를 말하고, ③의 프런트(Front)는 앞다리, 앞가슴, 가슴, 어깨, 목 등을 포함한 개의 전반부를 말하며, ④의 스타이플(Stifle)은 대퇴골과 하퇴골을 연결하는 무릎관절을 말하며, ⑤의 싸이(Thigh)는 후지 엉덩이에서 무릎 관절까지의 대퇴부를 말한다.

25

링 테일(Ring Tail)은 바퀴 모양으로 꼬리 뿌리가 높게 올려져 원형을 이루는 꼬리를 말하는데, 아프간하운드가 대표적이다.

26

①의 밥 테일(Bob Tail)은 선천적으로 꼬리가 없는 것이며, ③의 링 테일(Ring Tail)은 바퀴 모양으로 꼬리 뿌리가 높게 올려져 원형을 이루는 꼬리를 말하며, ④의 랫 테일(Rat Tail)은 뿌리 부분이 두텁고 부드러운 털이 있는 반면 끝 쪽에는 털이 없고 가는 쥐꼬리 모양의 꼬리를 말하며, ⑤의 게이 테일(Gay Tail)은 치켜든 꼬리를 말한다.

27

①의 스냅 테일(Snap Tail)은 꼬리 끝이 등에 접촉된 낫 모양의 꼬리를 말하며, ②의 스쿼럴 테일(Squirrel Tail)은 다람쥐 꼬리를 말하며, ③의 스크류 테일(Screw Tail)은 와인 오프너와 같은 모양의 나선형 꼬리를 말하며, ⑤의 오터 테일(Otter Tail)은 꼬리 뿌리 부분이 두껍고 둥글며 끝이 가는 수달 모양의 꼬리를 말한다.

28

이렉트 테일(Erect Tail)은 직립꼬리 즉 위를 향해 선 꼬리를 말하며, 스코티쉬 테리어, 폭스 테리어 등이 대표견종이다.

29

컬드 테일(Curled Tail)이란 심하게 말려 올라가 등 가운데 짊어진 꼬리를 말하는데 이의 대표적 견종은 페키니즈이다.

30

플래그 테일(Flag Tail)이란 깃발형태의 꼬리를 말하며, 털 모양의 장식 털이 아래로 늘어진 꼬리는 플룸 테일(Plume Tail)이다.

31

푸들의 맨하탄 클립 스타일은 허리와 목 부분에 클리핑 라인을 만들거나, 밴드를 만들고 목 부분을 클리핑하는 미용스타일이다.

32

리어 브레이슬릿의 클리핑 라인은 비절 1.5cm 위에서 45도 앞으로 기울여야 한다.

33

푸들의 스포팅 클립 스타일은 몸 전체를 짧게 클리핑하고 다리털은 남겨두는 스타일이며. 다리 부분의 클리핑라인은 조절함으로써 다리를 길어 보이게 연출할 수 있다.

34

꼬리를 부채꼴 모양으로 자연스럽게 시저링한다.

35

환모기가 없는 권모종의 대표견종으로는 푸들, 비숑 프리제, 베들링턴 테리어 등이다.

36

단모종의 대표견종은 닥스훈트, 치와와, 미니어처 핀셔, 비글 등이다.

37

〈보기〉는 몰티즈의 신체적 특징이다.

38

〈보기〉의 설명은 비숑 프리제의 펫 스타일 커트에 대한 설명이다.

39

다리부분의 클리핑 라인을 너무 내려 다리가 짧아보이지 않도록 주의한다.

40

볼레로란 짧은 상의를 의미하며. 볼레로 클립은 다리에 브레이슬릿을 만드는 클립으로 앞다리 엘보우를 포함하는 브레이슬릿을 만드는 것이 특징이다.

41

스누드(Snood)는 얼굴 주변의 털이 길거나 귀가 늘어져 있는 경우 오염방지를 위한 용도로 주로 사용하는 것을 말한다.

42

드라이빙 키트(Driving Kit)는 차 안에서 편안하고 안전하게 개의 이동을 도와주는 용도로 사용되는 용품으로 차를 타면 산만하거나 불안해하고 차 바닥으로 잘 굴러 떨어지는 경우 또는 사방이 막힌 캔넬을 두려워하거나 싫어하는 경우에 사용한다.

43

권모종은 털의 힘이 좋고 웨이브가 있는 견종으로 미용스타일의 완성을 체크할 때에는 잘못된 부분이 없는지 빗질하면서 체크하고, 전체적으로 넓게 균형미를 고려하여 빗질하면서 체크한다.

44

유사대비란 색상환에서 근접해 있는 색상끼리 배색되었을 때 얻어지는 조화이며 투 톤 이상의 그레데이션 염색작업을 할 때 좋으며. 보색대비란 색상환에서 반대되는 색상끼리 배색되었을 때 얻어지는 조화이며. 색상환에서 마주 보고 있는 색상이다.

45

⑤는 지속성 염색제 작업 시 관련사항이다. 일회성 염색제는 목욕으로 제거가 가능하다.

46

이염 방지 크림은 수분감이 거의 없는 크림타입으로 목욕으로 제거할 수 있으며. 염색할 부분에 조금이라도 묻어 있으면 염색이 되지 않는다.

47

블리치(부분) 염색은 원하는 부위에 부분적으로 컬러 포인트를 주는 방법으로 염색시 피부와 1cm 정도 떨어진 곳에서부터 시작하며. 염색 작업 전에 컬러의 발색을 미리 보기 위해 테스트용으로도 활용할 수 있다.

48

염색 후 자연건조 상태로 보통 20∼25분 정도의 시간이 소요된다.

49

블로우 펜은 털의 길이가 길면 쉽게 활용할 수 있다.

50

귀를 세척할 경우 귓속에 물이 들어가지 않게 한 손으로 보정하면서 세척하여야 하며, 물이 흐르는 상태에서 귀 안쪽을 뒤집어서 세척하지 않도록 해야 한다.

2급 제2회 실전모의고사 **정답**

01 ②	02 ③	03 ③	04 ④	05 ⑤
06 ②	07 ②	08 ④	09 ②	10 ②
11 ②	12 ③	13 ②	14 ③	15 ②
16 ②	17 ③	18 ⑤	19 ③	20 ①
21 ③	22 ④	23 ②	24 ①	25 ⑤
26 ①	27 ③	28 ③	29 ②	30 ①
31 ②	32 ⑤	33 ③	34 ②	35 ①
36 ①	37 ④	38 ①	39 ①	40 ①
41 ③	42 ①	43 ①	44 ③	45 ①
46 ②	47 ④	48 ②	49 ③	50 ②

2급 제2회 실전모의고사 **해설**

01
①의 모렐라(Molera)는 치와와 두개의 패임과 같은 부드러운 부분을 말하며, ③의 스톱(Stop)은 눈 사이의 패인 부분으로 액단이라고도 하며, ④의 퍼로우(Furrow)는 스컬 중앙에서 스톱 방향으로 세로로 가로지르는 이마 부분의 세로주름을 말하며, ⑤의 폭시(Foxy)는 여우의 표정처럼 전안부가 짧고 코끝이 뾰족한 것을 말한다.

02
밸런스드 헤드(Balanced Head)란 스톱을 중심으로 머리 부분과 얼굴 부분의 길이가 동일하게 균형잡힌 머리를 말하는데 고든세터가 대표적이다.

03
스니피 페이스(Snipy Face)는 주둥이가 뾰족해서 약한 느낌의 얼굴을 말한다.

04
①의 링클(Wrinkle)은 앞머리 부분이나 얼굴이 이완되어 주름진 피부를 말하며, ②의 모렐라(Molera)는 치와와 두개의 패임과 같은 부분을 말하고, ③의 스컬(Skull)은 앞머리의 후두골, 두정골, 전두골, 측두골 등을 포함한 머리 뼈 조직의 두부를 말하며, ⑤의 옥시풋(Occiput)은 양 귀 사이의 주먹 모양의 후두부 뒷부분을 말한다.

05
①의 드라이 스컬(Dry Skull)은 얼굴 피부가 밀착해 주름이 없는 얼굴로 클린헤드와 같은 의미이고, ②의 다운 페이스(Down Face)는 두개에서 코끝 아래쪽으로 경사진 얼굴을 말하며, ③의 디쉬 페이스(Dish Face)는 스톱보다 콧대가 높아 옆에서 보면 코가 휘어진 접시모양의 얼굴을 말하며, ④의 스니피 페이스(Snipy Face)는 주둥이가 뾰족해 약한 느낌의 얼굴을 말한다.

06
①은 퍼로우(Furrow), ③은 스톱(Stop), ④는 스컬(Skull), ⑤는 링클(Wrinkle)에 대한 설명이다.

07
페어 세이프트 헤드(Pear-Shaped Head)란 서양배 모양의 머리를 말하며, 베들링턴 테리어가 대표적이다.

08
벌징 아이(Bulging Eye)란 튀어나와 볼록하게 보이는 눈을 말한다.

09
차이나 아이(China Eye)의 대표적 견종은 시베리안 허스키, 블루멀 콜리, 웰시코기 카디건이다. 도베르만핀셔는 아몬드 아이(Almond Eye)의 대표적 견종 중 하나이다.

10
리피(Lippy)란 아래로 늘어지거나 턱이 밀착되지 않은 입술을 말한다.

11
영양상태가 좋지 않거나 단두종의 경우 다소 늦을 수 있다.

12
언더샷(Undershot)은 아래턱 앞니가 위턱 앞니보다 앞쪽으로 돌출되어 맞물린 것이며, 오버샷(Overshot)은 위턱의 앞니가 아래턱 앞니보다 전방으로 돌출되어 맞물린 것을 말한다.

13
①의 더들리 노우즈(Dudley Nose)는 색소가 부족한 살빛의 빨간 코를 말하며, ③의 리버 노우즈(Liver Nose)는 간장색 코를 말하고, ④의 버터플라이 노우즈(Butterfly Nose)는 살색 코에 검은 반점이 있거나 검은 코에 살색 반점이 있는 코를 말하며, ⑤의 스노우 노우즈(Snow Nose)는 평소에는 코가 검은색이나 겨울철에 핑크색 줄무늬가 생기는 코를 말한다.

14
배트 이어(Bat Ear) : 귀 아랫부분이 넓고 박쥐 날개같이 둥글게 선 귀로 프렌치 불독, 웰시코기 펨브로크가 대표적이다.

15

배트 이어(Bat Ear)는 귀 아랫부분이 넓고 박쥐 날개같이 둥글게 선 귀를 말한다.

16

캔들 프레임 이어(Candle Flame Ear)는 촛불 모양의 귀를 말하며, 잉글리시 토이 테리어가 대표적이다.

17

크롭트 이어(Cropped Ear)은 귀를 세우기 위해 자른 귀를 말하며, 복서, 도베르만핀셔가 대표적이다.

18

립케이지(Ribcage)는 심장이나 폐 등을 수용하는 바구니 형태의 골격을 말하며 흉곽이라고도 한다. 몸통 앞쪽의 가슴 아래쪽은 브리스켓(Brisket)이라고 한다.

19

아웃 오브 숄더(Out Of Shoulder)는 전구가 매우 넓어진 상태로 두드러지게 벌어진 어깨를 말하며 불독이 대표적이다. 견갑골이 뒤쪽으로 길게 경사를 이루어 후방으로 경사진 어깨는 슬로핑 숄더(Sloping Shoulder)라고 한다.

20

코비(Cobby)란 몸통이 짧고 간결한 모양의 몸통 타입으로 몰티즈가 대표적이다.

21

위더스(Withers)란 목 아래에 있는 어깨의 가장 높은 점을 말하며, 기갑이라고도 하며, 체고를 이 위치에서 측정한다.

22

스팁 프런트(Steep Front)란 어깨가 높아서 깎아지는 듯한 프런트를 말하며, 앞발 간격이 넓은 프런트는 와이드 프런트(Wide Front)라고 한다.

23

웰 벤트 호크(Well Bent Hock)란 이상적인 각도의 비절을 말하며, 뒷다리 양쪽이 소처럼 안쪽으로 구부러진 다리는 카우 호크(Cow Hock)이다.

24

②의 호크(Hock)란 아랫다리와 패스턴 사이의 뒷다리 관절을 말하며, ③의 패스턴(Pastern)은 손의 관절과 손가락 뼈 사이의 부위, 앞

다리의 가운데 뼈, 뒷다리의 가운데 뼈를 말하며 중수골이라고도 하며, ④의 프런트(Front)는 앞다리, 앞가슴, 가슴, 어깨, 목 등을 포함한 개의 전반부를 말하고, ⑤의 싸이(Thigh)는 후지 엉덩이에서 무릎관절까지의 대퇴부를 말한다.

25

브러시 테일(Brush Tail)이란 여우처럼 길고 늘어진 둥근 브러시 모양의 꼬리를 말하며, 시베리안 허스키가 대표적이다.

26

②의 셋온(Set-on)은 꼬리와 몸통의 연결점, 꼬리의 뿌리 부분을 말하며, ③의 스턴(Stern)은 하운드나 테리어종 중 짧은 꼬리의 경우를 말하며, ④의 테일(Tail)은 꼬리를 말하며, ⑤의 테일리스(Tailless)는 선천적으로 꼬리가 없는 것을 말한다.

27

스냅 테일(Snap Tail)은 꼬리 끝이 등에 접촉된 낫 모양의 꼬리를 말하며, 알래스칸 말라뮤트가 대표적이다.

28

①의 크랭크 테일(Crank Tail)은 짧고 아래를 향한 꼬리로 말단이 위쪽으로 구부러진 꼬리를 말하며, ②의 콕트업 테일(Cocked-up Tail)은 등선에 직각으로 구부러져 올려진 꼬리를 말하고, ④의 이렉트 테일(Erect Tail)은 위를 향해 선 꼬리를 말하며, ⑤의 밥 테일(Bob Tail)은 선천적으로 꼬리가 없는 것을 말한다.

29

플룸 테일(Plume Tail)은 깃털 모양의 장식 털이 아래로 늘어진 꼬리를 말하며 잉글리시 세터가 대표적이다.

30

②의 플룸 테일(Plume Tail)은 깃털 모양의 장식 털이 아래로 늘어진 꼬리를 말하며 잉글리시 세터가 대표적이며, ③의 플래그폴 테일(Flagpole Tail)은 등선에 대해 직각으로 올라간 꼬리를 말하며 비글이 대표적이며, ④의 킹크 테일(Kink Tail)은 비틀린 꼬리를 말하며 ⑤의 휩 테일(Whip Tail)은 곧고 길며 끝이 뾰족한 채찍형의 꼬리를 말하며 잉글리쉬 포인터가 대표적이다.

31

푸들의 퍼스트 콘티넨탈 클립 스타일은 쇼 클립에 가장 가까우며 로제트, 팜펀, 브레이슬릿 커트의 균형미와 조화가 돋보이는 미용 스타일로서 클리핑 면적이 넓고 콘티넨탈 클립보다 짧게 커트되어 가정에서도 관리하기가 용이하다.

32

힙의 각도는 30도이고, 등선은 수직이 되어야 한다.

33

푸들의 브로콜리 커트 스타일은 머즐 부분을 깔끔하게 시저링하고 몸통과 다리 라인을 둥그스름하게 시저링한다.

34

권모종은 털이 자라는 속도가 빠르기 때문에 주기적인 손질이 필요하다.

35

장모종은 긴 오버코트와 촘촘한 언더코트가 같이 자라 보온성이 뛰어나지만 잘 엉키는데 이의 대표적 견종으로는 몰티즈, 요크셔테리어, 시츄 등이 있다.

36

〈보기〉의 내용은 푸들의 신체적 특징을 설명한 것이다.

37

포메라니안은 더블 코트를 가진 견종으로 체구가 작고 목과 머즐이 짧으며, 다양한 스타일의 시저링 창작미용이 가능하며 곰돌이 커트가 대표적인 스타일이다.

38

〈보기〉의 설명은 몰티즈의 판타롱스타일에 대한 설명이다.

39

밍크칼라 클립이란 맨하탄 클립에서 허리와 목 부분에 파팅 라인을 넣어 체형의 단점을 보완하는 미용방법이고, 머리와 목의 재킷을 분리하는 칼라를 넣어 주면 목이 길어 보이는 미용스타일이 가능하다.

40

하네스(Harness)란 주로 산책할 때 사용하는 안전벨트 형식의 용구로 목줄을 불편해 하는 개에게 사용하는 용품이다.

41

매너 벨트(Manner Belt)는 수컷의 생식기에 소변을 흡수하는 패드를 쉽게 붙일 수 있도록 도와주는 용도로 사용하는 용품으로 영역 표시를 많이 하는 개에게 사용하며 생식기가 짓무르지 않게 안쪽에 있는 패드를 자주 갈아준다.

42

콤(Comb)으로 전체적으로 커트한 털의 흐름을 고려하여 털 깊숙이 빗질하고 면처리가 고르게 되었는지를 확인한다.

43

중장모종의 경우 더블 코트를 가진 견종이므로 피모 깊숙이 콤을 넣어 빗질하며 체크한다. 털의 볼륨감을 고려하여 피모와 약 90도를 이루도록 빗질하며 체크한다.

44

털이 조금 엉킨 경우에는 간단한 브러시나 손가락으로 조금씩 털을 나누어서 풀어주며, 브러싱으로 엉킨 털이 풀리지 않을 경우에는 엉킨 털 제거제품을 사용하거나 가위집을 넣어서 푼다.

45

초벌용으로 사용하는 염색제는 일회성 염색제이다.

46

그러데이션 염색이란 두 가지 컬러의 염색제로 한 부위에 동시에 발색하는 것으로 두 가지 컬러 이상의 색 번짐과 겹침을 이용하는 염색이다. 두 가지 컬러 이상을 자연스럽게 연결하여 발색하는 작업이므로 유사대비 컬러의 활용을 권장한다.

47

그러데이션 염색은 두 가지 컬러 이상을 자연스럽게 연결하여 발색하는 작업이므로 유사대비 컬러의 활용을 권장한다.

48

②는 글리터 젤에 대한 설명이다.

49

페인트 펜은 일회성 염색제이며 펜 타입이어서 원하는 부위에 정교한 작업이 가능하고, 발림성과 발색력이 좋고 사용이 편리해서 초보자도 빠른 시간 내에 익숙해지며 작업 후 목욕으로 제거할 수 있다.

50

피부에 멀리 있는 털의 경우에는 염색제의 용량을 늘려 도포한다.

1급 제1회 실전모의고사 정답

01 ④	02 ④	03 ⑤	04 ②	05 ①
06 ③	07 ④	08 ②	09 ⑤	10 ②
11 ①	12 ⑤	13 ①	14 ①	15 ②
16 ②	17 ③	18 ④	19 ④	20 ⑤
21 ①	22 ⑤	23 ④	24 ③	25 ⑤
26 ①	27 ②	28 ③	29 ⑤	30 ②
31 ①	32 ⑤	33 ①	34 ①	35 ①
36 ⑤	37 ④	38 ②	39 ①	40 ②
41 ①	42 ①	43 ①	44 ③	45 ③
46 ③	47 ①	48 ①	49 ①	50 ⑤

1급 제1회 실전모의고사 해설

01

러스트 탄(Rust Tan)은 녹슨 색의 탄을 말하며, 흑색 계통 털에 회색이나 적색이 섞인 색은 그루즐(Gruzzle)이라고 한다.

02

론(Roan)은 흰색 털과 유색의 털이 섞여 있는 것 또는 검은 바탕에 흰색의 털이 섞인 것을 말하며, 유색모의 색상에 따라 블루 론, 오렌지 론, 레몬 론, 리버 론, 레드 론 등으로 나뉜다.

03

실버 블랙(Silver Black)은 검은 털 속에 은색 털이 섞인 것을 말하며, 스코티쉬 테리어가 대표적이다.

04

맨틀(Mantle)이란 어깨, 등, 몸통 양쪽에 망토를 걸친 듯한 크고 진한 반점이 있는 것을 말한다.

05

배저 마킹(Badger Marking)은 목, 귀에 탄이나 다른 색의 반점이 있는 것으로 그레이, 진회색, 화이트가 섞인 오소리 반점이다.

06

멀(Merle)은 검정, 블루, 그레이의 배색을 말하며, 그레이, 진회색, 화이트가 섞인 모색은 배저(Badger)라고 한다.

07

①은 브리칭(Breeching), ②는 블랙 마스크(Black Mask), ③은 멀(Merle), ⑤는 블루 블랙(Blue Black)이다.

08

①의 벨튼(Belton)은 흰색 바탕에 옅은 반점이 흩어져 있는 것을 말하며, ③의 브리칭(Breeching)은 검은색 개의 대퇴부 안쪽과 후방의 탄 반점을 말하며, ④의 맨틀(Mantle)은 어깨, 등, 몸통 양쪽에 망토를 걸친 듯한 크고 진한 반점이 있는 것을 말하며, ⑤의 브린들(Brindle)은 바탕색에 다른 색의 무늬가 존재하는 털을 말한다.

09

일명 솔리드 컬러(Solid Color)라고도 하는 것은 셀프 컬러(Self Color)이며 몸 전체 모색이 같은 것을 말한다.

10

①의 알비노(Albino)란 선천적 색소 결핍증이며, ③의 섬 마크(Thumb Mark)는 패스턴에서 볼 수 있는 검은색 반점을 말하며, ④의 블랙 앤드 탄(Black and Tan)은 검은 바탕에 양 눈 위, 귀 안쪽, 주둥이 양측, 목, 아랫다리, 항문 주위에 탄이 있는 것을 말하며, ⑤의 블루 마블(Blue Marble)은 블루멀, 검정, 블루, 그레이가 섞인 대리석 색을 말한다.

11

'스팟(Spot)'이란 흰색 바탕에 검정이나 리버 스팟이 전신에 있는 무늬를 말하는데 이의 대표적 견종은 달마시안이다.

12

①은 벨튼(Belton), ②는 마킹(Marking), ③은 머즐 밴드(Muzzle Band), ④는 브론즈(Bronze)이다.

13

설반은 반점이 있는 혀를 말하는데 이와 관련된 대표적 견종은 차우차우이다.

14

②는 캡(Cap), ③은 키스 마크(Kiss Mark), ④는 트레이스(Trace), ⑤는 파울 컬러(Foul Color)이다.

15

①의 티킹(Ticking)은 흰색 바탕에 한 가지나 두 가지의 명확한 독립적인 반점이 있는 것을 말하며, ③의 블랙 마스크(Black Mask)는 주둥이 부분이 검은 것을 말하며, ④의 블랙 앤드 탄(Black and Tan)은 검은 바탕에 양 눈 위, 귀 안쪽, 주둥이 양측, 목, 아랫다리, 항문 주위에 탄이 있는 것을 말하며, ⑤의 브랭킷(Blanket)은 목, 꼬

리 사이의 등, 몸통 쪽에 넓게 있는 모색을 말한다.

16

①의 파티컬러(Parti-Color)는 두 가지 색의 구분된 반점의 색깔을 말하며, ③의 트라이컬러(Tri-Color)는 세 가지 섞인 색, 즉 흰색, 갈색, 검은색을 말하며, ④의 셀프 컬러(Self Color)는 몸 전체 모색이 같은 것을 말하며, ⑤의 칼라(Collar)는 목 주변을 감싸는 폭 넓은 흰색 반점을 말한다.

17

①의 팰로(Fallow)는 담황색을 말하며, ②의 페퍼(Pepper)는 후추색을 말하며, ④의 티킹(Ticking)은 흰색 바탕에 한 가지나 두 가지의 명확한 독립적인 반점이 있는 것을 말하며, ⑤의 트레이스(Trace)는 폰 색의 등줄기를 따른 검은 선을 말한다.

18

①의 포인츠(Points)는 안면, 귀, 사지 및 꼬리의 모색, 보통은 흰색, 검은색, 탄 등을 말하며, ②의 펜실링(Penciling)은 맨체스터 테리어의 발가락에 있는 검은 선을 말하며, ③의 팰로(Fallow)는 담황색을 말하며, ⑤의 티킹(Ticking)은 흰색 바탕에 한 가지나 두 가지의 명확한 독립적인 반점이 있는 것을 말한다.

19

루비(Ruby)는 진한 밤색이다.

20

하운드 마킹(Hound Marking)이란 흰색, 검은색, 황갈색의 반점을 말하며, 바람직하지 못한 반점이나 모색은 파울 컬러(Faul Color)이다.

21

하운드 마킹(Hound Marking)은 흰색, 검은색, 황갈색의 반점을 말한다.

22

비버(Beaver)는 브라운과 그레이가 섞인 색을 말하며, 거무스름한 옅은 흑색의 연기색은 스모크(Smoke)이다.

23

①의 그루즐(Gruzzle)은 흑색 계통 털에 회색이나 적색이 섞인 색을 말하며, ②의 론(Roan)은 흰색 털과 유색의 털이 섞여 있는 것을 말하며, ③의 브린들(Brindle)은 바탕색에 다른 색의 무늬가 존재하는 털을 말하며, ⑤의 실버 블랙(Silver Black)은 검은 털 속에 은색 털이 섞인 것을 말한다. 반면에 ④의 셀프 컬러(Self Color)는 솔리드 컬러라고도 하는 것으로 단일색 즉 몸 전체 모색이 같은 것을 말한다.

24

캡(Cap)이란 캡을 쓴 것과 같은 두개 위의 어두운 반점을 말하는데 이를 가진 대표적 견종은 알래스칸 말라뮤트이다.

25

'알비니즘(Albinism)'이란 백화현상, 색소 결핍증, 피부, 털, 눈 등에 색소가 발생하지 않는 이상현상을 말하는데 이는 유전적 원인에 의해 발생한다. ⑤의 경우는 셀프 컬러(Self Color)의 내용이다.

26

〈보기〉의 내용은 '브리더(Breeder)'에 대한 내용이다.

27

②는 심사위원(Judge)의 역할이다.

28

〈보기〉는 '워킹 그룹(Working Group)'에 대한 내용이다.

29

목축 그룹(Herding Group)은 목동과 농부를 도와 가축을 돌보거나 이끄는 등의 감독하는 임무를 수행한다.

30

2그룹은 핀셔, 슈나우저, 몰로시안, 스위스캐틀독이며, 테리어는 3그룹이다.

31

업 앤드 다운(또는 다운 앤드 백)이란 말 그대로 위 아래로 움직이는 것으로 위 〈보기〉와 같이 진행한다.

32

비교심사를 통해 가장 표준에 가까운 출진견을 최우수 출진견으로 선택한다.

33

콘티넨탈 클립은 잉글리시 새들 클립과 동일하지만 몸의 뒷부분은 모두 면도한다. 뒷다리에도 브레이슬릿은 유지하며, 엉덩이 위에 둥근 로제트는 옵션이다.

34

플러킹(Plucking)이란 손끝이나 트리밍 나이프를 사용해 털을 뽑아내는 작업을 말하며 주로 손을 이용해 적은 양의 털을 뽑는 행위 자체의 스트리핑 방법으로 설명한다.

35

롤링(Rolling)이란 털을 양호한 상태로 유지하기 위해 주기적으로 부드러운 털이나 떠 있는 털, 긴 털을 나이프나 손가락을 이용해 뽑아 라인을 정리하는 작업이다.

36

⑤는 풀 스트리핑(Full Stripping)에 관한 내용이다.

37

풀 스트리핑(Full Stripping)은 좋은 털, 즉 뻣뻣한 털로 만들고 털의 발모를 재촉하기 위해 피부가 보일 정도까지 털을 뽑아주는 작업이다.

38

컬러 전문 샴푸의 사용은 손상을 최소화하고 자연스럽게 색을 강조할 수 있는 방법이다.

39

스프레이는 털의 모양을 고정시키고자 할 때 사용하며 입자가 섬세해서 자연스러운 표현이 가능하며, 스프레이와 같은 세팅 제품을 사용한 후에는 가급적 빠른 시간 안에 목욕으로 성분을 제거해 주어야 피모의 손상을 막을 수 있다.

40

스트리핑은 털을 뽑아내는 작업으로 도그쇼를 준비하는 과정에서 행해지는 쇼미용의 하나이다.

41

'라'의 경우는 워터리스 샴푸의 내용이다.

42

딥 클렌징 목욕제품은 모발이나 모공에 축정되어 있는 이물질을 제거해 주는제품으로 충분한 딥 클렌징을 하여 빌드업 현상을 제거하는데 사용한다.

43

콤(Comb)으로 전체적으로 빗질하여 브러싱 상태를 점검하고 코트를 정돈하는 마무리 작업을 한다.

44

장모종 드라이 작업 시 털의 길이가 짧은 부위부터 드라이 한다.

45

싱글코트의 대표적 견종은 푸들, 몰티즈, 요크셔 테리어 등이다.

46

실키코트 목욕제품은 털을 차분하고 부드럽게 하여 모질의 광택유지 및 관리가 용이하도록 도와주며, 모질의 윤기, 정전기와 엉킴을 방지, 차분한 털의 결 유지에 좋은 제품을 선택한다.

47

젖은 털은 온도를 강으로 해서 말리고, 물기 제거 후에는 미지근한 바람으로 털을 말려준다.

48

래핑이란 모질의 손상을 최소화하고 모색의 변질을 막기 위해 래핑지로 털을 감싸고 밴드로 묶는 작업을 말한다. 털의 마찰을 줄이기 위한 래핑은 개의 움직임과 피부상태를 고려하여 모양을 가지런하게 작업하면 모질손상을 줄일 수 있다.

49

볼륨 목욕제품은 털에 볼륨을 주어 모량이 풍부하게 보이게 하며, 미용 시 스타일이 완성이 쉽다. 이러한 제품은 푸들이나 비숑 프리제 또는 볼륨이 필요한 테리어 종에도 적당한 제품이다.

50

쇼 미용에서 컬러 초크나 파우더의 접착을 쉽게 하기 위해서 콜레스테롤 크림을 소량 사용할 수 있다.

1급 제2회 실전모의고사 **정답**

01 ②	02 ③	03 ④	04 ⑤	05 ②
06 ①	07 ③	08 ④	09 ④	10 ①
11 ①	12 ①	13 ⑤	14 ③	15 ③
16 ④	17 ①	18 ②	19 ⑤	20 ①
21 ④	22 ⑤	23 ④	24 ①	25 ②
26 ④	27 ①	28 ④	29 ⑤	30 ③
31 ③	32 ②	33 ①	34 ④	35 ②
36 ⑤	37 ②	38 ③	39 ①	40 ⑤
41 ①	42 ⑤	43 ④	44 ②	45 ④
46 ⑤	47 ⑤	48 ②	49 ①	50 ③

1급 제2회 실전모의고사 **해설**

01

①의 골든 버프(Golden Buff)는 금색에 빨강이 있는 담황색을 말하며, ③의 데드 그래스(Dead Grass)는 엷은 다갈색으로 마른 풀색을 말하며 데드 리프라고도 하며, ④의 론(Roan)은 흰색 털과 유색인 털이 섞여 있는 것을 말하며, ⑤의 그루즐(Gruzzle)은 흑색 계통의 털에 회색이나 적색이 섞인 색을 말한다.

02

①의 비버(Beaver)는 브라운과 그레이가 섞인 색을 말하며, ②의 삭스(Socks)는 유색견이 흰색 양말을 신은 것 같은 무늬를 말하며, ④의 스모크(Smoke)는 거무스름한 엷은 흑색의 연기 색을 말하며, ⑤의 슬레이트 블루(Slate Blue)는 검은 회색의 블루, 회색이 있는 청색을 말한다.

03

벨튼(Belton)은 흰색 바탕에 엷은 반점이 흩어져 있는 것을 말하며, 목, 귀에 탄이나 다른 색의 반점이 있는 것은 배저 마킹(Badger Marking)이다.

04

머즐 밴드(Muzzle Band)란 주둥이 주위의 흰색 반점을 말하는데 보스턴 테리어, 세인트버나드 등이 대표적이다.

05

브린들(Brindle)은 바탕색에 다른 색의 무늬가 존재하는 털을 말하는데 이의 대표적 견종은 스코티쉬 테리어, 그레이트덴이다.

06

브리칭(Breeching)이란 검은색 개의 대퇴부 안쪽과 후방의 탄 반점을 말하며, 맨체스터 테리어, 로트와일러가 대표적이다.

07

브랭킷(Blanket)이란 목, 꼬리 사이의 등, 몸통 쪽으로 넓게 있는 모색을 말하는데 이의 대표적 견종은 아메리칸폭스하운드이다.

08

①의 블루 블랙(Blue Black)은 블루에 털끝이 검은 털을 말하며, ②의 브로큰 컬러(Broken Color)는 단일색인 모색이 파괴된 것을 말하며, ③의 브라운(Brown)은 갈색, 다갈색을 말하며, ⑤의 배저(Badger)는 그레이, 진회색, 화이트가 섞인 모색을 말한다.

09

세이블(Sable)이란 황색 또는 황갈색 바탕에 털끝이 검은색을 말한다.

10

②의 배저 마킹(Badger Marking)은 목, 귀에 탄이나 다른 색의 반점이 있는 것을 말하며, ③의 블루 마블(Blue Marble)은 블루멀, 검정, 블루, 그레이가 섞인 대리석 색을 말하며, ④의 키스 마크(Kiss Mark)는 검은 모색의 견종의 볼에 있는 진회색 반점을 말하며, ⑤의 벨튼(Belton)은 흰색 바탕에 엷은 반점이 흩어져 있는 것을 말한다.

11

셀프 컬러(Self Color)는 솔리드 컬러(Solid Color), 단일색, 몸 전체 모색이 같은 것을 말한다.

12

②의 블레이즈(Blaze)는 양 눈과 눈 사이에 중앙을 가르는 가늘고 긴 백색의 선을 말하며, ③의 브린들(Brindle)은 바탕색에 다른 색의 무늬가 존재하는 털을 말하며, ④의 세이블(Sable)은 황색 또는 황갈색 바탕에 털끝이 검은색을 말하며, ⑤의 스팟(Spot)은 흰색 바탕에 검정이나 리버 스팟이 전신에 있는 무늬를 말한다.

13

키스 마크(Kiss Mark)는 검은 모색의 견종의 볼에 있는 진회색 반점을 말하는데 이의 대표견종은 도베르만핀셔, 로트와일러 등이다.

14

'키스마크(Kiss Mark)'란 검은 모색의 견종의 볼에 있는 진회색 반점을 말하는데 이의 대표적 견종은 도베르만핀셔, 로트와일러 등이다.

15

①의 트레이스(Trace)는 폰 색의 등줄기를 따른 검은 선을 말하며, ②의 칼라(Collar)는 목 주변을 감싸는 폭 넓은 흰색반점을 말하며, ④의 타이거 브린들(Tiger Brindle)은 금색의 바탕에 호랑이 무늬가 있는 것을 말하며, ⑤의 파울 컬러(Foul Color)는 바람직하지 못한 반점이나 모색을 말한다.

16

펜실링(Penciling)은 맨체스터 테리어의 발가락에 있는 검은 선을 말한다.

17

②의 파울 컬러(Foul Color)는 부정모색, 바람직하지 못한 반점이나 모색을 말하며, ③의 파티 컬러(Parti-Color)는 두 가지 색의 구분된 반점의 색깔을 말하며, ④의 티킹(Ticking)이란 흰색 바탕에 한 가지나 두 가지의 명확한 독립적인 반점이 있는 것을 말하며, ⑤의 포인츠(Points)는 안면, 귀, 사지 및 꼬리의 모색, 보통은 흰색, 검은색, 탄 등을 말한다.

18

화이트(White)란 흰색인데, 화이트 컬러 종은 눈, 입술, 코, 패드, 항문이 검은색이며 그것으로 알비노가 아님을 증명한다.

19

브리칭(Breeching)이란 검은색 개의 대퇴부 안쪽과 후방의 탄 반점을 말하며, 말 안장을 얹은 것 같은 검은색 반점은 새들(Saddle)이라고 한다.

20

머즐 밴드(Muzzle Band)는 주둥이 주위의 흰색 반점이 있는 것을 말하며, 보스턴 테리어, 세인트버나드 등이 대표적이다. ②의 리버(Liver)는 진한 적갈색 또는 붉은 간장색, ③의 데드 그래스(Dead Grass)는 엷은 다갈색, ④의 버프(Buff)는 부드럽고 연한 느낌의 담황색, ⑤의 머스터드(Mustard)는 겨자색 또는 황색을 말한다.

21

리버(Liver)란 진한 적갈색, 붉은 간장색을 말한다.

22

①의 실버 그레이(Silver Gray)는 마우스 그레이보다 밝은 은색이

도는 회색을 말하며, ②의 실버 버프(Silver Buff)는 은색의 하얀색 같은 담황색을 말하며, ④의 실버 블랙(Silver Black)은 검은 털 속에 은색 털이 섞인 것을 말하며, ⑤의 스틸 블루(Steel Blue)는 푸른 동색, 청동색을 말한다.

23

칼라(Collar)란 목 주변을 감싸는 폭 넓은 흰색 반점을 말한다.

24

실버 블랙(Silver Black)이란 검은 털 속에 은색 털이 섞인 것을 말하며, 스코티쉬 테리어가 대표적 견종이다.

25

설반이란 반점이 있는 혀를 말하며, 이의 특징을 갖는 대표견종으로는 차우차우가 있다.

26

도그쇼의 가장 기본적인 목적은 다음 세대를 위한 혈통번식의 평가를 하는 것이다.

27

〈보기〉의 내용은 '스포팅 그룹(Sporting Group)'에 대한 내용이다.

28

테리어 그룹(Terrier Group)은 확고하고 용감한 기질을 가진 견으로 쥐와 여우 등의 사냥감을 쫓아 땅 속 등의 사냥에 적합한 견의 그룹으로 지면 또는 땅이라는 의미의 라틴어 '테라'에서 이름을 따서 테리어라는 이름을 가지게 되었다.

29

토이 그룹(Toy Group)은 개 중 사람의 반려견으로 생기가 넘치고 활기차며, 보통 그들의 조상견의 모습을 닮았다.

30

제10그룹은 시각형 수렵견종이며, 반려견과 애완견종은 9그룹이다.

31

트라이앵글은 링을 삼각형으로 사용하여 보행하는 것으로 〈보기〉의 내용이다.

32

가장 일반적인 미용견인 푸들의 미국애견협회 미용규정에 의하면 12개월 미만의 강아지는 퍼피 클립으로 출진할 수 있고, 12개월 이상의 개들은 잉글리시 새들 클립, 콘티넨탈 클립으로만 출진할 수 있다.

33

12개월 이상의 개들은 잉글리시 새들 클립, 콘티넨탈 클립으로만 출진할 수 있다.

34

스포팅 클립에서 다리의 털은 몸의 털 길이보다 약간 더 길어도 된다.

35

레이킹(Raking)이란 트리밍 나이프나 콤을 이용해 피부에 자극을 주면서 죽은 털이나 두꺼운 언더코트를 제거해 새로운 털이 잘 자랄 수 있게 촉진시켜 주는 작업을 말한다.

36

블렌딩(Blending)은 스트리핑한 털의 경계가 뚜렷하게 나지 않도록 길이를 조금씩 바꿔 자연스럽게 보이도록 하는 작업이다.

37

컬러 초크는 털이 상해서 색이 바랜 경우 컬러 초크를 칠해서 털의 색을 더욱 선명하게 할 수 있는 제품이다.

38

컬러 파우더는 일반적으로 컬러 초크보다 입자가 곱고 접착력이 우수하여 미용을 더 오랜시간 유지할 수 있다.

39

왼손으로 개의 피부를 충분히 지탱하고, 엄지손가락으로 손을 조금 반대로 띄어 나이프와 엄지손가락 사이에 털 끝을 잡고 털의 결 방향으로 나이프를 움직여 털을 뽑아준다.

40

완벽한 스태그 자세가 되기 위해서는 앞발과 뒷발에 체중이 각각 60%와 40% 정도를 이루고 머리도 알맞은 높이로 쳐든 모습이어야 하므로, 무게중심의 60% 정도가 앞으로 올 수 있도록 유도하여야 한다.

41

장모종의 목욕제품은 긴 털이 끊어지지 않고 건강하게 자랄 수 있도록 하기 위하여 보습, 엉킴방지 및 거칠어진 모질의 복원 등의 기능을 포함하는 것이 가장 큰 목표이다.

42

①은 볼륨 목욕제품, ②는 장모종 일반 목욕제품, ④는 실키코트 목욕제품, ⑤는 화이트닝 목욕제품이다.

43

화이트닝 목욕제품은 하얀색의 모색을 더욱 하얗게 보이도록 하기 위한 제품이며 오래된 얼룩이나 먼지는 깨끗하게 제거하면서 모질 손상이 적은 제품을 선택하여야 한다.

44

장모종의 경우 두 손바닥으로 털을 비비거나 문질러 마사지를 하게 되면 털에 엉킴이 발생할 수 있으므로 주의하여야 한다.

45

싱글코트는 환모기가 없고 털의 빠짐이 적으나, 더블코트는 환모기가 있어 털이 많이 빠진다.

46

싱글 코트의 털은 물기 제거 후 바람의 세기를 약하게 해서 핀 브러시로 말린다.

47

밴딩은 래핑에 비해 작업이 비교적 간단하고, 털의 구겨짐이 없다는 장점이 있다.

48

①의 경우 관절부위에 래핑을 하면 움직임에 방해되며, ③의 경우 귀를 래핑할 때에는 귀 끝에서 1cm이상 간격을 주고 래핑하며, ④의 경우 개가 싫어하는 냄새나 맛을 래핑지에 발라 물어뜯지 않게 훈련하며, ⑤의 경우 래핑이 모근에 너무 가까워 타이트하면 털이 끊어질 수 있다.

49

브리슬 브러시는 천연모 브러시로 실키 코트에 사용하며 빳빳한 짐승 털로 만들어져 있다.

50

①의 슬리커 브러시는 엉킨 털을 풀거나 드라이를 위한 빗질 등에 사용하며, ②의 핀 브러시는 장모종의 엉킨 털 및 오염물을 제거하는데 사용하며, ④의 콤은 엉킨 털 및 주은 털의 제거, 가르마, 코밍 등의 다양한 용도로 사용되며, ⑤의 오발 빗은 털의 볼륨을 표현하기 위해 부풀릴 때 사용한다.